古典文獻研究輯刊

初 編

潘美月・杜潔祥 主編

第12冊

清末民初的商務印書館
——以編譯所爲中心之研究（1902～1932）

劉曾兆 著

王雲五與臺灣商務印書館（1965～1979）

韓錦勤 著

國家圖書館出版品預行編目資料

清末民初的商務印書館——以編譯所為中心之研究（1902-1932），
劉曾兆著／王雲五與臺灣商務印書館（1965-1979），韓錦勤著
— 初版 — 台北縣永和市：花木蘭文化工作坊，2005〔民94〕

目 2＋178 面＋´序 1＋目 1＋133 面；19×26 公分
（古典文獻研究輯刊 初編：第 12 冊）

ISBN：986-7128-15-X（精裝）
1. 商務印書館 2. 出版業 – 中國

487.7　　　　　　　　　　　　　　　　94020424

ISBN 986-7128-15-X

古典文獻研究輯刊

初　編　第十二冊　　　　　　ISBN：986-7128-15-X

劉曾兆：清末民初的商務印書館
　　　　——以編譯所爲中心之研究（1902-1932）
韓錦勤：王雲五與臺灣商務印書館（1965-1979）

作　　者　劉曾兆／韓錦勤
主　　編　潘美月　杜潔祥
企劃出版　北京大學文化資源研究中心
出　　版　花木蘭文化工作坊
發 行 所　花木蘭文化工作坊
發 行 人　高小娟
聯絡地址　台北縣永和市中正路五九五號七樓之三
　　　　　電話：02-2923-1455／傳眞：02-2923-1452
電子信箱　sut81518@ms59.hinet.net
初　　版　2005 年 12 月
定　　價　初編 40 冊（精裝）新台幣 62,000 元

清末民初的商務印書館
——以編譯所為中心之研究（1902～1932）

劉曾兆　著

作者簡介

劉曾兆，台灣台北縣人，國立政治大學史學系、碩士班畢業。現任為高中教師。

提　　要

　　本文討論的對象是上海商務印書館編譯所，時間的斷限是從它的設立到一二八事變時，日軍轟炸商務印書館，編譯所的組織取消為止（1902～1932）。在內容方面，除了緒論及結論外，擬列三章、八節及若干的小點來討論。以下僅就各章的結構分述如下：

　　第二章「商務印書館在上海」。本章的重點在於從上海的社會變遷、文化發展等方面，來看商務印書館的成立。上海的開埠對於上海、中國帶來各方面的衝擊，無論是衝突或是融合，都讓中國在近代的發展中產生極大的改變。商務印書館在此一背景下成立，並且不斷的發展，逐漸脫穎而出，成為全中國最大的出版機構。它的業務發展並非一帆風順的，有和外國企業的合作，也有同業之間的競爭與打擊，商務印書館都能夠一路走過來，在出版界、文化界擁有一席之地。

　　第三章「編譯所的組織與工作」。本章則是針對編譯所的成立到發展，加以論述。編譯所為何要設立？它的負責人物為何？如何領導編譯所在文化工作的道路上發展？都是在本章所要研究的。此外，編譯所的組織架構、組織章程，也都是討論的對象。從這些方向來看編譯所，並且進一步分析，讓讀者能夠知道編譯所所完成的各項成果，並且對它的業務運作也能夠有所瞭解。

　　第四章「編譯所的評價」。本章的內容是針對編譯所在中國文化發展中的重要貢獻與特徵，做深入的討論；並且對它在出版界的領導地位加以介紹，冀望能夠將編譯所在出版方面的地位加以定位。在本章中，對於編譯所在中國近代文化、教育的貢獻，將是討論的重點。而編譯所既出書又出人的特性，將可以瞭解到它為何會成為一個重要的學術單位，為何被視為一股教育的大勢力。從它所奠定的基礎，讓商務印書館能夠在這麼多年來依舊維持發展，為讀者所知曉。

　　第五章「結論」。除了將前述的觀點做一個總結外，並且為編譯所賦予一個時代的定義，讓人們能夠對商務印書館這個百年老店有所認識，突破以往對它的瞭解，同時也期許它能更進一步的發展，繼續為文化、教育貢獻。

目

錄

自 序

　　本文是個人就讀於國立政治大學歷史所時所寫的碩士論文。內容主要是針對清末民初的商務館之下的編譯所之研究。出版事業對於國家的政策、社會的教育、文化的延續有相當大的關聯。此次承蒙花木蘭文化工作坊之邀約，得以將拙作出版，在此表示衷心的謝意

劉曾兆

民國九十四年七月十三日

第一章　緒　論

一、前　言

　　人類自有文字以來，對於知識的傳播採取各種不同的方式，從竹簡、絲帛、紙張的發展，到記錄方式從最原始的手寫，進展至日後印刷術的發明並且改進技術，使文化得以延續下去。中國的出版事業由來已久，可以從兩個方面來看：一方面是中國在印刷技術的提升，使得書籍得以出版保存；另一方面是擁有廣大的市場需要，並且學術上講求版本的問題，因此出版印刷是相當的蓬勃發展。出版史是屬於文化史的範疇，它的重要性在於代表著文化發展興盛衰敗的重要指標。日本學者彌吉光長認為出版史的研究可以分成八個類別：

　　　　1.書志以及書志性的出版史。

　　　　2.出版社史以及個人傳記。

　　　　3.出版團體史（行會、同業公會、信徒會）。

　　　　4.出版司法、行政史。

　　　　5.出版、流通史（包括宣傳和市場調查）。

　　　　6.著述、編纂史。

　　　　7.印刷、裝訂以及紙業史。

　　　　8.讀書、藏書史〔註1〕。

　　在這八個類別中，有關出版社的發展史與個人傳記，可以讓讀者對於某一個機

〔註1〕〔日〕彌吉光長著，吳樹文譯，〈出版史的研究法〉，《出版史料》，第11期（上海：學林出版社，1988年3月），頁76。

構或是個人的貢獻，很清楚的瞭解他們發展的歷程，不過往往會礙於資料的完整與否，以致僅僅能夠表達其中的部份史實。但如果不去從事這方面的研究，將會使文化發展史中形成一個斷層，無法銜接連貫。因此對於歷史悠久、貢獻良多的出版機構加以研究，可以說是刻不容緩的事。有關於中國出版史的著作，目前問世的作品已有不少，以通史方式敘述的著作，包括了宋原放的《中國出版史》、吉少甫的《中國出版簡史》等等；以地區為研究的作品則有張憲文、穆緯銘主編的《江蘇民國時期出版史》。另外朱聯保編撰的《近現代上海出版業印象記》則是包含個人回憶、觀點的書籍，把清末民初上海的出版業一概加以論述。

總的來說，文化事業的目標是長遠的，其對象亦是廣泛的。在清末民初的大變局中，中國除了在政治上有著劇烈的變化外，社會、經濟的變遷也同樣不容忽視。清末以來西學漸興，各式新式報刊、學堂、學會大量出現；另一方面當時中國的局勢為各國所宰制，結果使知識份子覺醒，從事新式教育、啟蒙民智的運動。

就在當時知識份子不遺餘力推展啟蒙教育之際，商務印書館的出現可謂一劑強心針。它的創立，正是肇因於外國人對於中國人的歧視，讓當時在上海捷報館（China Gazette）工作的夏瑞芳、鮑咸恩二人對此感到不滿；加上外國文化的入侵，對中國出版事業的發展多加掣肘，並且時有不實的報導，讓有識之士決心自行創辦出版業，擺脫外國的勢力〔註2〕，於是光緒23年（1897）商務印書館正式成立。因此瞭解商務印書館的發展過程，將有助瞭解中國近代出版業的歷史；而欲瞭解商務印書館，首先要對編譯所有所認識。

二、研究動機

商務印書館成立至今，已經 100 年了（1897～）。對於這一個擁有百年歷史的老店而言，它的過去和中國歷史發展有著密切的關聯；同時關於它的歷史有幾個方面值得研究：就經濟史的角度來說，商務印書館從成立到營運，逐漸成為中國最大的出版事業，並且擺脫官方的色彩。這種成功的例子，在經濟發展上是值得探討的。再者商務印書館的組織架構極為精密，並且分支機構龐大，影響力無遠弗屆，這些經營管理的構想是如何的形成，並且成為其它出版業的典範，都是有待深入探討的問題。其次，商務印書館在上海地區擁有眾多的職工，關於工人階層的管理與照顧，

〔註 2〕高翰卿，〈本館創業史〉《商務印書館九十五年》（北京：商務印書館，1992 年 1 月第
　　　 1 版），頁 2。

亦是一個值得研究的課題，而商務印書館的工人們在民國以來所發生的一些事件中，像是五卅運動中的角色，便是一個顯著的例子；另外工人階層與中共的關係及其影響，在民國以來上海地區工人運動中，有重要的關係。其四，商務印書館對於中國歷史發中另一個影響，便是在教育文化方面的影響了。

　　商務印書館最初自上海地區發展，便有其特殊的時代背景，同時隨著資金的累積增加，業務的擴展，讓組織更加的健全，進而成為民國初年的企業代表之一，除了在印刷方面採用最先進的技術外，並且能夠以發展出版業為主，位居全國出版事業的領導地位〔註3〕。此外，在中國教育發展的過程中，商務印書館扮演著發展動力的角色，它在教科書的出版方面可以說是執全中國之牛耳，不但銷售量佔全國市場的一半，在質量上更是獲得肯定，許許多多老一輩的知識份子都與商務印書館的教科書結下不解之緣。另外，由商務印書館所出版的雜誌、書刊，對於知識的啟蒙，亦有不小的貢獻。從它所出版的刊物來看，單就其品質而言便是秉持著創辦人之間所約定的信念：「吾輩當以扶助教育為己任」為目標，戰戰兢兢的實行著〔註4〕。因此在其編纂過程中是講求精益求精的，決不粗製濫造。從質的方面提升，在無形之中讓量的數字增加，為了讀者的需要，而有各類的中、小學教科書，各類的雜誌，工具書，各類叢書，各類學說的書籍等等，不勝枚舉。

　　在這些書籍的出版方面，它們都是由商務印書館編譯所負責編輯、翻譯的。編譯所這個機構實際上並非是商務印書館所專有的，最早設立也並非在商務印書館；但不論稱之為編譯所或者編譯局，或者有其它的名稱，都和當時中國的情勢有密切關聯。中國在受到西方勢力的影響，除了造成國力的積弱不振外，也對愛國心切的知識份子造成很大的打擊。他們為了讓中國能夠富強，負起傳播新知，教化民眾的責任。最初的翻譯機構如北京同文館、江南製造局翻譯館等，是屬於洋務運動下的產物；而受到西方教會的影響，像是廣學會、《萬國公報》等，由西洋傳教士所主持，都是西方勢力下的產物，甚至像捷報館亦然。在思想上介紹西方的自然科學、社會科學，但卻也鼓吹西方的優點，進一步讓知識份子對西方產生崇洋的觀念〔註5〕。

　　由於中國對新知的渴求，加上受到西方出版業的影響，結合中國出版業的傳統，近代新式的出版業於焉產生。在上海地區新式出版機構如雨後春筍般的出現，例如由梁啟超、康有為創辦的大同譯書局，成立於光緒23年，屬於維新派的出版機

〔註3〕吳方，《仁智的山水－張元濟傳》（上海：文藝出版社，1994年12月第1版），頁106
　　　～107。
〔註4〕張元濟，〈東方圖書館概況・緣起〉，《商務印書館九十五年》，頁21。
〔註5〕吉少甫，《中國出版簡史》（上海：學林出版社，1991年11月第1版），頁286。

構〔註6〕；由俞復、廉泉、丁寶書等創辦的文明書局，成立於光緒 28 年，以發行教科書為主。不過文明書局和南洋公學一樣，雖然都曾經出版教科書，但是都未能吻合學制的要求，所以當商務印書館編輯的教科書一出，馬上就被取而代之了〔註7〕。

　　近代出版業的蓬勃發展，商務印書館的地位顯著。尤其以編譯所為中心的商務印書館，不但出書，而且還出了許多人物，對中國文化有著極深遠的影響。當時進入編譯所擔任編輯的職員，其身份多為大學教授或者是年輕知名的學者，或者是年輕一輩的學生，日後都有非凡的成就。特別是編譯所編輯群的專業知識，讓它所出版的書籍享有相當的信譽。這一點和今日出版社的編輯單位相較，當時能夠延攬眾多的學者加入，可以說這項編譯工作是極受時人的重視；相對的以今日的眼光來看，編輯的地位遠不如大學教授，世俗的評價也對文化工作者忽視，今非昔比，令人不勝欷歔。無怪乎當時胡適曾經說過編譯所是一個重要的學術機關，是一股教育的大勢力〔註8〕，是有其事實根據的。

　　編譯所存在的時期自光緒 28 年至民國 21 年一二八事變止（1902～1932），有30 年之久。它的設立使得商務印書館從一個以印刷為主，出版為輔的公司，進升為專門的出版機構；此外，在編譯所歷任所長與編譯員的努力下，編譯所不但出版教科書，並且還擴大出版的範圍，以雜誌、叢書等為重要的出版品。編譯所不但負有傳播新知的功能，並且還兼有保存傳統文化的貢獻，出版古籍、蒐集古籍，以助編輯之所需。

　　編譯所不但在商務印書館中的地位相當重要，同時在文化發展的過程中亦扮演著重要的角色。因此本文將從以下幾個部份來討論：

1. 編譯所成立的背景為何？
2. 編譯所的組織與運作情形對出版工作的影響？
3. 編譯所的平時的工作為何？就它在輔助教育、啓蒙民智方面來看，有哪些的影響？
4.在人才雲集的編譯所中，編譯所對人才的觀念抱持著何種的態度？

　　冀望從上述幾個方向能夠對編譯所有所瞭解。

〔註6〕朱聯保，《上海書店印象記》（上海：學林出版社，1993 年 2 月第 1 版），頁 37。

〔註7〕吉少甫，《中國出版簡史》，頁 298～299。

〔註8〕胡適，《胡適的日記》，民國 10 年 8 月 13 日（臺北：遠流出版事業股份有限公司，1989 年 5 月初版）。

三、研究回顧與資料

關於商務印書館的研究，過去鮮少有人從事，一般人對於該館的瞭解多止於對王雲五和臺灣商務印書館的關係。然而臺灣商務印書館的設立卻是民國34年抗戰勝利以後的事了，當時它不過是上海商務印書館在臺灣的分館罷了，眞正成爲臺灣商務印書館是在民國39年奉政令，原本大陸工商業在臺各分支行號取消分支字樣，冠以「臺灣」字樣，成爲獨立機構〔註9〕。這種情形如中華書局、開明書局在日後均冠以「臺灣」字樣，以便區別大陸地區的機構。

以今日的評價來看商務印書館，它已經不像創立之初那樣的具有獨佔性了。特別在臺灣地區的商務印書館，一直秉持著其傳統，爲文化的傳承努力著，一般人對於商務印書館的印象正如同前一段所提及的王雲五和臺灣商務印書館的關係，出版的書多爲一些大學用書、古籍等等。但是在文化多元化的發展中，對於出版的限制也有所開放，同業間的競爭性也加強，它的表現有被一些新興的出版業追上，並且超越的趨勢。可是一百年前的商務印書館在中國的出版界可以說是叱吒風雲，不可一世的，因此這段歷史的研究，將有助我們瞭解當時中國出版界的「托拉斯〔註10〕」是如何發揮它在文化的影響力，以及是如何得到學者的認同。

在對商務印書館的記載中，以王雲五所編寫的《商務印書館與新教育年譜》一書，內容甚詳。這本書的重要性在於作者在商務印書館中曾經擔任要職，對於商務印書館的資料知曉甚多，該書可以視爲研究的第一手資料。該書以《商務印書館與新教育年譜》爲題，將商務印書館在中國近現代教育發展中的角色，做了極爲詳盡的介紹；並且將許多商務印書館的原始資料置入書中，對於讀者要瞭解商務印書館的歷史，或者是關於中國教育發展的過程，都是很好的參考徵引書目。

〔註9〕在民國39年10月，行政院頒布〈淪陷區工商業企業機構在臺原設分支機構管理辦法〉，各式工商企業重新登記，臺灣省商務印書館分館亦改稱爲臺灣商務印書館。到了民國53年4月，立法院制定〈非常時期淪陷地區公司行使股權條例〉，目的在於保障企業在臺股東的權利，不會因爲政治情勢的影響而爲政府主管機關所控制。詳見王雲五，《商務印書館與新教育年譜》（臺北：臺灣商務印書館，民國62年3月初版），頁841，901；張連生，〈追隨雲五先生十一年〉，《我所認識的王雲五先生》（臺北：臺灣商務印書館，民國65年4月二版），頁150～151。

〔註10〕蔣維喬曾經稱商務印書館在教科書市場擁有廣大規模，爲教科書的「托拉斯」，見蔣維喬，〈創辦初期之商務印書館與中華書局〉，《中國現代出版史料》，丁編（北京：中華書局，1959年初版），頁397；後來在戴仁的書中亦提到：光緒29年到宣統年間，商務提供了中國絕大部份的教科書，成爲眞正的「學校課本托拉斯」，見〔法〕戴仁著，李實桐譯，《上海商務印書館1897～1949》（北京：商務印書館，1996年），頁14。

　　對於商務印書館的研究中，可以以葉宋曼瑛所寫的《從翰林到出版家——張元濟的生平與事業》為代表。該書是作者就讀紐西蘭大學的博士論文，經由香港商務印書館翻譯出版，所探討的主題是張元濟在中國文化發展中的地位。在她的著作中，對於張元濟的一生做了仔細的描述，富有傳記的意味，但是張元濟的一生幾乎是貢獻給商務印書館，所以對於商務印書館的歷史也有一番敘述。因此對他在編譯所任內以及擔任經理時對商務印書館的努力，都有詳近的介紹。

　　另外，法國人戴仁寫了一本《上海商務印書館 1897～1949》，該書原為法文所寫成，在 1978 年出版，不過北京商務印書館於 1996 年將之翻譯為中文，即將出版。和前述的葉宋曼瑛的書相較，該書研究的方向是偏向經濟史的角度來分析商務印書館的出版業務及營運成果。書中有大量的數據及表格做為旁證，證明商務印書館在中國出版界的地位；當然對於編譯所亦有所論述，特別是商務印書館能夠開始發展和它有極大的關聯。不過該書中有些部份的記載和史實不太符合，這部份在翻譯時亦曾特別標的出來，讓讀者參考。基本上這本書能夠幫助讀者對於商務印書館的經濟情形有所瞭解，同時也讓讀者對於商務印書館的認識有新的理解方向。

　　有關商務印書館編譯所的文章實在不多，其中一篇由汪家熔所寫的〈商務印書館編譯所考略〉則是對編譯所的運作做介紹、分析。在他的文章中，認為編譯所對於文化發展的貢獻是有正面評價，但是對於編譯所的人才方面，卻是認為商務印書館方面存有資本主義的立場，讓人才進入編譯所之後只有榨取其勞力、智力，加上待遇奇差，所以待在館中的時間普遍不長。他認為民國 38 年以前的商務印書館用人是按照資格起薪，所以很難留住真才實學的人。在加上編譯所內多是「雜家」，專家反而不易長期發揮，所以一年半載就另謀高就〔註11〕。這裏把商務印書館人事制度方面的缺失一語道盡，不過編譯所的工作環境卻是許多人所嚮往的，這是不爭的事實。此外，作者雖然有運用意識型態來論述史事，但是也有不同的觀點來看相同的一件事。例如對於歷任所長的分期一事，他並非傳統依年代、人物的順序來看，反而是按照所長的影響力來做區分，分為前半段的張元濟、高夢旦時期，後半段為王雲五時期。讓讀者除了從基本的歷任所長來看編譯所外，亦能夠瞭解編譯所在運作時受到人事影響決定了營運的方針〔註12〕。

　　其它的文章都是對商務印書館或者張元濟、王雲五的研究，如吳方的《仁智的山水‧張元濟傳》與王紹曾的《近代出版家張元濟》，是屬於張元濟的個人傳記；蔣復璁等著《王雲五先生與近代中國》與王壽南主編《我所認識的王雲五先生》，都是

〔註11〕汪家熔，〈商務印書館編譯所考略〉，未刊稿，頁 13。

〔註12〕同前註，頁 2。

收集了相當多的文章，其中王書收羅了楊亮功等 49 人對王雲五回憶的文章，部份的文章可以提供讀者瞭解商務印書館編譯所的情形；另外像顧沛君〈商務印書館的領導人物〉、李德徵〈五四時期的商務印書館〉等文章，則是發表在期刊上。專門針對編譯所而討論的文章，可以參考汪家熔所寫的〈商務印書館編譯所考略〉，內容方面則是對於編譯所的組織與運作，做了初步的介紹與論述。雖然以編譯所為中心討論的文章很少，但我們卻可以從相關的記載中加以瞭解，進而希望能夠對編譯所有全盤的認識。

　　資料的運用方面，現有的史料除了當時人物的回憶錄、年譜外，商務印書館本身的資料包括了當時的雜誌，如《東方雜誌》、《教育雜誌》等等；還有民國初年商務印書館內部資料《商務印書館通信錄》，內容包括編譯所的人事異動、編譯所的組織章程、編譯所的職員名單、編譯所的規約、商務印書館的同人戒約、編譯所的出版情形等等。另外《商務印書館有限公司章程》，則有光緒 33 年、宣統元年、民國 3、4、9、11、13 年各年度的股東年會修改後的章程；民國 3 年時，商務出版的《商務印書館成績概略》，則有助於瞭解商務印書館在撤除日資後的營運成果；民國 20 年商務印書館出版的《最近三十五年之中國教育》，內有莊俞所寫的〈三十五年來之商務印書館〉，把商務印書館從光緒 23 年至民國 21 年止的歷史與貢獻做了一番介紹，特別是有關教育方面的貢獻。至於前面所提到的《商務印書館與新教育年譜》一書，不但是參考書，其中的資料更具有史料的價值，對於研究商務印書館的歷史是不可或缺的。

　　當時人物的回憶錄與年譜則是另一方面的資料來源。回憶性質的文章很多收錄在北京商務印書館出版的《商務印書館九十年》、《商務印書館九十五年》兩本書中，另外在商務印書館的《商務印書館館史資料》內部刊物中，亦蒐集不少的文章，可以供為參考。茅盾《我走過的道路》、王雲五《岫廬八十自述》、包天笑《釧影樓回憶錄》、陶希聖的〈商務印書館編譯所見聞記〉等等，都對編譯所的實際情形有詳細的記錄，是相當重要的資料。胡適的日記中則記載了民國 10 年時受邀至商務印書館編譯所視察的情形，並且把他個人的觀點及意見記錄下來；張元濟本人相關的年譜、日記、書札更是不可或缺的重要資料，王雲五、蔡元培、茅盾、鄭振鐸等相關人物的年譜亦具有參考價值。

　　另外後人所寫的相關著作，無論是文章或是書籍，都是重要的參考資料，有助於觀念的建立及架構的組織。

四、研究架構

本文討論的對象是上海商務印書館編譯所，時間的斷限是從它的設立到一二八事變時，日軍轟炸商務印書館，編譯所的組織取消為止（1902～1932）。在內容方面，除了緒論及結論外，擬列三章、八節及若干的小點來討論。以下僅就各章的結構分述如下：

第二章「商務印書館在上海」。本章的重點在於從上海的社會變遷、文化發展等方面，來看商務印書館的成立。上海的開埠對於上海、中國帶來各方面的衝擊，無論是衝突或是融合，都讓中國在近代的發展中產生極大的改變。商務印書館在此一背景下成立，並且不斷的發展，逐漸脫穎而出，成為全中國最大的出版機構。它的業務發展並非一帆風順的，有和外國企業的合作，也有同業之間的競爭與打擊，商務印書館都能夠一路走過來，在出版界、文化界擁有一席之地。

第三章「編譯所的組織與工作」。本章則是針對編譯所的成立到發展，加以論述。編譯所為何要設立？它的負責人物為何？如何領導編譯所在文化工作的道路上發展？都是在本章所要研究的。此外，編譯所的組織架構、組織章程，也都是討論的對象。從這些方向來看編譯所，並且進一步分析，讓讀者能夠知道編譯所所完成的各項成果，並且對它的業務運作也能夠有所瞭解。

第四章「編譯所的評價」。本章的內容是針對編譯所在中國文化發展中的重要貢獻與特徵，做深入的討論；並且對它在出版界的領導地位加以介紹，冀望能夠將編譯所在出版方面的地位加以定位。在本章中，對於編譯所在中國近代文化、教育的貢獻，將是討論的重點。而編譯所既出書又出人的特性，將可以瞭解到它為何會成為一個重要的學術單位，為何被視為一股教育的大勢力。從它所奠定的基礎，讓商務印書館能夠在這麼多年來依舊維持發展，為讀者所知曉。

第五章「結論」。除了將前述的觀點做一個總結外，並且為編譯所賦予一個時代的定義，讓人們能夠對商務印書館這個百年老店有所認識，突破以往對它的瞭解，同時也期許它能更進一步的發展，繼續為文化、教育貢獻。

第二章　商務印書館在上海

　　清代道光 20 年至 22 年（1840～1842），中國在鴉片戰爭中失敗，戰後中國與英國簽訂的江寧條約，導致上海成爲通商口岸之一。到了道光 23 年的中英虎門條約，則使列強有權利在上海開闢租界。該年的 11 月 17 日，上海遂正式開埠。自開埠以來，商業蓬勃的發展，無論是中國或者外國人所開設的商號，在此雲集、競爭、發展。而上海位居長江的出海口，有著廣大的腹地與市場，資金不斷的聚集、增加，逐漸形成金融中心，再加上便利的交通等種種條件的配合，促使它在各方面的發展相當迅速。在各行各業發展的同時，文化層面的交流亦在有意無意間進行著。各國在此佔有租界，除了對政治、經濟方面的影響外，文化方面亦形成異國文化匯集的現象。上海也就成爲西方勢力入侵「盤根錯節」的一塊主要基地了〔註 1〕。正因爲與西方的接觸，造成近代的上海，有著近代化的特性：無論是在西學的接受程度方面，或是從事新式的文化事業，還是將它理論化，成爲一股新的思潮，都是說明上海在多層次的文化層面中，所具備的文化特性。正如同《申報》對上海地位的描寫：

　　　　上海，握南北交通之總樞，爲全國文明之中心點〔註 2〕。

　　　　　　上海爲文明之中心點，不但我人認之，各省之人公認之：不但各省所

　　公認，外人以我教育、政治上之改革多發起於上海〔註 3〕。

　　上海在各方面的高度發展，成爲全中國首屈一指的城市，並且是中國近代化程度最高的城市。另一方面，在西方船堅炮利入侵中國之際，西學亦源源不絕的進入中國；中西文化的匯集，影響所及，使得中國原本的出版業有了脫胎換骨的改變，

〔註 1〕唐振常主編，《上海史》（上海：人民出版社，1989 年 10 月第一版），頁 243。
〔註 2〕《申報》，宣統 3 年 2 月 5 日（1911 年 3 月 5 日）。
〔註 3〕《申報》，宣統 3 年閏 6 月 12 日（1911 年 8 月 6 日）。

包括了：新型出版機構的出現、出版法規與法權觀念的重視、先進的印刷技術〔註4〕。無論是報紙還是雜誌，這些新式的出版事業均在外國影響下開辦；相對於新式出版業而言，則有所謂的舊式出版業，二者主要的差別在於受到傳統文化與西方文化二者的影響，有程度上的不同。新式的出版業，在技術上採用凸版、平版、凹版的印刷術，不同於傳統的雕版印刷術；在組織上則更為健全、分工更加細密，不同於舊式出版業在組織上的單純。這些均非舊式出版業所能企及的。當然，正如同十九世紀末中國許多的工商企業一樣，出版事業受到外國的影響是相當大的：無論是在經營的型態，或是創業的精神方面，對國人的心態上均有著不少的衝擊及啟發，也促成中國近代新式出版業的發展。

　　本章的內容，主要在於將商務印書館的創立背景及其發展作一番的論述。上海的特殊環境對中國近代各方面發展有不同程度的影響，就以商務印書館的成立來看，在中西文化交流的過程中所給予的刺激，導致中國人在某些程度的覺醒，亦造成了商務發展的契機。因此在第一節中將就其創立因素及過程來談；第二節將是從它的發展來看，其中包括整體規模的擴展、財務的經營，以中日合資為中心來談、以及經營過程中與其主要競爭對手——中華書局的合併案等三個部份來看，藉由此章能夠讓一般人對於商務印書館早期的發展能有新的認識與新的瞭解。

第一節　商務印書館的創立

　　外國勢力的聚集，對於上海的發展，甚至整個中國的發展，雖然有其侷限性，但並非絕對是負面的影響。以出版業為例，雖然早期是以西方教會及中國的官書局為重心〔註5〕，但是長期來看，特別是西方教會對於中國出版事業的影響及發展，有著承先啟後的作用。另一方面外國勢力對中國社會帶來了憂患意識，知識份子對於現況的不滿也逐漸在出版業方面展現出來：特別是維新派的態度，致力於出版事業的發展，讓江蘇地區新式出版業有長足的進展。尤其在梁啟超主辦的《時務報》的影響下，打破了以往外國人壟斷的局面，再加上該報的文字內容極具聳動性，根據統計，該報的銷售量最高達到 17,000 份〔註6〕。同樣的情形在書刊方面也都呈現

〔註 4〕李白堅，〈「西學東漸」是近代中國出版的槓桿〉，《出版史料》，總 8 期（上海：學林出版社，1987 年 5 月），頁 90。

〔註 5〕李澤彰，〈三十五年中國之出版業〉，《商務印書館三十五年紀念刊》（上海：商務印書館，民國 20 年 9 月初版），頁 260。

〔註 6〕張憲文、穆緯銘主編，《江蘇民國時期出版史》（南京：江蘇人民出版社，1993 年 12

出百家爭鳴的現象,並且立場上並不侷限於立憲維新的態度,而擴及至各種層面。而在商務印書館創立前,上海地區已有掃葉山房、廣益書局、著易堂、文瑞樓、會文堂書局等老字號的書店,加上胡開文、曹素功、周虎臣、榮寶齋等筆墨莊林立,所以書卷氣息極重,並且也有了出版業的基礎〔註7〕。上海的生活水準較之其它城市來說,都顯得比其它地區優越,所以在生活品質的需求上,特別是知識的追求與接受程度方面,遠遠超過其它地區的民眾。因此在新舊交錯的情形下,刺激許多新式出版業的發展,並且出版的種類也呈現多元化的特色。

在此一風潮下,光緒23年農曆正月初十(1897年2月21日),商務印書館(以下簡稱為商務)正式創立於上海,在江西路德昌里設置印刷所。發起人為夏瑞芳(粹方)、鮑咸恩、鮑咸昌、高鳳池(翰卿)四人。根據高鳳池所述,真正的發起人應為夏瑞芳與鮑咸恩二人,並非前面所說的四人〔註8〕。不過在相關的著作中,則把高鳳池、鮑咸昌二人同時列入發起人之列。例如在莊俞的〈三十五年來之商務印書館〉中,記載著「本館創始於清光緒23年丁酉正月,……。創始人夏瑞芳、鮑咸恩、鮑咸昌、高鳳池諸君共集股本 4,000 元,在上海江西路德昌里賃屋三楹,購辦印機數架,是為創業之始基」,王雲五亦提到「商務印書館之發起人四名,皆服務於教會所設之上海美華書館之職工〔註9〕」。因此可以得知最初發起者,當不出此四人,再加上如同高鳳池所言,他與夏瑞芳、鮑咸恩二人為幼時同學,宗教信仰相同,可謂「年少知己」,故「無話不談」。所以當夏瑞芳、鮑咸恩二人訴說他們在外國人所創辦的報館,即捷報館(China Gazette)工作中所受到的不平等待遇時,便一同商量,共謀出路,自行創辦印書局便成了最初的構想。高鳳池自謙,不願居功,便說真正的發起人是夏瑞芳、鮑咸恩二人。實際上發起創辦者為此四人,是無庸置疑的。而創辦商務的重要原因則和外國人對中國職工的態度有關。

之前提到上海的環境特殊,有優越的條件,聚集雄厚的資金成為商業大城,加上多元化的文化交融,使得中西文化之間有融合,亦有衝突。反映這種中西衝突的

月第一版),頁 17。

〔註7〕關鴻,〈福州路與商務印書館〉,《中國時報》(臺北:中國時報社,民國86年6月6日),第27版。

〔註8〕高翰卿,〈本館創業史〉,《商務印書館九十五年》(北京:商務印書館,1992年1月第一版),頁1。

〔註9〕莊俞,〈三十五年來之商務印書館〉,《最近三十五年之中國教育》(上海:商務印書館,民國20年9月初版),頁2;王雲五,《商務印書館與新教育年譜》(臺北:臺灣商務印書館,民國62年3月初版),頁1,及胡愈之的回憶錄、《商務印書館大事記》都相同的記載。

現象最明顯者，乃是外國人對中國人存有傲慢輕侮的態度。前述夏瑞芳等四人皆為教會所設立的清心學校之工讀生，先後曾在《字林西報》及《捷報》報館做事。這四人的情誼甚篤，有同鄉、同事、好友的關係，其中鮑氏兄弟還是夏瑞芳的小舅子。所以當夏瑞芳在工作上不盡如意之際，在與至交好友討論之後，自行創業便成為一種共識。

張蟾芬，為商務創立之初投資的股東之一，他提到當初之所以會創辦商務，其主因乃是上海捷報館的編輯 Mr.O'Shea「生性極燥，對於工友，每多輕視侮慢之事」，所以在館中工作的夏瑞芳感到極為痛苦。謀求解決的辦法，便是自行創辦印書房，解脫外國所加諸的束縛〔註 10〕。由此可見外國人對中國職工的不友善，往往會形成一股反彈的力量，造成民族意識逐漸抬頭。最具體的反應便是中國職工群起罷工，不肯與外國人妥協。在光緒 21 年的《申報》中便有夏瑞芳帶領排字工人罷工的新聞報導，標題為〈手民停工〉。內容大致為夏瑞芳等人「並非不願在捷報館做工，因館中不能照章辦理，且時有藉端扣減工資等情事，如能照例，則我等無有不願者」〔註 11〕。正因為外國人不願放下身段與中國職工妥協，所以夏瑞芳等人會有一種想要解脫束縛的感覺，因此在與幾位朋友的商量下，共同集資創辦了商務印書館〔註 12〕，當時為光緒 23 年。

這固然為一個重要因素，但是如果沒有十足的把握，他們也不會有此一冒險行為。夏瑞芳進入捷報館之後，擔任排字業務的工頭，收入不少；更重要的是他與高鳳池二人從事這方面的業務工作，瞭解市場之所在。所以最初商務生意的來源包括了承印傳單，及廣學會、聖書會、聖經會的印刷品等，可以說是一個單純的印刷公司。

有關創立之初的資本額，一般都認為是 4,000 元，像是在王雲五的著作、戴仁所寫的《上海商務印書館 1897～1949》，及《張元濟年譜》中都是作如此的記載，他們所持的論點在於當初發起的夏、高、鮑氏兄弟四人，各自集資 1,000 元，共計有 4,000 元。而實際確切的數目應是 3,750 元〔註 13〕，分配情形如表 2-1。

〔註 10〕張蟾芬，〈余與商務初創時之因緣〉，《商務印書館九十五年》，頁 14。

〔註 11〕《申報》，光緒 21 年閏 5 月 20 日。

〔註 12〕關於商務印書館的命名，為鮑咸恩的大姐依照其營業的性質而定，並且定英文名稱為 Commercial Press，簡稱 C.P.，見賈平安，〈記商務印書館創始人夏瑞芳〉，《商務印書館九十五年》，頁 543。

〔註 13〕有關創立之初的資本額，有幾種說法：或為不足 4,000 元；或為 4,000 元，以此種說法最為普遍，他們所持的論點在於當初發起的四人各積資 1,000 元，共計 4,000 元；另外包天笑在其《釧影樓回憶錄》中則說資金為 3,000 元；關鴻在〈福州路與商務印書館〉一文中則說資金為 5,594 元。而得到證實的實際數目應為 3,750 元。

表 2-1：商務印書館創立資本分配一覽表

股東姓名	股份數	金　額	身　　份	附　　註
夏瑞芳	1	500	捷報館排字工人	娶鮑咸昌的二妹
鮑咸昌	1	500	美華書館排字工人	娶郁厚坤的大姐
鮑咸恩	1	500	捷報館排字工人	
高鳳池	1/2	250		與前述三人有同窗、同鄉、同事之誼
沈伯芬*	2	1,000	任職電報局	
張桂華	1/2	250		
郁厚坤家**	1/2	250		與夏鮑有姻親關係
徐桂生***	1	500		

* 在澤本郁馬著，筱松譯〈商務印書館與夏瑞芳〉，《商務印書館館史資料》，第 22 期，（北京：商務印書館，1983 年 7 月），頁 19；林爾蔚、汪家熔合著〈漫談商務印書館〉，《商務印書館館史資料》，第 25 期，（北京：商務印書館，1984 年 2 月），頁 2，均把沈伯芬記為沈伯曾。

** 郁厚坤所持的股份，實際上是其祖母的錢，所以將之列為郁家所擁有。

*** 在上述二文中均未把徐桂生列入，其所記載的投資戶共有 7 戶，股份數額分別是夏 1 股；鮑家兄弟各 1 股；高 1/2 股；沈 2 股；張 1 股；郁 1 股。將徐桂生所持的股份均分至張、郁二人。本表以高翰卿的說法為依據。

資料來源：高翰卿，〈本館創業史〉，《商務印書館九十五年》，頁 2～3。

　　不論對於股份的分配有不同說法，商務就以這 3,750 元的資本為基礎，開始它的發展。可以說這些人都具有一股向前衝刺的決心與毅力，像高鳳池就對夏、鮑二位先生全心投注，並且將所有資本用在設備添購方面，以致幾乎用完一事，有如下的回憶：

　　　　資本湊齊後，即著手開辦，但這一點數目那裡夠用。……當時夏鮑二君都抱著一種過於破釜沈舟的決心，實在太冒險了〔註14〕。

而事實上這筆數目對於商務的發展的確不夠，但是他們積極的態度，對商務的發展而言，卻是充滿著競爭的動力。

　　從無到有，從草創到具有規模，商務的發展並非一路平順的走過來。由於資金不夠，故在材料的添購方面得大費周章。幸好有賴這群股東的分工合作，生意日漸

〔註14〕高翰卿，〈本館創業史〉，《商務印書館九十五年》，頁 3。

好轉。像高鳳池此時在美華書館中已任職華籍經理，是屬於相當高的地位。憑藉著個人的信用，代為處理原料採購的事宜，若是沒有現金，便由他出面擔保，再加上這群人的同心協力，經濟逐漸寬裕。

另一方面商務能夠立足上海，則與時勢的發展有著密切的關聯。之前提到，甲午戰敗後，讓中國朝野有變法改革的想法，此時正是維新的時代。由於變法之議論高漲，在宣傳新制度方面，印刷書刊的需求大增，所以才會「廣集資本，組織偉大之印刷公司，以應時需〔註15〕」。這種轉變對中國的出版業產生相當大的變化，因為宣傳理論需要書刊的媒介，而民眾對於知識有大量的需求，再者新式教育的推動，讓教科書的出版更為刻不容緩。所以在以往以西方教會印書局與中國官書局為主的出版者之外，結合中西技術的新式出版業有了發展的條件。

對商務發展初期的另一項契機則是在光緒 26 年收買修文印刷局〔註16〕。該印刷局原本為日本人在上海所開設，但是因為營運不佳，於是全盤出售。對方出價極廉，商務見機不可失，於是加以收購，不過此次交易的金額在相關的記載中並未提及，但是對商務而言可謂斬獲不少，因為它從修文印刷局那邊得到了新式的印刷機器、模具、原料，設備非常的完備。利用這次的機會，商務的規模擴充不少，而基礎也更加穩固，正如高鳳池所說的商務的發展發軔於此〔註17〕。

旋即在光緒29年，商務的資本中，加入了日本人的股份，並且改組成立為「商務印書館有限公司」。根據公司章程第一章第二節所明訂：

> 本總公司設在上海。所有營業係印刷、石印、鉛印、銅印版書籍，編輯、編譯、發行、運售、兌換各種書籍雜誌圖畫，鑄售鉛字、鉛版、銅模、銅版，又運售學堂化學所用器具及印書材料、印刷機器等件，以及一切與上文相關之事〔註18〕。

由此，可以看出商務的營運方向舉凡印刷、出版、編輯、販賣文具等等，均無所不包，較之現代的大型書局有過之而無不及，他們拓展業務企圖心是相當的強烈；而關於加入日本股份一事，將在下節中討論。

商務在二十世紀以來，成為中國規模最大的出版業，由於外國人對待華人的傲

〔註15〕莊俞，〈鮑咸昌先生事略〉，《商務印書館九十年》（北京：商務印書館，1987 年 1 月第一版），頁 6～7。

〔註16〕關於商務印書館收購日本人的修文印刷局，或云修文書館，此事在高翰卿的〈本館創業史〉，《商務印書館九十五年》，頁 3；〈本館四十年大事記（1936）〉，《商務印書館九十五年》，頁 678；及《商務印書館大事記》等均有記載。

〔註17〕高翰卿，〈本館創業史〉，《商務印書館九十五年》，頁 4。

〔註18〕《商務印書館有限公司章程》（上海：商務印書館），光緒 32 年議定。

慢，促使它的創立；而成立之後的這批元老的恆心及毅力，使它得以迅速發展。但是就創立初期的經營方針而言，它只承印商業上的帳冊廣告、書本而已，並無特殊之處。也就是說，初創的商務是以印刷為主的，並非一開始就往出版方向發展〔註19〕。這是一個值得討論的問題，商務如何從印刷業進升到出版業，最重要的關鍵在於他們對於時代轉變的敏銳觀察，了解到對於西學書籍的供需關係。而維新變法以來，廢除科舉，興辦新式學校成為一股新潮流。單就設立新式學校所需要的新式教科書來看，由於學生眾多，需要的數量相當龐大，新式教科書頓時成為一個很大的市場。這種對於書籍的需求造成商務的大轉變，夏瑞芳雖然未受過高等教育，但是在生意觀念上卻能看清這一點，他認為國民教育，應該先重視小學，尤其是教科書的編訂〔註20〕。不但能夠開風氣之先，同時也對於商務組織規模的擴充造成影響，其中最重要的一項便是編譯所的設立。

　　有關編譯所的部分，將是本文的重心所在，將另闢章節討論，在此僅概略提及。先前提到時代的轉變造成一股風潮，各式各樣的出版業、編譯機構如雨後春筍般的出現。對商務而言有競爭，也有刺激，更使得商務不但網羅人才，還培養人才，和學術界的關係密切，並且影響文化的傳播。這種創立初期的成功，有人認為此乃「半由人事之努力，半由時代之造成〔註21〕」的緣故，可以說是相當適切的形容。

第二節　商務印書館的營運

　　在民國24年4月（1935），上海市教育局曾經針對全上海市共計261家書局，做了全盤的調查。調查報告中記載著：「商務印書館，資產約計4,000,000元；營運的性質包發行圖書、製造販運關於印刷之機械、銅模、鉛字、儀器、文具等〔註22〕」。從這份調查報告中，我們可以得知上海出版事業蓬勃發展的景象；而值得注意的是，當時各家書局的資本額，從虧本（負債）到數萬元是相當的普遍。商務的規模在當時則是最大的一家，就連其主要的競爭對手——中華書局，在歷經一二八事變的浩劫後，資產額約計2,000,000元，僅及其一半〔註23〕。

〔註19〕陳叔通，〈回憶商務印書館〉，《商務印書館九十年》，頁132。
〔註20〕孟森，〈夏君粹方小傳〉，《商務印書館九十五年》，頁18。
〔註21〕張蟾芬，〈余與商務初創時之因緣〉，《商務印書館九十五年》，頁15；高翰卿，〈本館創業史〉，同前書，頁5，均有相同的見解。
〔註22〕上海市教育局，《上海市書店調查》（上海；上海市教育局，1935年4月）。
〔註23〕同前註。

上述的書局概況是在民國 24 年，即一二八事變後三年所作的調查。而我們必須明白一點在一二八事變中，商務受到相當大的損失，包括房屋、機器、原料、書籍等，估計共 16,330,504 元〔註24〕。其中書籍遭受焚毀，損失尤大，特別是珍藏在「東方圖書館」的善本書、絕版的報紙、雜誌竟因為人禍，而付之一炬，其價值則難以估算，在人類史上來說更是文化的重大浩劫。

有關商務在一二八事變中的詳細損失情形，根據何炳松（為商務的股東，並且曾經於民國 18 年到 21 年擔任編譯所所長一職）於民國 21 年 3 月中旬，呈報給國民政府的損失清冊可以得知，其項目如表 2-2 所列。

表 2-2：商務印書館於一二八事件中損失一覽表

項 目			損 失 金 額
總務廠	房 屋	總 務 處	170,820
		印 刷 所　印 刷 部	378,031
		棧　　房	139,234
		木 匠 房 等	5,796
		儲 電 室	21,953
		自 來 水 塔	11,429
	家慶里住宅		7,200
	機器（包括有滾筒機、米利機、膠版機、鋁版機、大號自動裝訂機、自動切書機、世界大號照相機等）		2,873,710
	圖 版		1,015,242
	存 貨　書 籍	本 版 書	4,982,965
		原 版 西 書	818,197
	儀 器 文 具		771,579
	鉛 件		19,807
	機 件		6,207
	紙張原料	紙 張	776,100
		原 料	311,200
	未 了 品		275,000
	生財修裝	總 務 處	12,523
		印 刷 所	82,105
		研 究 所	535
	寄 售 書 籍		500,000
	寄 存 書 籍 字 畫		100,000

〔註24〕何炳松，〈商務印書館被毀紀略〉，《東方雜誌》第 29 卷第 4 號（上海：商務印書館，民國 21 年 10 月），頁 8～9。

編	房屋在東方圖書館卜層，已列入東方圖書館損失數目			
	圖　　書	中　文	2,500 部	3,500
		外　國　文	5,250 部	52,500
譯		圖　　表		17,500
		目錄卡片		4,000
	稿　　件	書　　稿		415,742
所		字典單頁		200,000
		圖　　稿		10,000
	生　財　裝　修			24,850
東	房　　屋			96,000
	書　　籍	普通書	中文 268,000 冊	154,000
			外國文 80,000 冊	640,000
方			圖表照片 5,000 冊	50,000
		善本書	經部 274 種，2,364 冊	1,000,000
圖			史部 996 種，10,201 冊	1,000,000
			子部 876 種，8,438 冊	1,000,000
書			集部 1,057 種，8,710 冊	1,000,000
			購進何氏善本，約 40,000 冊	1,000,000
			方志 2,641 部，25,682 冊	100,000
館			中外雜誌報章，40,000 冊	200,000
	目　錄　卡　片 400,000 張			8,000
	生　財　裝　修			28,210
尚	校　　舍	小　學　部		19,109
公		幼　稚　園　部		10,000
小	圖書儀器及教具			12,000
學	生　財　裝　修			6,000
總　　計				16,330,504

資料來源：何炳松，〈商務印書館被毀記〉，《東方雜誌》第 29 卷第 4 號，（上海：商務印書館，民國 21 年 10 月），頁 8～9。

　　由此，我們可以想像發展三十多年來的商務，規模是何等的龐大，即使在一二八事變中受到日本的轟炸，但是事後在王雲五擔任總經理的領導下，又能迅速的復興。而從其創立之初的資本僅有 3,750 元，經過三十多年的發展，成為全國具有獨佔性的出版業，並形成一種典範，這個過程是值得深入研究的。

　　對於商務的營運情形，本節將從其規模的拓展與初期的業務發展來談。

一、規模的拓展

　　商務自成立以來，主要從事印刷為主，出版編輯著作則少之又少。為了耶穌會小學的需要，以白話文翻譯英國人所編的印度讀本，由牧師謝洪賚執筆，定名為《華英初階》、《華英進階》。據說此書的銷路極廣，「利市三倍」。同時還代印《昌言報》、《格致新報》〔註25〕。這時的商務組織尚未建立起來。

　　在收購修文印書局後，設備大為擴充，成為一個具有規模的印書房，盈利甚厚。至光緒 28 年，因為業務的需要，分設印刷、編譯、發行三所。而此時國內的出版事業日益發達，商務的規模擴充，其中組織也不斷更動，到民國 21 年以前商務整體的組織情形如表 2-3 所示。

表 2-3：商務印書館組織表

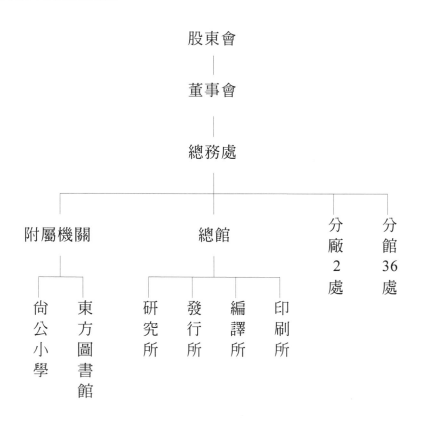

資料來源：莊俞，〈三十五年來之商務印書館〉，《最近三十五年之中國教育》，（上海：商務印書館，民國 20 年 9 月初版），頁 29。

〔註25〕蔣維喬，〈創辦初期之商務印書館與中華書局〉，轉引自《商務印書館大事記》（北京：商務印書館，1987 年 1 月第一版），1897 年。

　　表三是根據莊俞在民國 20 年依照當時公司的組織而列。董事會、股東會是負責整個公司的營運決策（包括人事、財經）、監督、機構的調整。而在民國 4 年 10 月由陳叔通建議下成立的總務處，則成為統轄全公司的最高機構。至民國 19 年，王雲五擔任總經理之後，又設立研究所，目的在於改進館內各項缺失，進行科學化的管理，不過它的地位雖然與印刷、編譯、發行三所平行，可是在某種程度上卻可以針對它們的缺失提出意見，不過這是商務成立三十多年以來欲對公司加以整頓的一個措施。

　　就印刷所、編譯所、發行所來說，這是商務的基本部門，表面上看來雖然各司其職，互不相關，但對館方來說卻是缺一不可。編譯所主要是負責書籍的出版、編輯，也就是商務書籍的重要來源；而商務最初就是以印刷起家的，所以印刷書籍的工作便交由商務的印刷所負責，並保持其品質的最高水準。而在商務的組織中，有多處的分館、支館、支店，它們的角色則是與發行有密切的關聯。在發行所的運作下，商務的書籍經過它的美工、包裝，並且在各種媒體上廣告宣傳，進而能夠在各地銷售；再透過遍佈全國的分支館，各地的讀者很快的能夠獲得新書的知識，以及最新的資訊。因此我們可以說編譯所是商務的靈魂，印刷所與發行所則商務的血液與神經系統，彼此息息相關，為生命的共同體，缺一不可。

　　在分館部份，實際上應包括了分館、支館及支店，它們分布在國內外，並且規模、等級是各不相同的單位；不過在一些記載中則對分館、支館及支店未加區別。例如在莊俞文中所列的安慶支館，在王雲五的《商務印書館與新教育年譜》，則列為分館；而莊文中的衡陽支店，在王書中則記為支館〔註26〕。另外法國人戴仁所著的《上海商務書館 1897～1949》一書，則把分館、支館、支店均一視同仁的以「分館」來看〔註27〕，這些均和實際的名稱有所差距，應該加以更正。

　　而自商務成立以來的三十五年間，各支店的設立或變更，則是由董事會議定辦理，所以這段期間內或有裁撤或新增，或者變更的情形，在公司的組織章程中便有規定。例如在民國 5 年 5 月 6 日所修改的公司章程中，其第三條記載如下：

> 本公司在北京、天津、保定、奉天、黑龍江、哈爾濱、吉林、長春、
> 西安、太原、濟南、東昌、開封、洛陽、成都、重慶、漢口、武昌、長沙、

〔註26〕安慶部份分別見莊俞，〈三十五年來之商務印書館〉，《最近三十五年之中國教育》（上海：商務印書館，民國 20 年 9 月初版），頁 35；王雲五，《商務印書館與新教育年譜》（臺北：臺灣商務印書館，民國 62 年 3 月初版），頁 45。衡陽部份則分別見莊俞，〈三十五年來之商務印書館〉，頁 35；王雲五，《商務印書館與新教育年譜》，頁 82。

〔註27〕〔法〕戴仁，李桐實譯，《上海商務印書館 1897～1949》（北京：商務印書館，1996 年），未發行。

衡州、寶慶、常德、安慶、蕪湖、南京、南昌、九江、袁州、杭州、蘭谿、湖州、福州、廈門、廣州、澳門、韶州、汕頭、桂林、梧州、雲南、貴陽、香港、新加坡等處設立支店，嗣後支店增設及變更應隨時由董事會議定辦理〔註28〕。

上述共計提到的地點有 44 處之多，其中還包括香港、新加坡等外國地區。而在民國 3 年的公司章程中，則僅提到 29 處〔註29〕；另外在更早期的公司章程則亦提到「將來向各處地方推廣，臨時酌定辦理〔註30〕」。因此，民國 20 年所提到的 36 處分館、支館、支店，是當時商務發展的一個時期。總體來說，它所代表的意義則是：一，商務的發展已進入了企業化的階段。從章程中得知其業務的多元化，舉凡印刷、出版事業（包括雜誌、教科書及辭典、工具書等）、販賣學校用品、文具等。二，分館、支館、支店的遍布全中國，在經營上已有連鎖經營的概念，更重要的是藉此得以將知識傳布全國各地，甚至海外地區，讓各地的華人都能夠雨露均霑。這一點可以說明商務主事者有相當大的魄力，在中國出版界是無與倫比的。以臺灣地區來說，當中日戰爭結束後，便積極的設立臺灣分館，以期讓受日本文化影響的中國人能夠儘早得到中國文化的洗禮，並且負起臺灣地區教育文化的功能。

另外附屬機關則有尚公小學與東方圖書館，這兩個單位在此之前是由編譯所管轄的。隨著商務業務的拓展，組織架構上也做了些必要的調整，此一部份將在編譯所討論。

二、公司初期的業務運作

由於商務確立多元化經營的方向，再加上擁有龐大的組織（分、支館、印刷廠、發行所、編輯單位等），以及正確的經營方向，因此在經營的過程當中，所出版的書籍種類年年增加，資本額亦不斷的增加。到民國 13 年商務的股東會議決議增資，已達銀圓 500 萬圓之多，增加了 1,250 倍之多。不過這些數據基於幣值的換算，真正的總資產並無法確切的估計。資本的累積讓營業額也年年上升，有人估算，自創辦到民國 25 年間總計為 1 億 9,500 餘萬銀圓（195,831,910），至少可以折合新臺幣 80

〔註28〕《商務印書館有限公司章程》（上海：商務印書館），民國 5 年 5 月 6 日股東年會修改。

〔註29〕《商務印書館有限公司章程》（上海：商務印書館），民國 3 年 1 月 31 日臨時股東會議定。

〔註30〕《商務印書館有限公司章程》（上海：商務印書館），光緒 32 年議定。

億元，亦即平均每年的營業額有新臺幣 2 億 3 千萬元〔註31〕。而歷年來增資的過程，則在表 2-4 中可以看出。

表 2-4：商務印書館歷年增資表

年　　　代	金額（元）
光緒 23 年（1897）	3,750
光緒 27 年（1901）	50,000
光緒 29 年（1903）	200,000
光緒 31 年（1905）	1,000,000
民國　2 年（1913）	1,500,000
民國　3 年（1914）	2,000,000
民國　9 年（1920）	3,000,000
民國 11 年（1922）	5,000,000

資料來源：王雲五，《商務印書館與新教育年譜》，（臺北：商務印書館，民國 62 年 3 月初版）。

　　在這一連串的增資過程中，光緒 29 年至民國 3 年（1903～1914）之間，商務經歷了一段尷尬階段，即中日出版機構的密切合作。之所以會稱之為「尷尬」，主要是由於清末以來，日本對中國的侵略，讓中國人民對日本的反感。商務的日本背景，反而讓其當局儘量絕口不提。高鳳池為此段歷史作了解釋，他指出會有合資之議，乃是光緒 29 年時，正是商務粗具規模之際，而日本的金港堂公司正欲來華發展事業。

　　金港堂是一個怎樣的機構呢？簡單的說它是日本明治年間的一家大書店，它的創辦人為原亮三郎。在當時與文學社、普及會、集英堂並稱為日本明治年代的四大教科書出版社，有點類似民國初年商務、中華、開明、世界等書局在出版界的地位。1902 年，日本發生了「教科書疑獄事件」，肇因於出版教科書的利潤龐大，以致有些出版商便賄賂負責審查的文部省官員、地方教育局的官員，以圖方便。結果整個事件爆發，金港堂也受到牽連。自此之後日本政府修改法令，採用固定教科書制度，一切由國家統籌編輯出版，不准民間參與。原亮三郎則為因案受到連累的文部省官員小谷重、及長尾雨山等人安排出路，到上海加入商務的出版工作〔註32〕。

〔註31〕徐有守，〈王雲五先生與中國出版業〉，《王雲五先生與近代中國》（臺北：臺灣商務印書館，民國 76 年 6 月初版），頁 210。此一數字為民國 76 年時的標準。

〔註32〕章克標，〈商務印書館引進日資雜記〉，《商務印書館館史資料》，第 39 期（北京：商務印書館，1987 年 9 月），頁 5～9。

另一方面商務本身鑒於印刷技術遠不及日本人，衡量輕重之下，只有暫時利用合作的方法，慢慢的再求本身發展，可以獨立。同樣的說法亦見於莊俞的文章，他提出看法「……然本館與日人合資，本為一時權宜之計，蓋以利用外人學術傳授印刷技藝。一方面更藉外股以充實資本，為獨立經營之基礎〔註33〕」。而有一種說法認為這次中日合資是金港堂主人原亮三郎以個人名義與商務合資經營，並非是與金港堂合作。不論如何，這次合作正說明著：一是清末民初以來新式企業的發展的處境，在缺乏經驗、技術不如人以及資本不足的情形下，為了保持發展，中外合資乃是一個可行的途徑。一是商務的發展陷入了困境，特別是財務發生困難，因此欲尋求外資，以資應付〔註34〕。

由於商務與金港堂合作的這段歷史，當事的雙方均隱諱不提，而有關當初合作的條款以及後來請退日股的交涉過程，目前所知亦不多。據瞭解當時雙方合作時所簽訂的條件，曾經提到在用人與行政方面一律由華人主持，所有的日本股東都必須遵守中國的商律，也就是說董事及經理必須由中國人擔任，日本人只能出任監察人，名額僅有一名。而且所聘用的日本人可以隨時辭退〔註35〕。由此可以瞭解這次的合作在商務方面是極力的維護主權，並且保持一種主動的狀態。可是在退股的談判中，日方堅持不肯讓步，經過兩年多的談判，直到在民國3年1月6日才達成協議。在所簽訂的請退日股的協議中，商務方面則多付出股本達21%，將近80,000元作為補償。總計日方在十年的投資中不包括盈利，就回收了約450,000元，比最初投資還賺了300,000元呢〔註36〕！目前已有研究指出，日資背景之所以隱諱不提，並非完全是擔心某些有心人士會以此為藉口加以攻詰，特別是引起激烈的愛國主義者的憤怒，若是真的如此，也不必等到民國3年才請退日股，而應另有不為人知的實情。不過中華書局自民國成立之後便藉此理由不斷打壓商務，造成它極大的困擾，倒是事實。

後來在民國3年2月，即與金港堂結束合作關係後出版的《商務印書館成績概略》中記載如下：

> 乙巳遵照商律定為有限公司，呈請商部註冊。民國二年，續呈工商部

〔註33〕莊俞，〈三十五年來之商務印書館〉，《最近三十五年之中國教育》，頁4。

〔註34〕王雲五提到由於商務此時出版了一套《日本法規大全》，共有百冊之多，必須以木箱盛裝，其規模之大，耗去很多的資本，再加上其它的出版物又虧多於盈，所以有「增招外股，以資應付」的想法，見王雲五《商務印書館與新教育年譜》，頁2。

〔註35〕此為張元濟及高鳳池分別於民國3年及民國23年的談話，現引用自林爾蔚、汪家熔，〈漫談商務印書館〉，《商務印書館館史資料》，第25期（北京：商務印書館，1984年2月），頁3～4所載。

〔註36〕同前註，頁5。

　　註冊。本館資本，原有少數外人附股，惟須遵守本國商律，曾於註冊時呈

　　部聲明在案，嗣後將外人股份陸續收回。至民國三年一月六日，所有外股，

　　全數歸入本國人之手，為完全華商出資營業之公司〔註37〕。

《張元濟年譜》中亦提到，中日雙方為了金港堂股份退出之細節，自「1912 年開始開過數十次會議，並由夏瑞芳等親赴日本談判，方簽訂此約〔註 38〕」。

　　在相關的研究中都對商務給予肯定的立場〔註39〕，特別是在中外合資中，仍能堅持「為我所用」的民族工業所應保持的立場〔註40〕。這種立場與一般傳統中外合資是由外國人掌握企業的經營管理權的觀念不同。在這次中日合作中，除了日本方面得到金錢上實質的利益，並且和商務建立良好的合作關係外，商務方面更是獲益良多，其中包括了：一，印刷技術的提升，從原有的鉛印能力進步到「照相落石、圖版雕刻——銅版雕刻、黃楊木雕刻等——五色彩印，日本都有技師派來傳授。……五彩石印，在中國要推我們公司是第一家制印〔註 41〕」。二，編輯經驗的傳承，像是在教科書的編寫方面，日方的技術顧問給予相當多的撰寫意見，並且還給與編輯上的協助，特別是長尾雨山、小谷重、伊澤脩二等人聘為教科書的編輯委員，傳承日本的教育理論與教育經驗，讓商務的教科書能夠盡善盡美〔註42〕。三，經營管理概念的傳授，使得商務在短時間之內發展成一個「以印刷、編輯、發行三位一體的大型近代出版機構〔註 43〕」，在釋出日資後更能全心的發展中國的教育文化，成為全國最大的出版業。

　　對於這段中日合作的歷史，確實有許多值得加以探討的地方，特別是在許許多多中外合資的企業當中，商務所表現出的獨特性，可謂民初企業發展的典範；從長遠來看商務在短時間內能夠在資本、規模、經驗等有長足的發展，金港堂在資金、

〔註37〕《商務印書館成績概略》（上海：商務印書館，民國 3 年 2 月），頁 1。

〔註38〕張樹年主編，《張元濟年譜》（北京：商務印書館，1991 年 12 月第一版），頁 115～116。

〔註39〕如林爾蔚、汪家熔〈漫談商務印書館〉，澤本郁馬〈商務印書館與夏瑞芳〉，樽木照雄〈商務印書館與山本條太郎〉，汪家熔〈主權在我的合資－1903～1913 年商務印書館的中日合資〉，鄒振環〈商務印書館與金港堂－20 世紀初中日的一次成功合資〉，章克標〈商務印書館引進日資雜記〉等人文章為代表；另外葉宋曼瑛的《從翰林到出版家——張元濟的生平與事業》一書中，亦對此一中日合作的事實有所研究。

〔註40〕鄒振環，〈商務印書館與金港堂－20 世紀初中日的一次成功合資〉，《出版史料》，總30 期（上海：上海書店，1992 年 12 月），頁 116。

〔註41〕高翰卿，〈本館創業史〉，《商務印書館九十五年》，頁 8～9。

〔註42〕《東方雜誌》，第 11 期。（上海：商務印書館，光緒 30 年 11 月），頁 251。

〔註43〕鄒振環，〈商務印書館與金港堂〉，《出版史料》，1992：4，總 30 期（上海：上海書店，1992 年 12 月），頁 119。

技術和人員指導等方面的貢獻，是功不可沒的。對金港堂而言它們所獲得的也絕非金錢可以衡量的。但是資料的不足，對事實真相的澄清有很大的阻礙，只能隱隱約約的瞭解部份情形，如何利用有限的資料去重新建構這段歷史完整的真貌，則是一項相當艱鉅的工作〔註44〕。

　　同業之間往往會有經營不善或競爭力不夠，導致歇業的情況發生。這個現象在出版業間亦是相當的明顯。就商務的歷史而言，從清末民初以來，它在上海地區先後曾合併了國學扶輪社、樂群書局（1911）、中國圖書公司（1914）、中外輿圖局（1915）、公民書局（1921）、新月書局（1933）等出版事業〔註45〕。而民國成立以來，商務所面對最大的競爭之一，便是來自中華書局的挑戰。中華書局成立於民國1年1月1日，而創立人陸費逵（伯鴻）、沈知方等人正是從商務脫離，另起爐灶。

　　陸費逵原本在商務擔任編輯《教育雜誌》的工作，沈知方則是擔任發行的工作。然而辛亥革命之際，陸對於時事的演變頗有遠見，他認為清政府必將垮台，原有的新式教科書也將不合時宜，唯有另外編纂一套新式教科書以資應付。但是商務對編輯新式教科書的意見不採納。於是陸、沈等人邀集部分發行所的職員秘密計劃，並且籌資25,000元，另外創辦中華書局。但是光是有了發行的人才還不夠，在編輯方面，陸還從商務挖來已解職及現職的編譯所人才，主要工作是編輯《中華新教科書》。

　　而此一挖角行動，讓中華書局粗具規模，而搶得先機出版的新式教科書，則讓中華書局在民國初年競爭激烈的教科書市場中，獨占鰲頭。至於商務原本編輯的教科書中，因存在滿清的字樣，不符合當時教育部所發布的通電：「凡教科書不合共和宗旨者，逐一改正之」的規定，於是另外編輯《共和國教科書》，投入民國時代教科書的市場，而中華書局搶先一步的動作，也奠定與商務競爭的基礎〔註46〕。

　　民國5年，中華書局發生二件事，一是擴充股本失敗，資金不敷使用〔註47〕；

〔註44〕稻岡勝，〈關於金港堂與商務印書館合作問題的文獻資料〉，《出版史料》1992:4，總30期（上海：上海書店，1992年12月），頁50。

〔註45〕國學扶輪社與樂群書局為光緒26年左右，由王均卿、沈知方、劉師培等創辦。中國圖書公司於光緒32年成立，由席子佩、李平書、狄葆賢等所創立。主要以出版教科書為業務重心，但經營不善，銷售不佳，終敵不過商務的競爭，導致垮臺。見朱聯保，《近現代上海出版印象記》（上海：學林出版社，1993年2月第一版），頁103。中外輿圖局為民國2年由童世亨所創辦，以編繪地圖為業務。公民書局是王雲五在進入商務以前所辦的書局。新月書局的主要負責人為徐志摩、梁實秋、余上沅。此外，胡適、潘光旦、吳應熊、葉公超、羅隆基、聞一多等均參加之，多為留美關係。

〔註46〕蔣維喬，〈創辦初期之商務印書館與中華書局〉，《中國現代出版史料》，丁編（北京：中華書局，1959年初版），頁398～399。

〔註47〕民國5年，中華書局的目標是擴充股本至200萬元，以期與商務相等，但僅達100萬元。見吉少甫，《中國出版簡史》（上海：學林出版社，1991年11月第一版），頁235。

一是副局長沈知方以公款從事投機生意失敗，資金擱淺。經濟上的危機，曾使中華書局當局有歸併商務的打算，並且與商務展開會商。經過多次的交涉，並未能達成共識，這其中和商務內部方面有人持反對立場及中華書局的立場搖擺不定有關。特別是中華書局對商務多所攻詰，語多蠻橫，使商務方面對中華書局產生「如此之壓詐，恐盤併之事更難商議」之感，日後恐怕不知道還有其它的事情發生〔註48〕。

　　至民國7年2月8日，曾經擔任商務顧問的日人山本條太郎等人來商務訪問〔註49〕，鮑咸昌詢問其意見，山本建言不可買下中華書局，原因在於：一、出版事業若為商務所獨佔，將招致更大、更多的忌妒；二、若獨佔出版市場，將會缺少市場競爭力，難有進展，對商務而言並非好事〔註50〕。山本的意見雖非定論，但卻道出此一聯合計劃的隱憂所在，並且是在對方以不友善的態度下進行著，所以計劃漸漸終止。同時中華書局本身也另外找到投資人的支持，此人為在常州開設紡織廠的吳鏡淵，中華書局的營運遂得以維持。

　　中華書局的規模從民國初年創立以來，在組織上可以說和商務如出一轍，也有編輯所、事務所、營業所、印刷所的部門，並且從民國2年起在國內各地廣設分局，凡是各省有商務分館之地，中華必有分局，到了民國5年達到40處〔註51〕。它的一切可以說是商務的翻版，這多半與陸費逵、沈知方等人在商務待過，瞭解商務的組織運作情形，於是加以沿用，成為中華倣效的對象；知名的人物如王寵惠、范源廉、戴克敦、左舜生、吳研因、舒新城等都曾經在中華待過〔註52〕，並且也都是學術界、政界、教育界的聞人。但是整體上來看，無論在編輯群的陣容上與人數上都不及商務；並且中華的資本額、營業額都不及商務；經營的模式商務是採集權政策，由總館負責打理一切，中華則不然，往往遷就各地士紳，與之協定、合資，未能握有主導權〔註53〕。在這些主客觀條計相較之下，中華明顯不及商務，所以基本上出版業的市場還是由商務所主導。

　　雖然如此，這些同業之間也是有彼此互通之時，並且新興的出版業不斷產生，像從中華書局脫離的沈知方又另行創辦了世界書局；由商務編輯出身的章錫琛則創

〔註48〕《張元濟日記》，民國6年12月31日，頁331。
〔註49〕此行除了山本條太郎外，還有前商務的日籍職員小平元、木本毅。見《張元濟年譜》，頁149。
〔註50〕《張元濟日記》，民國7年2月6日，頁357～358。
〔註51〕蔣維喬，〈創辦初期之商務印書館與中華書局〉，《中國現代出版史料》，丁編，頁399；吉少甫，《中國出版簡史》，頁325。
〔註52〕朱聯保，《近現代上海出版業印象記》，頁85。
〔註53〕蔣維喬，〈創辦初期之商務印書館與中華書局〉，《中國現代出版史料》，丁編，頁399。

辦了開明書店，均是顯著的例子。此一發展使整個出版市場由單一壟斷成為百家爭鳴的情形，再加上競爭使得各出版業莫不努力提升出版的內容與水準，並維持彼此間的互動關係，各自貢獻其力量，中國的出版業可以說是一片欣欣向榮。

第三章　編譯所的組織與工作

　　一部完備的機器，是由無數個零件所組合而成的。而欲保持良好的運轉，則有賴各部分的協調、互動，缺一不可。同樣的，在企業當中，團隊精神的講求亦是重要的課題。如何使各部門能夠各自發揮其力量，並且在群體關係中產生最大的功用，則是每個企業所急欲達成的目標。

　　商務本身像一部機器一樣，由各個部門所構成。在前面一章中曾經將商務的基本架構做了概要的介紹，大致上它是由印刷所、發行所、編譯所，以及其它的分支機構所組成，但我們不妨也將它視為一個有機體，更能顯現出商務的特色。從最基本的歷年資本額以及營業額的統計數據中，我們可以清楚的看到它是呈現每年蒸蒸日上的趨勢。至民國 20 年為止，其營業總額已達 14,380,866 元〔註1〕，比起最初的營業額 300,000 元〔註2〕，成長了將近 48 倍，若是換算成今日的幣值將是一筆相當可觀的數目。營業方面經營得有聲有色，除了是其經營項目廣泛外，行銷的手法亦是重要因素之一。如何在印刷精美、宣傳生動這些方面達到具體的成效，書籍本身的質量更是不可或缺的重要關鍵。必須靠作者的學識及編輯的功力相互配合，才能夠不斷的進步。

　　在前面一章中已對商務的整體組織做了初步的分析，所以可以知道編譯、印刷、發行三所之間是地位平行，但是又相互協調的單位。編譯所主要負責編輯、翻譯、審核、處理規劃稿件等相關事宜的單位，對於商務的發展，甚至在社會文化方面，均有卓越的貢獻。周越然對「編譯」一詞加以定義，他說編譯之意，以賣文為生活也。其

〔註 1〕王雲五，《商務印書館與新教育年譜》，頁 332。
〔註 2〕此一數目為清光緒 29 年的營業數額，在此之前的帳冊，均因為光緒 28 年 7 月商務
　　　　發生大火而付之一炬。

成功者，人以美名稱之曰作家；其失敗者，人以惡名譏之為文丐〔註3〕。從字面的意義上，我們不難了解，編譯的工作是與筆墨分不開的，文章質量的優劣，影響其銷售的好壞。所謂成功，除了指業績之外，文章書籍的良莠，對於社會具有移風易俗、潛移默化的效果，更是重點之所在。否則也就不會有作家與文丐的區別了。

在編譯所設立到廢止的這段期間，亦即光緒 28 年到民國 21 年一二八事變為止（1902～1932），這近 30 年當中，所任用的人才不計其數，赫赫有名的更不在話下；所出版的書籍則分門別類，數以萬計；而其組織的規劃，則對學術、文化有很重大的影響：就以思想潮流的轉變來看，反映在一些為人熟知的雜誌，譬如《婦女雜誌》、《東方雜誌》、《教育雜誌》等等，對於移風易俗、時事傳播，影響範圍是相當的廣泛。正因為如此，編譯所的人與事這兩方面，有必要加以了解；也唯有如此才能顯現出編譯所，甚至是商務在中國文化的發展中所扮演的重要地位。

本章將從幾個部份來討論編譯所：首先是它的設立緣由，以瞭解它的時代背景；再來則是組織架構，從系統組織表和組織章程來分析，以期對它的組織能有更深一層的認識；並對它前後幾任的所長作研究，希望能夠明瞭各任所長在其任內對編譯所甚至商務印書館的發展有何種程度的影響；最後則是從所內的工作情形來討論，以便能夠更清楚的知道所內實際的工作情形，並且從其中對整體的工作成果做一番聯繫。

第一節　設立緣由

提到商務編譯所的創辦，就必須要提到夏瑞芳與張元濟兩位創始奠基者。商務草創之際，主要是以印刷商業用品、紙張，以及印刷書籍為主要的業務。至於出版謝洪賚所翻譯的《華英初階》、《華英進階》，銷售情形雖然不錯，但不過僅僅是早期的出版品。到光緒 28 年（1902）為止，出版書籍只不過是屬於插花性質的業務。

張元濟早年曾經與康梁交好，因為受到戊戌新政挫敗的牽連，雖然他自認與新政無關，但是卻因為與康梁過從甚密而被判處「革職永不敘用」的處分。後來張元濟回籍南下，進入由盛宣懷創辦的南洋公學教書，並且受聘為譯書院的院長〔註4〕。

〔註 3〕周越然，〈我與商務印書館〉，《商務印書館九十年》，頁 168。

〔註 4〕南洋公學設立於光緒 23 年 2 月，與商務同年設立。根據《張元濟年譜》記載，張元濟在被革職之後，李鴻章曾經派于式枚加以慰問，並詢問未來的動向，張告知將回上海謀生。數日後，于回覆張「中堂已告知盛宣懷，去滬後將由盛安排工作」。見《張元濟年譜》，頁 28～29。

此時商務已經成立，夏瑞芳正為著招攬業務而四處奔波。正好商務因為承印南洋公學的教學講義，使得夏張二人得以相識，彼此之間保持著融洽的關係。

對於當時執掌商務發展的夏瑞芳來說，擴充現有的規模為刻不容緩的事。而更實際的因素則是肇因於中日甲午戰爭挫敗以來，興起維新運動，以從事新式教育為中心，辦理新式學堂等。當時整個中國興起一股鼓吹教育的浪潮，社會的興論紛紛表達此一目標，無論是報紙或是刊物，像《申報》、《大公報》都有這種言論，從改革教育制度、設立勸學所、女子接受教育，到結合立憲運動，廣開民智，讓人民有足夠的知識參與政治等等，延續到清末都未曾停歇〔註5〕。光緒24年，朝廷方面創辦京師大學堂，成為各省創辦學堂之先河。該年5月22日朝廷則諭令各省州縣之大小書院，一律改建高等、中等與小學堂。不過8月的戊戌政變，卻使各省書院改建學校的行動停止，然而自洋務運動以來所興辦的新式學堂並未受到影響，依然蓬勃的發展。到了義和團事件後，推行庚子後新政，其中有關於教育改革的部份，包括廢除科舉，改設學堂，從省城的大學堂到州縣的小學堂、蒙養學堂，一連串的興學、勵學措施，使全國教育大為發展。

教育的發展，再加上當時國內興起一股求知的熱潮，結果造成翻譯書籍盛行，各書局均搶著翻譯日文書籍，包括日本的教科書及各種學科的書籍，市場前景看好。當然商務亦想把握住這個機會，從事此一事業。在夏瑞芳（擔任總經理）的熱誠下，便找了幾個略通日文的學生，翻譯了幾十種書籍，由商務出錢買下翻譯的稿件，再由商務加以出版。但是銷路並不如預期的熱烈，市場反應冷淡，商務因而受到不小的損失。夏瑞芳見狀，乃與張元濟聯繫，請他代為審查所採用的稿件。審查之後張元濟告知這批的稿件內容欠佳，加上翻譯的技巧不好，並非水準之作。即使要加以修改潤飾，其工程將會非常的繁複，故而作罷〔註6〕！但是這件事卻促成夏瑞芳決心設置專門的編譯機構，也就是編譯所從事此一工作。

光緒28年2月，編譯所成立，張元濟在夏瑞芳的邀請下進入商務服務。並且透過張元濟的關係，延攬了蔡元培擔任編譯所所長一職，從事編輯教科書的工作，尤其是編印中小學教科書為主。隨著光緒29年頒布學堂章程，課程有了更為明確的依據。而光緒32年3月，學部所上奏的〈宣示教育宗旨摺〉中，提到了要以忠君、

〔註5〕例如《大公報》在光緒30年3月4日（1904年4月19日）論說一篇，〈興教育以養民為基說〉；《申報》在宣統3年4月9日（1911年5月7日）論說一篇，〈庚辛之際教育芻議〉等等，都是對教育、民智、政治的關聯性所做的討論。

〔註6〕蔣維喬，〈編輯小學教科書之回憶〉，《商務印書館九十年》（北京：商務印書館，1987年1月第一版），頁56～57。

尊孔、尚武、尚實爲其宗旨，列入小學讀本中；此外，還強調「日本之圖強也，凡其國家安危所繫之事，皆融合其意於小學讀本中〔註7〕」，從小學教材強調理論與實用並行，且以日本的教育經驗做爲範例。所以雖然中國受到日本不小的打擊，但也從其中得到啓示，明顯的例子便是由中國人編輯的教科書取法日本甚多。因此在編纂中小學堂教科書之際，以教育宗旨爲原則，各家書店頗能加以遵循，商務亦在這個原則下，兢兢業業的朝出版業進軍。

關於夏瑞芳設立編譯所一事，張元濟曾經回憶：

> 光緒戊戌政變，余被謫南旋。僑寓滬瀆，主南洋公學譯書院，得識夏君粹方於商務印書館。繼以院費短絀，無可展布，即捨去。夏君招余入館任編譯，余與約，吾輩當以扶助教育爲己任。夏君諾之。〔註8〕

短短的數句話，除了把他本人的際遇說明外，並將他們二人的關係明確道出，特別是他們約定「吾輩當以扶助教育爲己任」，更讓人感到一股救國爲民的豪情壯志。而商務的企業精神也正秉持著這個理念，在中國文化的發展中扮演著重要的地位。這二人之間彼此相互欽佩，夏瑞芳敬重張元濟的學術涵養，張元濟則佩服夏瑞芳的經營能力，在理念相同下進而能夠共同的合作，並且樂此不疲。如同張元濟在寫給汪康年（穰卿）的信中提到：

> ……弟近爲商務印書館編纂小學教科書，頗自謂可盡我國民義務。平心思之，視浮沉郎署，終日作紙上空談者，不可不謂高出一層也〔註9〕。

這種心態的表白，代表張元濟對政治的淡然處之。張元濟在戊戌政變之後，因爲牽連而被革職，並且永不敍用的處份。隨著時勢轉變，他又重獲朝廷的青睞，欲任命爲學部參議。但是他的心志已經堅定，決心將救亡圖存的方向，轉移到從文化事業著手，視教育、出版爲最基本、最重要的途徑。

王紹曾等人曾經對張元濟的心態加以分析，認爲在他的內心深處一直存在著愛國主義的思想，這是不容置疑的。只是對政治已不再感到興趣，因爲他明白國人的民智向來未開，所以只要從啓迪民智的方式著手，藉此宣傳知識，收到的效果將是難以估計的〔註10〕。就張元濟的心理來看，把傳播新文化視爲己志，不僅是一種責任，更是快樂的義務。

〔註7〕〈學部奏請宣示教育宗旨摺〉，光緒32年3月，《第一次中國教育年鑑》甲編（臺北：傳記文學出版社，民國60年10月影印出版），頁1。

〔註8〕張元濟，〈東方圖書館概況‧緣起〉，《商務印書館九十五年》，頁21。

〔註9〕張元濟，《張元濟書札》（北京：商務印書館，1981年6月第一版），頁48。

〔註10〕王紹曾，《近代出版家張元濟》（北京：商務印書館，1995年8月新一版），頁11。

　　而夏瑞芳則是以經營管理的能力見長，所以在用人管理方面有其獨到之處。包天笑，曾經任職編譯所，後來又擔任記者一職的商務職員，便曾形容他長袖善舞，手腕靈活，「雖然不是一位文化人，而創辦文化事業。可見他的頭腦靈敏，性情懇摯，能識人、能用人，實為一不可多得的人才〔註11〕。」所以和張元濟相識更加的拓展視野，也因此在清廷推行新政之時，他便有著想要推行國民教育，必須從小學教育著手的看法，尤其是在教材方面，絕對不能輕忽怠慢〔註12〕。

　　至此，可以得知編譯所的設立，有其時代的背景與人為的理想。最初的商務，它不過是一個以印刷為主的印刷廠罷了，出版工作偶爾為之。社會上興起一股學術的熱潮讓商務經營的方向有了轉變，編譯所的設立為一關鍵。隨著新式教育的興起，在張元濟確立出版方針下，編輯、出版新式的教科書——《最新教科書》，並且得到廣大的迴響。或許人們會問，假如夏瑞芳沒有認識張元濟，或者張元濟未到上海，那麼商務印書館會有這樣的發展嗎？這些假設性的問題並無答案可尋，在實際上也沒有意義。重要的是夏瑞芳、張元濟以及廣大的商務印書館同仁們在時代的潮流中能夠各盡其力，為從事教育、啟迪民智而默默的貢獻；商務編譯所在中國教育發展史上則寫下輝煌的一頁，並且成為全中國出版界的巨擘！

第二節　組織架構的形成

　　對於清末以來的許多知識份子而言，印象中商務所出版的各種刊物，在啟蒙教育或是中小學階段有著重要的份量，耳熟能詳的包括《東方雜誌》、《教育雜誌》、《婦女雜誌》、《小說月報》、商務的教科書、萬有文庫之類的叢書等等。這些豐碩的成果均是由編譯所的所有同仁共同完成的，對於編譯所的設立背景已有大致的瞭解，進一步則將去瞭解創立有30年之久的編譯所之實際面貌，瞭解它是如何的運作？如何的編輯書刊？如何的運用出版書籍發揮它對教育文化的影響力？

　　究竟由所長所領導的編譯所是一個怎麼樣的機構，能夠從事如此眾多書籍的編纂，並且如何去拓展業務呢？首先將從編譯所的結構，也就是系統組織表、章程兩方面來說明。

　　關於編譯所的組織情形，可以從組織系統表與組織章程來分析。茲以民國 11年的《商務印書館通信錄》及民國20年出版的《最近三十五年之中國教育》中所附

〔註11〕包天笑，《釧影樓回憶錄》，中冊（臺北：龍文出版社，民國79年5月初版），頁282。
〔註12〕蔣維喬，〈夏君瑞芳事略〉，《商務印書館九十年》，頁4。

之組織表（表 3-1），及民國 11 年時的組織章程（見附錄一）為例來討論。

表 3-1：編譯所組織系統表

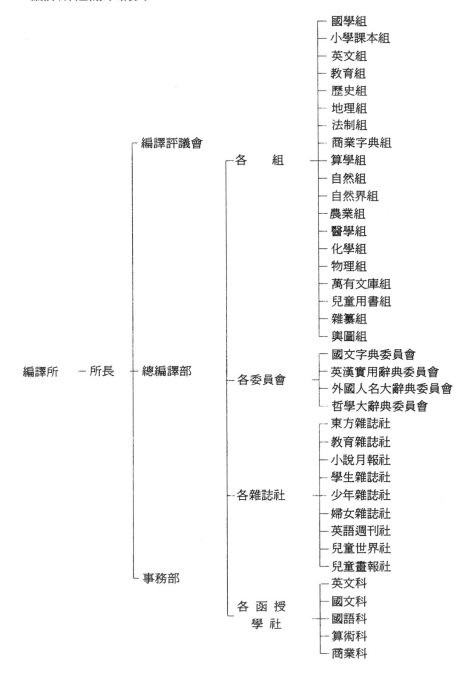

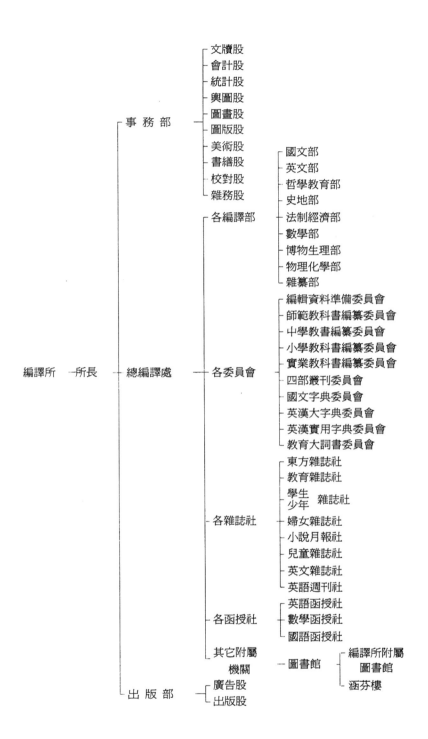

資料來源:《商務印書館通信錄》,(上海:商務印書館,民國 11 年 1 月);〈三十五年來
　　　　之商務印書館〉,《最近三十五年之中國教育》,(上海:商務印書館,民國 20
　　　　年 9 月初版)

在上述的組織表中，前一個部份的分支圖與附錄一的組織章程均是取自民國 11
年的資料，章程中共有 24 條，規範著編譯所的運作。在組織表中所長之下管轄了事
務部、總編譯處、出版部三個部門，其中又以總編譯處的規模最大，包括了各編譯
部、各委員會、各雜誌社、各函授社、圖書館等分支機構。至於事務部與出版部則
是為了要輔助書籍的出版所設的，它的部門包括校對、美術、圖畫、廣告、出版、
文牘等各種。

一、所　長

在組織章程中，第一條便是說明所長的職責所在，在於「主持全所的事務」，
掌握全所的事務運作。他的工作主要是代表編譯所對外從事一切活動，包括了處理
一些瑣事、應酬，並且要為所上尋覓人才；並且還要共同參與編輯的工作。因所上
聘用了大量的知識份子、學者，故胡適曾經形容編譯所是一個極為重要的教育機關，
是一股教育的龐大勢力，這是因為編譯所的成員均是由學有專長的知識份子所組
成，所長領導這批優秀的知識份子，可見其地位之崇高。

自設立編譯所以來，歷任的所長分別是蔡元培、張元濟、高夢旦、王雲五、以
及何炳松，其任期分別如表 3-2 所示：

表 3-2：歷任所長任期表

編譯所所長	任職起迄時間
蔡元培	1902.～1903.05
張元濟	1903.06～1918.09
高夢旦	1918.10～1921.02
王雲五	1922.01～1929.07
何炳松	1929.08～1932.01

資料來源：汪家熔，〈解放以前商務印書館歷屆負責人〉，《商務印書館館史資料》，第 19
　　　　　期，（北京：商務印書館，1982 年 11 月），頁 21。

在上表中有關於蔡元培擔任所長的之事，在一些記載上常被忽略，主要是因為
當時蔡元培正擔任「愛國學社」的經理一職（校長），主持校務，對於張元濟邀請擔
任所長一事，他雖然接受，但是仍在愛國學社辦公，對於所長一職則是以「兼任」
的態度視之〔註13〕。再加上他待在商務印書館的時間太短，教科書編纂的工作並無

〔註13〕關於蔡元培擔任所長一職，可以參見張樹年編，《張元濟年譜》（北京：商務印書館，

太大的進展，所以容易被人忽略，反而將蔡元培之後接替的張元濟視爲首任的所長，例如《商務印書館與新教育年譜》書中記載教科書的編纂過程，對蔡元培隻字未提：

　　　　其校訂者之中，國人方面爲首任編譯所長張元濟（菊生）君及首任國
文部長嗣繼張君爲第二任編譯所所長之高鳳謙（夢旦）君，……〔註14〕。

　　對於所長任期的區分，可以以民國 10 年王雲五入館作爲分界，在此之前的編譯所的營運是由張元濟及高夢旦所主導的；在此之後的編譯所所長一職雖然由王雲五、何炳松擔任，但是它的營運則受到公司當局不小的影響〔註15〕。王雲五〈張菊老與商務印書館〉一文有相近之處，他提到張元濟與商務的 60 年關係中，可以分成幾個時期來看，在民國以前的十年間擔任所長時，稱爲直接而局部領導時期，延攬學者參與編輯、主持計劃、爲中小學教科書執筆。民國以來的七八年間爲間接而全面領導時期，編譯之責在高夢旦，張元濟則主持公司大計。之後到民國 19 年間是與高夢旦改任督導時期〔註16〕。這個看法使我們對於編譯所的瞭解，擺脫以往單純的分期方式，可以從另一個角度來討論。

　　關於歷任所長在任內上的行事風格，將在下一節中論述。

二、總編譯處

　　所長之下的總編譯處，在組織章程中規定是由所長、出版部、事務部部長、各編譯部部長及專任編譯員所組成的。可說是全所的核心所在，策劃所上一切對內與對外的關係，舉凡有關編譯事項的聯絡與審核，活動的進行，都與之有關，並且還負有監督之責。這個編制讓所長不致負擔太重，也顯出編譯所是一個講求團隊分工的機構，經由會議討論，決定出版的方向與原則。

（1）各編譯部與委員會

　　在編譯部中，分成國文、英文、史地、哲學教育、法制經濟、數學、博物生理、物理化學、雜纂 9 部，此部門的主要工作及主要成員多是負責教科書與各專門書籍的編輯。它的分類是相當精細的，所以說各類書籍均有專人加以負責，對於其質量都有所保障。另外還有專門的委員會，其中有教科書部份，也有工具書部份，特別

1991 年 12 月第一版），頁 42。章錫琛，〈漫談商務印書館〉，《商務印書館九十年》，頁 107；及陶英惠，《蔡元培年譜（上）》（臺北：中央研究院近代史研究所專刊，民國 65 年 6 月初版），頁 110～111。
〔註14〕王雲五，《商務印書館與新教育年譜》，頁 14。
〔註15〕汪家熔，〈商務印書館編譯所考略〉，未刊稿，頁 2。
〔註16〕王雲五，〈張菊老與商務印書館〉，《傳記文學》，第 4 卷第 1 期（臺北：傳記文學出版社，民國 53 年 1 月），頁 16。

是教科書方面，從資料的蒐集開始便有「編輯資料準備委員會」負責，為教科書的內容打下基礎；並且還區分成師範、中學、小學、實業各類，將蒐集的資料整理會診後，再由這些委員會負責。

值得注意的是，民國 11 年編譯所的職員名單中，並沒有上述這 5 個委員會的人員，而它的成員是由編譯部的各部所組成的。因此在教科書的編輯上事權是統一的，學術上來說則是專業的，再加上其編輯過程是嚴謹的，注重討論，所以能夠使書籍的內容一直維持有相當高的水準。

經過幾年的演變，到民國 20 年時，各編譯部改為各組，分類更為多元，例如醫學、農學、算學、萬有文庫組、兒童用書組等等，顯示社會需求的指標以及編譯所為了因應這種變化所做的改變；另外還取消編輯委員會的設置，直接由各組自行運作，減少程序的複雜。委員會則是為各種工具書編輯而設，它的內容和民國 12 年時不同，代表著此一時期已經完成四部叢刊、教育大詞書的編輯工作，目前從事外國人名大詞典、哲學大詞典等新的工作目標。

（2）各雜誌社

在雜誌社部份，幾份著名的雜誌如《東方雜誌》、《教育雜誌》、《婦女雜誌》、《小說月報》及英文的雜誌，可以看出其格局並不會過於侷限某些群體，只是像自然科學之類的雜誌比較缺乏。當然編譯所亦曾經出版這方面的刊物，例如由周建人主編的《自然界》，便是一種介紹有關自然現象的科學新聞，專門提供教學使用。

除此之外，因為雜誌的閱讀對象有各式各樣的階層，雖然在上述組織表中未列出，但是編譯所也有出版適合兒童閱讀的雜誌，如《兒童畫報》、《兒童世界》〔註17〕等。

由於出版的雜誌種類很多，所以有關稿件的來源必須相當的重視，以便能夠如期出刊。所以各雜誌社的成員除了執筆寫稿外，也要向各界廣為邀稿，所以他們與文化界的關係非常密切，甚至會與某些團體合作，成為其創作的園地。

（3）各函授社

此外章程中，還有設立函授社的記載。同樣的，它並無一定的科別，從民國 11 年時開設了英語科、國文科、數學科，到民國 20 年的英文、國文、國語、算術、商業等科。對於商務來講，它是條生財之道，但對社會大眾而言，則是秉承一貫的扶助教育原則，舉辦社會教育的事業。根據函授學社的性質來看，它和今日存在的函

〔註17〕《兒童畫報》為半月刊，由王雲五主編，起迄年代不詳；《兒童世界》為週刊，由鄭振鐸主編，起迄年代為民國 10 年至民國 30 年。

授教育一樣，是爲了方便接受教育，甚至於有補習的性質存在。正因爲它所開的科別是爲符合社會的需要，所以許多學員接受學習後，畢業後考取稅務、郵務、銀行等方面的工作〔註18〕。以今日的眼光來看，就好比有些人欲參加高、普考之公務人員考試，爲了本身學習方便而參加補習班函授一樣。由於編譯所的人才濟濟，所以函授學社的師資、講義、教材並無問題，可以由各部支援，這對於它的質量來說，可謂最大的保證。

（4）附屬機關

此外，編譯所中還有附屬的圖書館與試驗學校、講習所，章程上指出設立的目的是爲了輔助編譯事項，可是它的功能決不僅限於此，因爲這些都是屬於社會公益事業，服務的對象相當廣泛。在編譯所最爲所內工作人員所津津樂道之處，莫過於得以盡情的利用編譯所附設的圖書館了。這座圖書館除了收藏廣泛的中外書籍、刊物之外，並且在張元濟的努力下，購入了國內外的善本、孤本書籍、各地區的方志，像是會稽徐氏熔經鑄史齋、北京宗室盛氏意園、豐順丁氏持靜齋、太倉顧氏、江陰繆氏藝風堂、涇陽端氏、海寧孫氏等處的藏書，均加以收藏於涵芬樓〔註19〕。

張元濟並記道：

> ……時歸安陸氏皕宋樓藏書謀鬻于人。一日夏君以其鈔目示余，且言欲市其書，資編譯諸君考證；兼以植公司圖書館之基。……同人踵夏君之志，歲輸贏金若干，購地設館。今且觀成，命名東方圖書館。因檢取中外典籍堪供參考者，凡二十餘萬冊，儲之館中，以供眾覽。今海內外學者方倡多設圖書館補助教育之説〔註20〕。

對館內不少的同仁而言，它的功用則是提供寫作編輯時的資料參考，它的規模不斷的擴大，給予編輯出版上相當大的幫助，讓不少人慕名進入編譯所工作，一心想進入這個寶山，從中擷取珍貴的材料。胡愈之就對此一藏書豐富的圖書館給予極高的評價，他說：「商務編譯所每天工作只有六小時，還有一個藏有豐富書刊的圖書館，職工隨時去借閱圖書，這對我的自學有很大好處〔註21〕」。曾經參與教科書編纂的丁英桂也提到，編譯所的同仁除了善本書有特別的借閱手續外，其它所有的書是可以「予取予求」，不受限制的〔註22〕！由此基礎上成立的圖書館，在紀念商務

〔註18〕唐錦泉，〈商務印書館附設的函授學校〉，《商務印書館九十五年》，頁656～658。
〔註19〕王紹曾，〈記張元濟先生在商務印書館的幾件事〉，《商務印書館九十五年》，頁26。
〔註20〕張元濟，〈東方圖書館概況－緣起〉，《商務印書館九十五年》，頁21～22。
〔註21〕胡序文，〈胡愈之與商務印書館〉，《商務印書館九十五年》，頁128。
〔註22〕丁英桂，〈回憶我早年試編兩種中學歷史課本參考書的出版經過和現在的願望〉，《商

成立 30 週年時，活動之一便是將涵芬樓的所有圖書除了善本書外，另外成立為東方圖書館，獨立於編譯所的架構外。東方圖書館並且對外開放，以饗讀者，赴該館閱覽者更是難以估計。涵芬樓及東方圖書館，其藏書量之多，價值珍貴，可以從一二八事變後何炳松所做的統計略知一二，只可惜毀於日軍炮火中，實在是人類文化的一大浩劫。在表 3-3 中所列出的內容是東方圖書館在民國 15 年的藏書統計。

表 3-3：東方圖書館藏書統計

中外圖書部份	數　　量
中文書	268,000 冊
西文書	46,000 冊
東方書	28,000 冊
雜誌報章	30,000 冊
善本書部份	數　　量
經史子集	2,378 種

資料來源：方淵泉，〈回憶東方圖書館〉，《商務印書館館史資料》，第 35 期，（北京：商務印書館，1986 年 6 月），頁 18。

三、事務部與出版部

　　與編譯部比較，這兩個部門的工作是屬於輔助性質的，像發稿、廣告、校對、書繕、統計、美術之類，雖然並非直接與編輯有關，但是卻是書籍出版不可或缺的工作。

四、小　結

　　從表一的兩個組織表與章程來看，可以發現其中的變化，但是基本上變動並不大。例如在民國 11 年時的各種教科書編輯委員會，後來調整至各種專門學科的組別中，以期收到更為精簡、更為直接的效果；出版部的業務則劃歸至發行所；另外在組織上還有其它的變動，無論是組別的增加、減少，還是調整到其它的所中，都是當局為了本身營運上的需要所作的措施。其目的不外乎讓它參與的層面更廣、服務的範圍更為擴大。像是從函授學社的科別數目來看，顯示出它的分科更為細密專業，這些都是為了社會教育的實際需要所設立的。

務印書館館史資料》，第 18 期（北京：商務印書館，1982 年 8 月），頁 14。

　　另外從參與編輯的名單來看，可以發現有些部門的人員是從其他部門兼任的，其中又以雜誌社與函授社居多。除了是編譯所的編輯多才多藝外，也顯示出人員的數目並不足夠，在這樣的業務繁忙下，一心二用或一心多用並不適當，人員數量的問題必須解決，否則勢必受到影響。不過對所內的編輯來說，他們是學有專長的，這點是不容置疑的。

　　總之，編譯所的中心是以總編譯部為主來進行分工運作的，其組織有幾點特性：一、分工精細，組織明確。各部門都有專門的辦事細則規範著，為講求效率，各有專門的會議討論其工作事項，儼然一副精密的架構。二、因時而異，不會墨守成規。編輯的組織因為有所需要而設立，事畢則撤。三、多元化的發展，成為全方面的出版業。這一點從它的組織上來看便可得知，商務並非某一種學科專門的出版者，因為它的魄力，編譯所所出版的書籍五花八門，種類繁多，所以讀者群遍布各界。

第三節　歷任所長與編譯所的人事發展

　　編譯所的運作當以所長居功厥偉，負責全所的各種事務，領導著廣大的知識分子、學者，為出版、教育而努力。對於所長在其各自任內整體的表現來看，有其不同的特色。對於他們的評價，往往有不同的看法。最明顯的區分便是張元濟與王雲五兩人的對比。張元濟的為人可以說是全面獲得學術界的認同，這並非只是溢美之辭，從他的生平作為、品德來看，他將扶助教育、傳播文化視為己任，對於政治的態度則是淡然視之。可是相較於王雲五，是一位極具爭議性的人物，不過在經營管理方面應給予肯定。這兩位對於編譯所的發展，甚至於商務的發展，確實有著決定性的影響。

　　前面已經先把前後任的所長姓名及任期作了介紹。由於蔡元培在任內的時間不長，作為並不顯著，所以不多贅述。黃警頑曾回憶起編譯所的情形，他說：

　　　編譯所掌握很緊，從第一任所長張元濟起，經王雲五、何炳松、高鳳謙，……，都各有所長，既要求數量，更要求質量，保持著傳統的實事求是的作風〔註23〕。

　　由此可見，歷任的所長對於商務的發展，是以一絲不苟的態度，對出版品的質與量要求甚嚴，才能造就出豐碩的成果。以下將分兩個部份來論述。

〔註23〕黃警頑，〈我在商務四十年〉，原收錄在《文化史料》第 2 輯，現收錄在《商務印書館九十年》，頁 94。

一、張元濟、高夢旦時期

本段時期時間的起迄是從光緒 29 年至民國 10 年。先後的兩任所長分別是張元濟與何炳松，他們對於編譯所的規模具有奠定基礎的功勞。從編譯所創辦開始，在張元濟的經營擘劃下，所上逐漸呈現一片欣欣向榮的現象。對於他的工作態度，黃警頑說「張元濟早到遲退，辦事精練，以身作則。常親自給作家寫覆信。〔註 24〕」由此可見張元濟雖然地位崇高，但卻能以身作則，事必親恭，從他和作家們的書信往來來看，更能發現他對學術的重視與執著，而非僅是注重形式加以敷衍罷了。

在他的帶領之下，編譯所蓬勃的發展；他的領導作風，可以從幾個部分來看：首先是確定商務的出版宗旨。對出版業而言，若只是漫無目的的出書，純粹是以經濟目的為考量的話，充其量也不過是個出版商，而非出版家。張元濟進入商務之後，便一直恪遵「以扶助教育為己任」的宗旨，對他而言，甚至對商務的發展，均當成一個追尋的目標。在扶助教育之際，就必須考量教材的適當性，特別是如何能夠將中西文化的融合，一以貫之。具體的成效以編輯新的教科書，符合時代的需要；並且大量介紹翻譯西方的學術著作，以期國人的視野大開〔註 25〕。在他的領導下，出版符合學制的《最新初小教科書》、《最新高小教科書》、《共和國教科書》等多種，創刊《東方雜誌》、《繡像小說》、《教育雜誌》、《小說月報》。這些書刊的銷路相當好，為商務賺進不少錢，但更重要的是這些刊物都是為了培養和傳播開明的風氣，為日後國家走向現代化道路做準備〔註 26〕。

其次，具有與時俱進的開明思想。就受到傳統儒家教育的知識份子而言，能夠不拘泥於思想的束縛，並且有心去追求新知，張元濟是代表人物之一。先前他在南洋公學譯書時，便曾不辭勞苦的學習英文，以求學識上的通達。另外為了讓人事保持通暢，他主張任用新人，希望從觀念上與知識上讓編譯所的成為時代的領導者，即使這項措施與館方發生很大的衝突，他都要據理力爭。另一方面他的開明表現便是公私分明的態度。他一向堅持不任用私人，擺脫以往中國社會中父業子承的傳統，他的兒子自美國學成歸國後有人建議可以加以延聘，可是他斷然拒絕。由於他的理念與堅持，逐漸形成館內遵循的不成文規範。

其實，商務的特色之一便是書多、人多，成為學術的殿堂。關於書本的收集，

〔註 24〕同前註。

〔註 25〕劉光裕，〈務實、進取的文化巨匠──談張元濟主持商務印書館 30 年〉，《出版史料》，1992:3，總 29 期（上海：商務印書館，1992 年 6 月），頁 8。

〔註 26〕葉宋曼瑛，《從翰林到出版家──張元濟的生平與事業》，（香港：商務印書館，1992年 1 月第一版），頁 123。

如同前面提到有關東方圖書館及涵芬樓部份，這是他為編譯工作的需要而建議設立的，目的在於提供內部參考資料之用，後來功能逐漸轉變，成為公共的智慧財產。此外，重視人才成為商務歷來重要的一項特色，早在接掌所長一職，著手編輯教科書之際，張元濟便進行各種人材的延攬工作，像高夢旦、蔣維喬、莊俞等人，屬於早期商務所聘請的知識分子；後來有名的學者作家像是茅盾、胡愈之、朱經農、顧頡剛、蔣夢麟、陳布雷等，都與編譯所發生關係。這一切都是由於張元濟在觀念上的進步思想，讓他並不侷限於傳統的窠臼之中，接受新的思潮。即使他退居幕後，擔任經理一職，依舊對於所內工作的推展不遺餘力。因此，張元濟在商務的地位是無人能比的，他不但建立了規模，而且還努力發展商務，可謂最有貢獻、最有力的領導人物〔註27〕。

如果說張元濟為編譯所奠下基礎的話，高夢旦則是表現出蕭規曹隨的風格。這主要是張元濟轉任經理之後，仍十分關心所上的事務，從他的日記中便可以發現他時常至編譯所內巡視，並且時常與所內、館內人士商討編譯事項，何者該興，何者該廢。擔任所長的高夢旦一方面敬重張元濟，一方面則是其穩重的個性讓他就維持現狀，不多興革。

高夢旦受聘入館以來，先後主編中小學各科的教科書，並且被張元濟視為得力的助手，「事無大小，悉以咨之。公獻可替否，知無不言，言無不盡〔註28〕」，正因為如此，所以極受張元濟的看重。性格上高夢旦是一位不拘小節的人，能在人聲嘈雜的辦公室中與同仁們一起工作，相較張元濟的事必親恭、一絲不苟的態度，隨和許多。包天笑也提到「高先生人極和氣而懇摯，每有所諮詢，必詳細答覆」。不像在張元濟擔任所長時，編譯所的氣氛反倒是像學校中的課堂，張元濟有如一位嚴肅老師端坐講臺上，批閱文稿，所有的編譯員就像學生般在埋頭寫作，寂靜無嘩，極為肅穆〔註29〕。由此可以看出張、高兩人在工作時所表現出的氣氛，員工們的回憶有著截然不同的印象。

在五四運動前後，商務的發展面臨著瓶頸，一方面是面對新思想的衝擊，讓商務在時代潮流中顯得落後；另一方面則是成立多年以來漸趨保守，所以張元濟與高鳳池在用人的觀點上發生衝突。張元濟主張多進用新人，與高鳳池的觀念恰好相反；不過高夢旦則與張元濟同樣有著開明的思想，他曾經對莊俞說「時局日益革新，編

〔註27〕顧沛君，〈商務的領導人物〉，《出版與研究》，31 期（臺北：出版與研究雜誌社，民國 67 年 9 月），頁 23。

〔註28〕蔣維喬，〈高夢旦傳〉，《商務印書館九十五年》，頁 52。

〔註29〕包天笑，《釧影樓回憶錄》，中冊，頁 467～469。

譯工作宜適應潮流，站在前線，吾將不適於編譯所所長，當為公司覓一適於此職之人以自代，適之其庶幾乎？〔註30〕」。並對蔣維喬說「公司猶國家也，謀國者不可尸位，當為國求賢，舊令尹之政，以告新令尹，俾國家生命，得以長久。吾輩皆老矣，若不為公司求繼起之人，如公司何？況自審不適於新潮流哉。〔註31〕」從他與這兩人的對話中不難發現，他的想法與張元濟頗為契合，能夠知所進退。若是沒有此等開闊的心胸，肯替編譯所另謀人才的話，恐怕館內盡是一些尸位素餐、毫無建樹的人所把持著。在高夢旦心中的第一號，也是唯一的替代人選，便是年輕，頗負盛名的北大教授胡適。

其實在民國9年3月8日，張元濟在一次與高夢旦的會談中，便有了設立第二編譯所，邀請胡適來主持的想法〔註32〕。這次的會談，在於對編譯所改組的一項折衷方案。而胡適當時已為著名的學者，加上為留學美國的知識份子，在新文化運動中為走在時代潮流前端的人。此次尋訪賢才，便成為所長高夢旦的重責大任，他前往北京，多次與胡適會談。胡適在日記中寫道：

十，四，二七，（星期三）

　　高夢旦先生來談，他這一次來京，屢次來談，力勸我辭去北京大學的事，到商務印書館主辦編輯部。他是那邊的編輯主任，因為近年時勢所趨，他覺得不能勝任，故要我去幫他的忙（他說的是要我代他的位置，但那話大概是客氣的話）。他說：「我們那邊缺少一個眼睛，我們盼望你來做我們的眼睛」。此事的重要，我是承認的：得著一個商務印書館，比得著什麼學校更重要。但我是三十歲的人，我還有自己的事業要做，我自己至少應該再做十年二十年的自己事業，況且我自己相信不是一個沒有可以貢獻的能力的人。因此，我幾次婉轉辭謝了他。他後來提出一個調停的方法：他請我今年夏天到上海去玩三個月，做他們的客人，替他們看看他們的辦事情形，和他們的人物談談。這件事，我已答應了。……〔註33〕

由此我們不難發現高夢旦對胡適所表現出的誠意以及商務編譯所地位的重要性。當然胡適對此一職務的態度也表現出堅決不就的立場，但實在是盛情難卻，他也只有接受邀約，到上海一遊。民國10年7月16日，胡適到了上海，受到商務的

〔註30〕莊俞，〈悼夢旦高公〉，《商務印書館九十五年》，頁60。
〔註31〕蔣維喬，〈高公夢旦傳〉，《商務印書館九十五年》，頁53。
〔註32〕《張元濟日記》，1920年3月8日，頁719。
〔註33〕《胡適的日記》（臺北：遠流出版事業股份有限公司，1985年5月初版），民國10年4月27日。

重量級人物張元濟、高夢旦、李拔可、王仙華等人的接待，這些人包括商務的監理、經理及所長級的高層人士，足以突顯出他們對胡適的禮遇和重視。

停留上海的這段期間，他曾經與館內的職員交換意見，像李石岑、鄭振鐸、沈雁冰、葉聖陶、楊端六、酈富灼、吳覺致等人，提出改革編譯所的意見〔註34〕。他提出幾點意見，供商務作爲參考：一、每年選派年少好學、精通外語者出洋留學考察。二、設立圖書館，專爲編譯所使用，但亦對外開放。三、成立科學試驗所，以供物理、化學、心理、生物等學科使用。四、編譯所應有彈性的工作時間及假期，並且讓每一部均有專屬辦公場所〔註35〕。而一切的出發點在於培養人才、留住人才，以免它的成績日趨走下坡。

雖然胡適對商務提出許許多多改革的建議，包括對編譯所、資料室、出版物等許多的意見，但他一如以往所言「我現在所遲疑，只因我是三十歲的人，不應該放棄自己的事，去辦那完全爲人的事」。其實胡適對編譯所的瞭解，正如他在《日記》中所提到的編譯所是一個很重要的教育機關，是一種教育大勢力〔註36〕。但他的志向不在此，所以始終未就所長一職。不過對於人選，他則推薦他的老師王雲五代替。

很有趣的是，王雲五在其自傳中說胡適「事前絕未和我商量，遂把我推薦於高先生，作爲他的替人〔註37〕」。不過胡適在日記中曾多次提到在上海期間與王雲五會面交談，並且還記道：

> 雲五來談。我荐他到商務以自代，商務昨日已由菊生與仙華去請他，條件都已提出，雲五允於中秋前回話。此事使我甚滿意，雲五的學問道德都比我好，他的辦事能力更是我全沒有的。我舉他代我，很可以對商務諸君的好意了〔註38〕。

實際上，雙方確實已經有所接觸，很可能是時間上的差異，所以記載不盡相同。當初的安排是由王雲五擔任副所長，輔助高夢旦，但未料高夢旦已決心辭職，執意要王雲五自代，反而讓他有些措手不及。所以王雲五寫了一封信給胡適，以表明心志，他在信中希望高夢旦能夠繼續主持下去，自己寧願成爲副手，襄助他處理一切瑣事。並且盛讚高夢旦的爲人誠懇仁厚，心思細密，爲不可多得的領導人物。他還說除非接替的人和高一樣，倘若沒有，商務又看得起他的話，他必將盡全力爲商務

〔註34〕《胡適的日記》，民國10年7月18日至民國10年10月4日。
〔註35〕《胡適的日記》，民國10年7月27日。
〔註36〕《胡適的日記》，民國10年8月13日。
〔註37〕王雲五，《岫廬八十自述》（臺北：臺灣商務印書館，民國56年7月二版），頁78。
〔註38〕《胡適的日記》，民國10年9月1日。

服務〔註 39〕。由此可見王雲五的自述雖然有些疑問，但是卻可以看出他對此一職務是非常願意接受挑戰。

高夢旦在商務共計待了將近 30 年，他的心始終是關心著商務，特別是編纂教科書及擔任編譯所所長時，不斷的充實自己的學問，並且還保持兢兢業業的態度，順應時代的潮流。像是在他任內，為了讓商務的書刊能夠為大眾接受，便做了一些興革，教科書部份改採用白話文取代文言文，雜誌方面則是改變內容風格，不致使其落後時代風潮，而他捨短取長、愛惜人才，為商務物色不少的傑出人物的成果，被王雲五譽為現代聖人〔註 40〕。蔡元培在他逝世時曾經為他寫了一幅輓聯：

理想盡超人，平易只求合理化

文章能壽世，菁華尤在教科書〔註 41〕

其中「平易近人」與「菁華尤在教科書」正是他在商務 30 年為教育所做出的重要貢獻。

二、王雲五、何炳松時期

王雲五早年在上海中國公學擔任英文教員，而胡適曾在中國公學就讀，受教於王雲五，二人之間有著師生的關係。茅盾曾說王雲五在當時的學術界是名不見經傳〔註 42〕，事實上王雲五一生並無任何的學歷，完全是靠自修、苦讀來涉獵知識，所以他個人的藏書極為豐富，甚至於還將《大英百科全書》從頭到尾讀過一遍〔註 43〕。此刻的他正在擔任公民書局的負責人。不過高夢旦並不清楚他的生平背景，但是鑑於是由胡適所推薦，加上又是胡適的老師，所以極為重視，乃親自登門拜訪。結果王雲五在入館實習三個月之後，於民國 11 年 1 月正式接掌編譯所所長一職。

在面對新文化運動潮流之下的商務，除了革新雜誌的內容、大量的聘用新知識份子、大量的出版法律、政治、技術、哲學、科學等，以實用為主的翻譯作品外，並且適應潮流，以白話文代替文言文，應用在教科書的出版方面。而此時的商務已面臨重大的變革，從張元濟到高夢旦所不斷推動的革新措施，不難理解他們的苦心，以及面對的挑戰，而他們也能體認到時代的轉變，不禁有時不我予的感慨。儘管如

〔註 39〕《胡適的日記》，民國 10 年 11 月 11 日，所附之原信。
〔註 40〕王雲五，〈我所認識的高夢旦先生〉，《商務印書館九十年》，頁 45～50。
〔註 41〕陳兆福，〈記蔡元培與高夢旦〉，《商務印書館館史資料》，第 9 期（北京：商務印書館，1981 年 5 月），頁 24。
〔註 42〕茅盾，《我走過的道路》，上冊，頁 164。
〔註 43〕王雲五，《岫廬八十自述》，頁 84。

此，他們還是為編譯所的發展極力的構想規劃。

　　王雲五與商務的關係，正如張、高兩人一樣，都有著不解之緣，從民國 11 年以來服務開始，共計在商務服務 40 年之久，其中包括民國 53 年至 68 年間主持臺灣商務印書館的 15 年。一些商務的老編輯對他個人的品德有不好的印象，在這些人的回憶中把他狠狠的批評一番，像胡愈之、章錫琛、茅盾等人，就以他極具爭議性的背景，說他在政治上是一個投機份子，進入商務後與高層保守派的立場一致，反對改革，作風保守，是一個只知逢迎拍馬、不學無術之人。事實上，這些不利的批評多半是在意氣用事情況下所說的，實在很難加以證實〔註44〕。

　　不過可以確定的是王雲五接掌所長以後，在任內的一些作法與行事風格的確引起兩極化的評價。他是一個立場保守的人嗎？在羅家倫點名批判《婦女雜誌》後章錫琛接手主編一職，章錫琛形容商務對這份雜誌向來並不重視，只是強調三從四德的老論調。從他負責以來，向各處徵稿，北京的周建人便是重要的稿子來源，而他們所討論的話題則是婦女解放、戀愛自由一類的文章。結果讓館內的元老編輯大為反感，也促使王雲五對他施加壓力，並且進行刊物的內部審查，對於這批新知識份子而言當然是極為不滿，紛紛憤而辭職〔註45〕。同樣的情形還發生在茅盾主編的《小說月報》及一二八事變後胡愈之主編的《東方雜誌》上。

　　王雲五在這方面的表現，讓許多人失望。尤其是當初殷切盼望胡適來館，雖不克前來卻得到他所推薦的人選，莫不引領期待能有一番新的氣象來領導商務，結果期望變成了失望。在新文化的潮流中，原本受到張元濟與高夢旦鼓勵改革的青年編輯，此時卻受到無形的阻力。這對張元濟、高夢旦所努力建立起開明、追隨時代潮流的商務風格是一項不小的打擊，保守成為新知識分子所極力抨擊的缺失。影響所及，便是出版的質量有明顯的改變，數量雖多，但水準則下降，評價亦隨之低落，人才的向心力亦不若以往強烈。

　　但不可否認的是，王雲五是一個成功的管理者。他曾經在民國 10 年進入編譯所後，提出〈改進編譯所意見書〉，其中分成幾個部份來看：（甲）所內人員宜更定考成標準，（乙）以新方法利用舊資料，（丙）規定所內外編輯範圍，（丁）全所人員當作為一種有機體之組織俾收互助之效，（戊）編著書籍當激動潮流不宜追逐潮流，（己）以新組織為舊人擇事而酌補其缺，（庚）改定暑假例假辦法以期兩全〔註46〕。

〔註44〕葉宋曼瑛，《翰林到出版家──張元濟的生平與事業》，頁 180。

〔註45〕章錫琛，〈漫談商務印書館〉，《商務印書館九十五年》，頁 16～18。

〔註46〕王雲五，〈改進編譯所意見書〉，《王雲五先生年譜初稿》（臺北：臺灣商務印書館，民國 76 年 6 月初版），頁 109～115。

這些意見和他在〈初掌商務印書館編譯所與初步整頓計劃〉的內容三個方向比較，更為詳盡。可以從中發現他對於人才的掌握與要求，都希望能夠建立起一種規範。像他提到要把全所的人力資源視為一種有機體，便是要把編譯所整個脈絡建立起來，有別以往各部之間獨立不相往來的缺點，而且用人必須適得其所，方能收事半功倍之效。

在他進入商務之後，便進行編譯所的改組，設立許多新部門，淘汰老資格的編輯，新進之用人數有 196 人，總人數更達 240 人〔註47〕。他自己提到掌編譯所任內的頭一年中，先後實施了：（一）改組編譯所，延聘專家主持各部，包括了朱經農、唐擘黃、竺藕舫、段撫群，並聘請胡明復、胡剛復、楊杏佛、秉農山、任叔永、周鯁生、陶孟和等人擔任編輯。這批人物多是留美學人，讓商務注入一股新氣象。（二）創編各類小叢書，作為萬有文庫的先趨。也就是說從注重教學用書轉變為並重一般圖書，計有百科小叢書、國學小叢書、學生國學叢書、新時代史地叢書、農業小叢書、工業小叢書、商業小叢書、師範小叢書、算學小叢書、醫學小叢書、體育小叢書等。根據他的想法，萬有文庫是一部範圍廣泛的叢書，更是一座小型的圖書館，讓知識得以普及。（三）將函授科擴充為函授學社，並且增加算學、商業等專業科目。結果使得商務的出版量在民國 12 年到達一個高峰，共出書 667 種，2,454 冊，比起創館以來的任何一年都要來得多，之後從民國 13 年到 15 年間，每年出書分別是 540 種、553 種、595 種，均維持一個高水平的數量。商務擴大出書的種類，便是在王雲五擔任所長來所奠定的基礎〔註48〕。

另外，商務與學術單位合作出版叢書，也在此時大規模展開。而從民國 12 年起，商務與各大學及學術團體訂定了出版叢書的合約，例如《北京大學叢書》、《東南大學叢書》、《中華學藝社叢書》等，王雲五在自述中提到，該類叢書多達 40 種。就當時商務所出版的教科書，其範圍僅止於中小學階段，真正參與大學教科書的出版，則是民國 21 年以後的事了〔註49〕。而這次的和大學及學術團體的合作，正是他們鑑於以往的大學用書幾乎都是翻譯的作品，國人創作少之又少，便有心編印由中國文字寫作的大學教科書，所以推行這個計劃的首要工作，便是鼓勵大學教授、學術團體創作，並由商務代行出版，並且在未來將這些著作集結擴充為大學教科書〔註50〕。

由這個構想，顯示出王雲五在某些措施上的確是具有遠見的，並非如同批評批

〔註47〕章錫琛，〈漫談商務印書館〉，《商務印書館九十五年》，頁 120。
〔註48〕王雲五，《岫廬八十自述》，頁 84。
〔註49〕王雲五，《王雲五與新教育年譜》，頁 363～366。
〔註50〕王雲五，《岫廬八十自述》，頁 84。

者所言，說他是一個頑固、投機、保守的人。不過王雲五在商務所展現的管理能力顯然較其在學術上的表現更為人所注視。像他所創的四角號碼檢法及書籍分類法，應用在書籍及檔案資料的管理上，在當時可謂相當的方便與流行。在他卸下所長一職，後來擔任總經理時所推行的科學管理法，以及促使商務在一二八事變後迅速的復興〔註51〕。前者在推廣時曾產生爭議，關鍵在於精簡人事、對財產、物品的管理講求科學化的前提下，導致勞資雙方的立場對立，形成廣大職工的激烈反對，結果對人事管理的意見分歧，特別是他絕對料想不到，編譯所的同仁竟然反彈最力。所以他只有先實施事物與財務的管理，結果成效斐然。至於他對商務從戰亂中能迅速振衰起弊的成就，這個部份則在部份文章中有敘述〔註52〕，非本文所討論之範圍，故不贅述。

王雲五在民國18年9月離開商務，到中央研究院社會科學研究所擔任專任研究員。對於辭去所長一職，他所提到的原因在於「編譯所的行政成分太多，如能擺脫，祇願擔任純粹的研究或著述工作」，並且對任內的工作，盡是代表館方去應付迭起的勞資糾紛，感到厭煩，他說原本對於商務所賦予的任務有著極高的興趣，可是長年下來已漸漸意興闌珊〔註53〕。而這種興趣正是以往的所長們所從事如何出版並且從事學術研究工作，也就是說以學術為主、行政為輔。不過他也提到商務的營業已經超過預期的目標，《萬有文庫》的成功使得編譯所的工作達到一個段落，應當功成身退。於是推薦何炳松（柏丞）擔任他的繼任人選〔註54〕。

何炳松早年留學美國，在進入商務以前，即有著豐富的教學經驗。民國5年，擔任浙江省視學，第二年受蔡元培聘請到北大教授預科西洋史，並擔任北京高等師範英文部主任。民國7年改任北大史學系講師，兼代高等師範史地部主任；民國8年晉升為北大史學系教授。之後，他則轉往浙江教學，直到民國13年為王雲五所邀，任職商務編譯所史地部主任。對於他在編譯所工作的情形，他的一位友人亦是商務的同事形容著「柏丞先生是一位歷史學者，忠厚而開明。他喜歡同道的人；凡一切有學問趣

〔註51〕林爾蔚，〈王雲五與商務印書館〉，《出版史料》，總10期（上海：學林出版社，1987年12月），頁84～85。
〔註52〕王壽南，〈王雲五與商務印書館〉，《商務印書館九十五年》，頁497～501；徐有守，〈王雲五先生與中國出版業〉，收錄在《王雲五與近代中國》（臺北：臺灣商務印書館，民國76年6月初版），頁187～246；林爾蔚，〈王雲五與商務印書館〉，《出版史料》，總10期（上海：學林出版社，1987年12月），頁82～86；唐錦泉〈回憶王雲五在商務印書館〉，頁8～13。
〔註53〕王雲五，《岫廬八十自述》，頁118。
〔註54〕王雲五，《商務印書館與新教育年譜》，頁254～255。

味的朋友，他都看重他們，而且尊重他們學術研究的自由。他有自己的意見和主張，可是從不想去說服別人。他做了好多年的商務印書館編譯所長，出版了許多純粹學術性質的書籍，有什麼計劃和他去商量，他總是同情的熱切的贊助其成〔註55〕」。

由於他在主持編譯所時表現出穩定中求發展與開明無私的風格，讓許多曾待在所內工作的同事給予相當高的評價，不過因為他擔任所長的時間不長，大約三年左右，留下的專著回憶也不多，加上此一時期是延續王雲五所規劃的方針，因此基本上未有重大的變動。而何炳松在離開商務之後受國民政府簡任出掌暨南大學校長一職，在十多年的執教生涯中，秉持在編譯所擔任所長時的開明態度，對於學術風氣的開展貢獻良多，受到肯定。

在上述的四任所長，歷經了中國近現代發展的歷程中幾個重要的階段，在文化發展方面，以新文化運動的衝擊與影響最大，也是最為深遠的。現今的研究得到一個定論，那便是早在新文化運動以前的商務，在張元濟、高夢旦的領導之下，對出版物的內容加以革新並以白話文取代文言文；也因此思想開明，進步的張元濟、高夢旦會有認為自己的任務已了，該是由新人接棒的時候，所以舉賢以自代。在這股追隨時代的浪潮中，改革雜誌、以白話文出版教科書，讓商務呈現出進步的一面。但是亦別忽略館中保守勢力的影響，雜誌的激進言論逐漸受到館方的保守派（他們稱之為教會派）、社會上的保守派（即傳統的鴛鴦蝴蝶派作家）、以及喜好舊傳統的人們所給予的壓力。王雲五的立場終究是和館方一致的，開始限制過於激烈的言論，內部開始審查刊物，引起相當大的反彈，學術自由的風氣就此被壓抑〔註56〕。這也讓組織章程中所提到所長負責全所各項事務的規定，變成由館方直接控制編譯所了。

這項對王雲五的指責是有根據的，但是當不能忘記他本身亦是有來自高層的壓力，並且以一個初入館內工作，根本毫無資歷經驗的人，雖然有張、高的倚重及眾人的期望，但終究不得不投向保守高層的懷抱。這一切或許是當初推動革新，後來轉向監理，卻無法改變情勢的張元濟所始料未及的吧！但是也正因為他投入行政管理的心血，造成了營業業績上昇、出版量創下新高的成就下，王雲五仍是有值得肯定的地方，這也是為何日後商務會如此倚重他，而他又和商務有著不解之緣的因素之一。

而何炳松身為一位史學家，在學術、教育界的地位又得到肯定，其成就早已超過在商務所貢獻的，而他的作風開明、平實，顯現出學者的風範，值得後輩所學習。

總之這四位曾經擔任所長職務的人，各有其行事風格，也有著不同的評價，但是可以肯定的是在編譯所的發展，甚至是商務的發展上，都有很大的貢獻。像張元

〔註55〕鄭振鐸，〈悼何柏丞先生〉，《商務印書館九十五年》，頁256。

〔註56〕葉宋曼瑛，《翰林到出版家——張元濟的生平與事業》，頁160～161。

濟、高夢旦、王雲五則是把一生奉獻給商務，與商務的興衰與共；而從商務編譯所出去的何炳松則繼續在教育界作育英才，視教育爲己志。

三、編譯所的人事

在對編譯所的組織與領導者有了瞭解後，進一步將對在編譯所工作的編輯們作介紹，瞭解他們當初進入編譯所的動機與機緣爲何。擁有第一流的人才，使得編譯所在成立的 30 年中，成爲商務的核心，亦使得商務在出版界有優良的表現。由於現存資料的散佚，有關編譯所工作人員確切的名單並不完全，因此對於這 30 年中入館的實際人數也無法確定。

就目前現有的資料來看，能夠看到光緒 34 年的名單，以及民國 11 年至 15 年的職員名錄。經由曾經在編譯所待過的員工所做的回憶，亦可以從提到人名或人數來對它進行瞭解。例如周越然提到從光緒 29 年 1 月起到民國 19 年 11 月止，共有 1,362 人進入編譯所工作，並且有日本人 4 名〔註57〕；在此要說明的是日本人進入編譯所擔任顧問並非只有 4 人，至少就包括長尾雨山、小谷重、中島端、木本勝太郎、大田政德、加藤駒二、伊澤脩二等 7 人〔註58〕。他還指出經常待在所內工作的編輯員約有 300 人，這個數字還未包括館外特約的編輯人員，否則人數將更加可觀；葉聖陶也提到編譯所曾聚集各方面的知識份子，人員最多時有 300 多位〔註59〕。

從歷年的編輯人員的數字來看，它是呈現出逐年成長的現象。以光緒 29 年高夢旦的長兄高鳳岐逝世時，全所的人員前往弔唁公祭，當時所留下的名單，如今在鄭貞文的回憶錄中有所記載，內容如下：

張元濟	鄺富灼	陶保霖	楊廷棟	杜亞泉	孟　森
陸爾達	汪詒年	蔣維喬	嚴保誠	孫毓修	莊　俞
戴克敦	沈　頤	蔡文森	徐　珂	奚　若	徐　銑
甘永龍	嚴晉華	謝思灝	張世鎏	楊宗岳	陳鎬基
趙以琛	杜秋孫	壽孝天	趙秉良	駱師曾	朱炳勛
壽鴻賓	沈秉鈞	姚振華	顧　鹿	鈕家魯	葉金章
王緝翰	陳　逸	湯鞠榮	葛維超	屠宗祐	翟　蕭
余　翰	吳　熙	丁　鵬	方　桂	朱　東	陸　湘
傅　梓	李德和	顧煒虎	任申之	許家維	張元杰

〔註57〕周越然，〈我與商務印書館〉，《商務印書館九十年》，頁 167。
〔註58〕《東方雜誌》，第 11 期（上海：商務印書館，光緒 30 年 11 月），頁 251。
〔註59〕葉聖陶，〈我與商務印書館〉，《商務印書館九十年》，頁 301。

　　查美橘　朱元善　吳曾祺　陳學郢　王我臧　吳高渠

　　鄭　侃　陸費逵〔註60〕

　　上述名單中，並未列入前面所述的 6 位日本人，根據《張元濟年譜》中光緒 29 年的記載，這一年是中日合資的開始，同時也是日本人長尾雨山、小谷重等加入編譯所擔任顧問，協助出版教科書；此外，本名單並未將各自所負責的部門列出，只能瞭解當時有哪些人在編譯所工作而已；再者這份名單中共計有 62 人，再加上高夢旦、高鳳岐一共有 64 人，如果再加上日本顧問的話，又另當別論。由於長尾雨山在民國 3 年才回去日本〔註61〕，所以可以確定這份名單並非完整的資料，但是其中中國人員名單的可信度應是相當的高。

　　而從現有的資料中，這 30 年中每個年度的確切人數與名單，並不能完全知道，目前已經可以完全掌握民國 9 年到 14 年間編譯所的全部名單（見附錄三），這 6 年中編譯所的總人數如表 3-4 所列。

表 3-4：商務編譯所人數一覽表

時　　間	人　　數
民國 9 年	149
民國 10 年	160
民國 11 年	225
民國 12 年	194
民國 13 年	263
民國 14 年	307

資料來源：《商務印書館通信錄》，（上海：商務印書館），民國 9 年 1 月至民國 14 年 1 月

　　由上表的統計數字可以發現它的規模與人數的增加成正比，特別是民國 10 年到 11 年間，人數開始逐漸上揚，而這兩年正是高夢旦與王雲五擔任所長的期間。從新文化運動以來，編譯所面臨發展的瓶頸，因此對經營的方向做了很大的改變，不但在編輯方面有所革新，另外在組織規模上也有所調整。高夢旦交出編譯所領導的棒子，轉而由王雲五接手，開始對編譯所加以整頓。按照他的計畫，其中一項人事的調整便是改組編譯所，依照學術分科的性質延聘專家主持各部，加速人事的暢通，

〔註60〕鄭貞文，〈我所知道的商務印書館編譯所〉，《商務印書館九十年》，頁 204。

〔註61〕章克標，〈商務印書館引進日資雜記〉，《商務印書館館史資料》，第 39 期（北京：商務印書館，1987 年 9 月），頁 9。

並且集思廣益，以期編譯的工作更爲專業〔註62〕。在這項標準之下，商務的人才是相當的鼎盛，王雲五把一些老資格的編輯撤換掉，取而代之的是一群有著留學背景、富有活力的年輕學者。在此情形下如竺可楨、葉聖陶、朱經農、張其昀、楊杏佛、何柄松、陶希聖、陳布雷等等，均爲編譯所所網羅。統計民國 11 年到 13 年間所得到的一個數據是，編譯所總共進用了新進職工達 266 人之多，爲歷年來進用人數之冠〔註63〕。

並且不只一人提到這個時期商務編譯所與學術界的關係密切。陶希聖，在民國 13 年辭去安徽法政專政學校教職，前往商務擔任編輯。他說：

> 自五四至五卅之間，正是編譯所網羅學術界人士最多之時。王雲五所長於原有各部之外，增設百科辭書編譯工作，聘請各科專家及學者至百人以上，連同原有各部編輯，共計不下二百人〔註64〕。

這個訊息透露出編譯所在此一時期的特色，也說明出它與學術界的關係。另外，民國 12 年至 15 年在編譯所哲學教育部擔任編輯的范壽康亦有同感，他認爲五四運動以來的商務不但人才濟濟，並且還支持學術團體的發展，促進文化的傳播〔註65〕。

從上述的敘述中所得到的訊息是：商務編譯所的人數有相當的規模。而規模的大小從數字上或許可見端倪，然而若是從更實際的名單上著眼，將能更清楚的知道到底有哪些人加入編譯所，從事文化的事業。關於這點，正如本節開始時提到礙於資料的不完整，僅能完整的列出民國 9 年到 14 年間確切的人名，詳見附錄三。

對於編譯所人員的數量，已經知道到從新文化運動開始的數年間，爲入館的一個高峰期；而人員的類別亦隨著他們入館的時間而有不同。按照汪家熔對編輯的分類，大致可以分成四類：一類是有志於出版事業者；一類是留學生；一類是謀事者；一類是五四時期的青年。按照他的分類來看，他把所有的編輯依其進入商務編譯所的時間先後、入館心態、學術背景、及時代的影響加以劃分〔註66〕。出發點在於做一番綜合的分析，特別是第一類的有志於出版事業者，從他們的背景可以發現這批人對於救國救民的方式，隨著政治手段的失敗轉向至文化救國的道路，像張元濟、蔣維喬、杜亞泉、高夢旦、高鳳岐等人，或是出身仕途，或是受傳統教育，或是經歷留學，均一致希望中國能夠富強，所以以扶助文化教育爲己任的願望遂成爲這些

〔註62〕王雲五，《岫廬八十自述》，頁 79。
〔註63〕唐錦泉，〈回憶王雲五在商務的二十五年〉，《商務印書館九十年》，頁 256。
〔註64〕陶希聖，〈商務印書館編譯所見聞記〉，《我所認識的王雲五先生》（臺北：臺灣商務印書館，民國 65 年 4 月二版），頁 57。
〔註65〕范岱年，〈范壽康與商務印書館〉，《商務印書館九十年》，頁 319。
〔註66〕汪家熔，〈商務印書館編譯所考略〉，未刊稿，頁 2。

人的目標。而這些人可以說是商務的元老，因此在後來也都擔任館中的要職。從這個方向來看商務初期的編譯員很多是在中小學堂擔任教職，對政治失望，並具有愛國心的知識份子。

編譯所內留學生出身的成員中，主要是以留日及留歐美為區別。據周越然的回憶，在28年中（不包括民國19年12月到民國21年1月）商務編譯所任用留學歸國的知識份子共有75人，其中法國2人、英國3人、美國18人、日本49人，國別不詳者3人〔註67〕。留日部分進館的時間較早，待在館中的時間亦較久，像陳澤承、鄭貞文、周昌壽等等。相對的留歐留美的學生進館時間多在北伐以前，汪家熔提到這批知識份子的特點便是不願為北洋政府服務，又無適當的工作，便進入商務。像蔣夢麟在民國6年從哥倫比亞大學獲得哲學博士後，回到中國便進入商務擔任編輯，到了民國8年進入北大擔任教授、兼總務長、代理校長等職。實際上總體來看，所謂的留學生，其實很多是回國之後在國內有了工作，後來為商務所招聘，當然也有部份是剛剛學成歸國就為商務所延攬。不論如何，招聘留學生代表著編譯所對人員的素質、經歷的重視，雖然他們並非佔有絕對的數量，但這正是尋找人才多元化的表現。

當然來來往往的編譯員，有如過江之鯽，不可勝數。從周越然的回憶中來看，留學生人數所佔的比例並不高，大部份的編譯員是從大學畢業後，按照其本科專長進入相關的部門服務，正如汪家熔所做的分析，這一類的編譯員待在所上的時間並不長，流動性大，目的以找工作謀生為主。

另外本章曾經提到東方圖書館的藏書豐富，對於工作或學習上，都有很大的幫助，也因此吸引不少人慕名而來。由於因緣際會，許多人與商務結緣，成為商務的一份子。在以下的文字中將把許多加入編譯所的人他們的回憶做一番簡介。

首先以葛傳槼來說，他是在民國15年時毛遂自薦進入英文部工作的，在他進入編譯所之前，他曾經多次的投稿到《英文雜誌》、《英文週刊》，和商務建了良好的關係〔註68〕。自我推薦是找工作的一個重要方式，而靠朋友、同學、師生關係的更是不在少數了。高覺敷提到在他大學畢業後，到處找工作。但是一般學校的人事關係相當複雜，應付困難，為了找尋一份安定的工作，商務編譯所便成為心中理想的目標。而當時商務編譯所正好有缺額，加上同學周予同的推薦，經過一番審查後就進館工作〔註69〕。茅盾是在民國5年進入商務工作的，按照他的說法他是經由其表叔盧學溥（鑒泉）推薦給當時商務北京分館經理孫壯（伯恆）的。他說當他到達上

〔註67〕周越然，〈我與商務印書館〉，《商務印書館九十五年》，頁167。
〔註68〕葛傳槼，〈我與商務印書館〉，《商務印書館九十年》，頁352。
〔註69〕高覺敷，〈回憶我與商務印書館的關係〉，《商務印書館九十年》，頁346～347。

海商務面見經理張元濟時，張元濟問了些問題後將他分配到英文部工作。當然我們知道後來的茅盾成為相當知名的文學家、作家，可是在當時他的才能並未被發現，還是靠他自己的優異表現才得以被拔擢〔註70〕。

朱經農早年曾經在北大任教，根據王雲五的回憶，他與朱經農相知甚深，知其精研教育，夙富編譯經驗，故而在編譯所廣泛的網羅人才之際，早已將他列入其中〔註71〕。在美國哈佛大學研究院哲學部心理學系獲得博士學位的唐鉞（孿黃），在民國10年回國後被北大所聘請，任教一年後便由胡明復推薦到商務上班，經過幾番考慮後就來到商務；為了此事胡適還因為讓他離開北大而受人埋怨呢〔註72〕！而在文壇享有盛名的葉聖陶在進入商務以前只是一位小學教員，民國11年在編譯所國文部主任朱經農的介紹下，開始他在商務的編輯生涯，後來他還編輯過《小說月刊》、《婦女雜誌》等刊物〔註73〕。另一位屬於鴛鴦蝴蝶派的作家、後來擔任記者的包天笑，民國元年時在莊俞、張元濟的力勸下進入編譯所編輯小學國文教科書。在此之前他就寫了幾篇教育小說〈苦兒流浪記〉、〈馨兒就學記〉、〈棄石埋石記〉，發表在《教育雜誌》，獲得廣大的好評。所以在他初編小學教科書時，張元濟便對他說「看過你寫的教育小說，深知你能體察兒童心理，必能勝任愉快〔註74〕」，所以商務出版的最新教科書中他也參與了編輯。至於陳翰笙，據他自己所言，民國17年從日本歸國後為了隱藏中國共產黨黨員的身份而進入商務工作。當時還是王雲五聘請他擔任審查百科全書稿件的工作，在民國19年秋天和商務簽了一年的工作合約擔任商務的編輯〔註75〕。

《婦女雜誌》的主編章錫琛是在民國初年進入商務的，之前他在紹興女子師範學校教授國文及教育學，並且掌理校務。而當時紹興都督王金發所統領的軍政府，聲譽太差，加上一些人事上的牽扯讓他覺得不順遂，幸而他的一位朋友杜海生從上捎來一封信，說他已經幫他找到一份工作，結果該工作是擔任《東方雜誌》的編輯。至於幫他介紹工作的杜海生正是《東方雜誌》主編杜亞泉的叔伯輩長輩。在從事編譯工作半年後，便習慣了工作的步調，工作的產量也日益增加〔註76〕。而陳布雷，就曾經兩度進館工作。其中第一次入館的時間是在民國9年6月，加入漢英詞典部，

〔註70〕按茅盾在書中稱張元濟為總經理，事實上張元濟並未擔任過總經理一職，其職稱應為經理。

〔註71〕王雲五，《商務印書館與新教育年譜》，頁844。

〔註72〕唐鉞，〈我在商務印書館編譯所的四年〉，《商務印書館九十年》，頁304。

〔註73〕葉聖陶，〈我與商務印書館〉，《商務印書館九十年》，頁299。

〔註74〕包天笑，《釧影樓回憶錄》，中冊，頁466。

〔註75〕陳翰笙，〈商務印書館與我同齡〉，《商務印書館九十年》，頁364。

〔註76〕章錫琛，〈從辦學校到進入商務編譯所〉，《商務印書館九十五年》，頁100～101。

擔任《韋氏大字典》的編譯。他在回憶錄中提到此一工作是由馮蕃五所介紹的，不過工作日久，生活上感到甚為平靜，漸漸有靜而思動的念頭。於是在次年 7 月遞出辭呈，投入其它的工作〔註 77〕。

鄭貞文可以說是商務的老編輯了，他的進館雖然在民國 7 年，但是他在民國初年時卻已經與張元濟、高夢旦見過面，並且到日本之後約集周昌碩、羅重民、黃士復、江煉百等人為商務編校《綜合英漢大辭典》。後來進入商務編譯所理化部工作，直到民國 9 年因為陳嘉庚所辦的廈門大學聘他擔任教務長，便告假前往廈門。翌年廈大進行改組，鄭貞文的辦學計畫不為陳嘉庚及新任校長林文慶欣賞，於是便辭職回上海，而高夢旦跟他有同鄉、同事之誼，便希望他把廈大離職的教員聘至編譯所任職。結果把顧壽白、何公敢等一票人都介紹到商務，因為福州人佔絕大多數，所以便有人戲稱館內閩派的勢力高漲〔註 78〕。話雖如此，不過鄭貞文的行動倒是讓編譯所和福建學界的關係更為密切了。

編譯所對於知名大學的教授，經常與之保持密切的聯繫，不論是主動或是透過朋友的關係，無不積極的想把一流人才納入旗下，前面提到像是北大的朱經農、王伯祥、唐鉞、陶孟和，廈大的鄭貞文、何公敢、顧壽白，安徽法政的陶希聖，浙江第一師範的何炳松等，其學校都有不少教授投入商務編譯所；至於「南高」部份，則有竺可楨、任叔永、楊杏佛等等。以竺可楨為例，他在中國氣象學的發展上，被尊稱為中國氣象之父。民國 7 年從哈佛大學得到博士學位歸國後，先後任教於武昌高等師範、南京高等師範、東南大學（前身為南高），後來因為東南大學校長郭秉文的專橫違法，引發一連串的風潮，導致支持郭秉文的教授學生以暴力迫使新任校長離職。此是在竺可楨的心中覺得「東大名譽學風一落千丈，極為痛心」，遂於學期結束後離開東南大學。在民國 14 到 15 年間，商務曾經聘他任職於史地部一年，當時他還帶著學生張其昀一起到商務編譯《大英百科全書》、《百科小叢書》等等〔註 79〕。

另外商務所招聘的編譯員中，成績不乏優異者為編譯所提拔成為正式的編譯員；而商務本身的補習學校也培養了不少優異份子，一步一步的崛起，登上編譯所的殿

〔註 77〕陳布雷，《陳布雷回憶錄》，（台北：傳記文學出版社，民國 56 年 1 月初版），頁 58 ～59；《商務印書館通信錄》，〈民國 11 年編譯所職員錄〉（上海：商務印書館，民國 10 年 1 月）

〔註 78〕鄭貞文，〈我所知道的商務印書館編譯所〉，《商務印書館九十年》，頁 201～202；陳兆福，〈商務春秋──訪問商務編譯所前輩顧壽白先生〉，《商務印書館館史資料》，第 20 期（北京：商務印書館，1983 年 2 月），頁 13～16。

〔註 79〕黃繼武等著，《竺可楨傳》（北京：科學出版社，1990 年 12 月第一版第二刷），頁 33；胡煥庸，〈竺可楨先生與商務印書館〉，《商務印書館九十年》，頁 329。

堂。以沈百英來說，他最初是在商務所辦的學校尚公小學及養真幼稚園中任教，因此對於小學教材及幼兒教材都有所接觸與瞭解。而當初所待的尚公小學原本只是為商務員工子女所設，後來經過改組成為教學實驗的學校。經過尚公學校的歷練，沈百英於民國16年正式調入編譯所，參與《教育大辭書》的編寫工作〔註80〕。和沈百英一樣從尚公學校出身的謝菊曾，他的身份則是尚公學校的學生。在尚公學校中，學生課堂上的創作，優異的便會交由商務的雜誌發行，所以寫作的機會增加，塑造其對文字的熟稔與興趣。民國4年冬天，謝菊曾小學畢業後由校方保送至編譯所擔任學徒，寫了幾篇童話，也曾經出過單行本。後來辭職，改就中華銀行的工作〔註81〕。

　　從商務的附設商業補習學校畢業的丁英桂，則是從基層開始做起的。民國4年校方派他到書庫實習，從事裝箱工作。不久補習學校的負責人蔣維喬將之改派到編譯所國文部負責抄寫與校對的工作，日後更參與歷史教科書的編寫〔註82〕。商務本身除了用以上的方式來招募人才外，它本身還在每年的暑假招考暑期編譯，目的是為了吸引廣大的大學生利用暑期來館內工作，並且與他們能夠維持良好的關係，以待日後有機會能夠繼續合作（有關編譯所招致暑期編譯員的簡章，見附錄四）。民國10年的夏天，唐鳴時看到商務招考暑期編譯的消息，便前往應徵。他原本是浙江杭州之江大學的學生，據他所言此次前往應考的人，遍及全國各大學，其中南高北大更是不在少數，經過錄取後，便為編譯所翻譯《少年百科全書》。由於工作的內容龐雜，無法在暑假中完成，所以在他返回學校之後，兩年中陸陸續續完成剩餘的部分。在畢業之後，進入「大陸報」工作，月薪200元；可是後來高夢旦派人請他來商務工作，在熱情誠懇之下遂成為編譯所的一員。此時入館的薪資僅有月薪60元，和「大陸報」的豐厚不能相比〔註83〕。

　　除此以外，還有許許多多的編譯員他們進館的模式不外乎上述所言，所以能夠在這30年中吸引上千位的知識份子為編譯所服務；而我們更當不能忽略，在編制之外還有許多的館外編輯，和編譯所保持著密切的聯繫。他們接受商務的贊助而擔任特約的編輯，為編譯所翻譯、編寫不少的書籍。雖然他們並非正式的編譯所職員，但是他們的的貢獻卻不下於編譯所的各位。由此可知編譯所除了廣泛的招聘編譯員外，對於不克前來的學者亦不肯放鬆，與他們簽約，建立關係，讓編譯所在出版質

〔註80〕沈百英，〈我與商務印書館〉，《商務印書館九十年》，頁286～287。
〔註81〕謝菊曾，〈商務編譯所與我的習作生活〉，《商務印書館九十五年》，頁132～139。
〔註82〕丁英桂，〈回憶我早年試編兩種中學歷史課本參考書的出版經過和現在的願望〉，《商務印書館館史資料》，第18期（北京：商務印書館，1982年8月），頁13～14。
〔註83〕唐鳴時，〈我在商務編譯所的七年〉，《商務印書館九十五年》，頁277～280。

量上更加的強大。

總的來說，從早期編譯所任用人員的方式是藉由彼此間的各種關係，相互拉攏至所上工作的。他們之間或許有著金蘭之誼，也或許有著同窗同年同鄉之誼，都成為編譯所羅致人才的方式〔註84〕。但是不論他是哪一種的分類，在編譯所延攬之下，大家都能夠集體貢獻心力讓出版的素質提升，再加上組織的完善，所以能夠吸引更多的知識份子前來工作，讓編譯所成為知識份子聚集與發揮才能的重要場所。

第四節　編譯所的工作情形

對擔任編輯的編譯所職工而言，每天只需要上班 6 小時；相對的在事務部、出版部工作的人來說，每天工作時數則要 7 小時。在該所的規約中的第二、三條規定著：

> 編譯部辦事時間：每日兩班，上午九時至十二時為一班。下午一時半
> 至四時半為一班。（但必要時得移前移後）

> 事務部、出版部辦事時間：每日兩班，上午九時至十二時十五分為一
> 班。下午一時半至五時十五分為一班。（但必要時得移前移後）〔註85〕

一般來說，每天工作的時數並不會特別繁重，工作閒暇之餘可以從事私人的事務，且是必須遵守董事會通過制定的《商務印書館股份有限公司改訂在職同人戒約》（見附錄二）。在戒約中規定「不得兼營與本公司同樣之營業」、「不得在本公司外兼任他處職務」、「不得兼營有關於本公司之他業而取贏於本公司」、「不得漏洩本公司事務或技術上認為應守祕密者」〔註86〕等等，共計有 8 項之多。審視這些規定，不難發現商務對於內部的管理甚為嚴格，讓職員對公司必須完全的效忠；但對公司本身而言是有其必要性，為了謀求公司業務的發展，它必須在同業激烈的競爭的環境下，留下人才。同時鑑於業務機密的重要，若是一稿兩投或是一稿多投，甚至在外另起爐灶，對於刊物的品質、公司的形象，均會有不小的衝擊，所以嚴格禁止。也因此在規約中第十條也規定著「本所同人多互相商榷之事，按日兩班務望常到。並望勿兼任外間之事（有特約者不在此限）」。這樣的規定對絕大多數的職員來說，會有些許的嚇阻作用，不過即使真的在外兼職，都會非常的謹慎，不讓館方知道，否

〔註84〕陳叔通，〈回憶商務印書館〉，《商務印書館九十年》，頁 135。

〔註85〕〈商務印書館編譯所規約〉，《商務印書館通信錄》（上海：商務印書館，民國 11 年 1月），頁 10。

〔註86〕〈商務印書館股份有限公司改定在職同人戒約〉，《商務印書館通信錄》（上海：商務印書館，民國 9 年 1 月）。

則到時只有辭職一途了。

　　編譯所是一個讓腦力激盪的工作場所，所以整體的環境有特別的地方。朱劍安是在民國 12 年進入編譯所工作的，他說編譯所的辦公大樓建成於光緒 30 年，共有 3 層：一、二層爲編譯所辦公室，第三層爲涵芬樓書庫及工作人員的辦公室；整棟樓的南邊有一座 4 畝地的花園，環境幽雅，可供編譯人員在執筆構思之餘得以放鬆休憩〔註87〕。包天笑描寫編譯所的工作情形是：

　　　　這個編譯所規模可大了，一大間屋子，可能有四五十人吧？這不同我

　　從前所遊歷過的那些編譯所，每人一張寫字檯……〔註88〕。

對他來說編譯所的規模在當時國內是首屈一指的，組織龐大，而且編輯們都有專屬的座位，至於早期編譯所人數則不多，40 人到 50 人左右。

　　茅盾所描寫的編譯所，則是在高夢旦擔任所長時的情景，他說：

　　　　編譯所在長方形的三層大洋樓的二樓。三面有窗，進門先是三個會客

　　室，半截板壁隔成，各有窗戶……〔註89〕。

　　即使到了王雲五時代，編譯所的辦公場所依舊是相當的有限，以數學部來說，便是一群人擠在一間小房間中工作，而它和所長辦公室中間隔出一塊空地是作爲會客室；就連所長的辦公室亦是小小的。直到民國 14 年後編譯所整個陸續搬遷到「東方大樓」，不過整層辦公的地方依然沒有隔間〔註90〕。無論是在人聲鼎沸或是寂靜肅穆的環境中，這些從事編譯工作的學者們孕育出許多佳作！不過若是與今日舒適的工作環境相較的話，簡直是有天淵之別，若是以物質的角度來衡量的話，現代人過於重視享受恐怕難以忍受當時的工作環境，這也說明當時的環境雖然刻苦，但是卻不影響他們的創作之心。

　　從每天進入編譯所，在簽到或打卡之後，一天的工作就隨即展開，不管他們認爲工作忙碌與否，同事之間都會互相幫忙，關係十分的融洽。唐錻是擔任編纂《教育大辭典》的工作，他說上班之時就是做編輯的工作，找尋資料，或者看稿，把稿件給瀏覽一遍，讓文字通順，減少錯誤。當然，同事若有需要協助的地方，必定樂意的伸出援手〔註91〕。這不過只是整個辦公室的一角，唐鳴時則回憶在編譯所英文

〔註87〕朱劍安，〈初進商務印書館〉，《商務印書館館史資料》，第 18 期（北京：商務印書館，1982 年 8 月），頁 4。

〔註88〕包天笑，《釧影樓回憶錄》，中冊，頁 466。

〔註89〕茅盾，《我走過的道路》，上冊，頁 92。

〔註90〕董滌塵，〈我在商務印書館編譯所工作的時期的片斷回憶〉，《商務印書館館史資料》，第 33 期（北京：商務印書館，1985 年 12 月），頁 10。

〔註91〕唐錻，〈我在商務印書館編譯所的四年〉，《商務印書館九十年》，頁 304〜305。

部的工作情形，每個人都埋頭苦幹，未有絲毫懈怠之感。他形容只聞打字機和鐘聲滴答滴答，少有喧嘩，大家對工作極為投入〔註92〕。有些人在忙著編書，有的人則是改考卷、作業，有些則是在編輯當中，為了一字一詞而仔細斟酌，彼此討論。甚至所中的前輩都會與剛入館的新人討論、切磋，對於學問的增長有很大的助益。

誠如茅盾在前面所描述的，所長的座位也夾雜在其中，對所長來說，有時也要參與編輯的工作，並非只是坐在位子上看員工辦公而已。在不同人的領導下，所內的氣氛也不一樣，章錫琛對張元濟擔任所長時，就曾經記載一則故事，他寫道：

> 張菊老雖然出身翰林，……但勤儉樸素，沒有絲毫官僚習氣。他在編
> 譯所中，每天總是早到遲退，躬親細務〔註93〕。

而「躬親細務」，更凸顯出他擔任所長期間，對於編譯所同仁工作監督的心態，章錫琛緊接著寫道：

> 他在所中，每天常喜在各人辦公桌旁巡視。……一天，他巡視到一位
> 抄寫員案旁，看他正在寫準備石印的尺牘書底樣，拿起一張細看，很不滿
> 意地發出「嘻——哈——」的叫聲。不料這位抄寫員突然把筆在案上用力
> 拍，立起身大聲喊道「我賺你二十四塊的工錢，你嘻哩哈拉做什麼？」說
> 完轉身跑出辦公室。菊老當時頗為發窘，叫人把他喚住，他卻頭也不回地
> 揚長而去。菊老連連搖頭說「好大脾氣」〔註94〕。

這位性格的抄寫員，著實讓張元濟嚇了一跳。對於張元濟來說，一向對於館務都很用心，他這種認真的態度，對於一些主管可以說有領導的作用。但是每個人的個性不同，尤其是在工作時被主管盯上，那種情緒上的反彈可想而知。

當然，所長有時還必須會客、應酬，這些都是為了延攬人才，基於編譯上的需要，例如在民國6年2月17日，張元濟便在館內與汪精衛交談，希望能邀汪精衛來編譯所工作、編輯，不過汪精衛當時打算赴法國留學，至於與商務印書館的合作計劃，則有待日後回國再行商議〔註95〕。朱劍安亦說道王雲五的聲音宏亮，他會客講話聲音時而英語，時而普通話，都非常清晰流利，並且精力旺盛，會客有時幾乎終日不斷呢〔註96〕！

其實不論是誰擔任所長，儘管有其輕鬆或者嚴肅的一面，但是他們對於編譯所

〔註92〕唐鳴時，〈我在商務編譯所的七年〉，《商務印書館九十五年》，頁280。
〔註93〕章錫琛，〈漫談商務印書館〉，《商務印書館九十年》，頁109～110。
〔註94〕同前註，頁110。
〔註95〕《張元濟日記》，頁170。
〔註96〕朱劍安，〈初進商務印書館〉，《商務印書館館史資料》，第18期（北京：商務印書館，1982年8月），頁9。

的工作發展，無不秉持兢兢業業的態度，努力達成目標。而所上所有員工共同努力，才能創造編譯所出版的優異成績。

第四章　編譯所的評價

　　從清末以來，出版業的蓬勃發展和整個時代的大環境有密切的關聯，它承續中國舊式出版業的基礎，融合西方新式出版業的特長，在對於新知需求急切的中國社會有不小的回應，於是在北京、上海，或者廣州，甚至內陸的某些城市也開始興起設立編譯所、書局的風潮。民國初年出版界有所謂的四大書局或五大書局（商務、中華、開明、世界、大東）之稱，其中商務是個中翹楚，不但資本雄厚，組織龐大，就連所網羅的人才也都是一時之選。而從這些頗具規模的書局來看，他們都有一些共通點，一是創立之時正是時代轉變，新思想、新知識的傳播在社會上有強烈的需求；一是創辦者的出身均與文化事業有關，也因此讓他們對於出版目標與方向能夠明確的掌握。基於這幾家頗具規模的特色，讓他們在翻譯的作品，或是編寫的書籍方面，多能夠符合社會大眾的口味，以知識性、學術性的內容吸引讀者，並不流於低俗。

　　在眾多的出版事業中，不乏由知識份子所設立的，規模不大，他們並非為了營利而創辦書局，而是為了完成救國救民的理念，希望以傳播知識的方式達成目標。不過在激烈競爭之中，即使個人的理念崇高，仍有許多家因為經不起衝擊而倒閉結束營業。商務能夠在一連串的競爭中屹立百年之久，絕非偶然，可以說是近代出版史上為一個成功的典範。

　　前面兩章將商務創立的過程及編譯所的設立營運作了介紹，本章將以商務的核心編譯所為主，將從幾個方面來看，一是編譯所在出版方向所創立的標準，對日後的出版者與文化發展的影響；二是編譯所在文化啟蒙的過程中所扮演的角色，它不但是一個傳播者、製造者，並且為一個教育文化機構；三是從它的人物方面來看，由於編譯所對知識份子的態度影響著他們對文化工作的熱誠，所以希望從這個方面加以討論。藉由此章的論述，期望能夠把編譯所在時代中的角色表達出來，並且為

它定義時代的價值。

第一節　多元化的出版內容

　　針對商務編譯所來說，從它的出版數量、營業總額、出版種類、編譯人員等方面的資料，可以發現它的豐碩成果及對文化的發展、人才的培養、知識的傳播、出版的方向各種方面的影響。商務不單只是私人企業，有著純粹的商業行為，並且還是一個具有文化功能的機構；就如同前言中所提到的：文化事業的目標是長遠的、多元的，這個特徵在編譯所是很明顯的。本節所要討論的重點將是在近代文化發展中編譯所的出版工作及其成果，其中包括了各類圖書的出版及對於社會的影響。在編譯所近 30 年的歲月中，每天工作累積下來，完成為數可觀的數目。根據統計，歷年來的出版成績如表 4-1 所示：

表 4-1：歷年來商務編譯所出版物統計一覽表（1902～1930）

年　代	種　類　數	冊　數	年　代	種　類　數	冊　數
1902	15	27	1917	322	641
1903	51	60	1918	422	640
1904	35	103	1919	249	602
1905	49	142	1920	352	1,284
1906	111	205	1921	230	772
1907	182	435	1922	289	687
1908	169	261	1923	667	2,454
1909	126	420	1924	540	911
1910	127	389	1925	553	1,049
1911	141	583	1926	595	1,210
1912	132	407	1927	297	535
1913	219	565	1928	456	544
1914	293	634	1929	451	724
1915	293	552	1930	439	703
1916	234	1,169	總　　計	8,038	18,708

資料來源：李澤彰，〈三十五年來之中國出版業〉，《最近三十五年之中國教育》，附錄

上表資料是根據王雲五的《商務印書館與新教育年譜》而來，不過民國 20、21年沒有記載。而《商務印書館目錄（1897～1949）》曾經附錄《商務五十年》中「商務印書館歷年出版物分類統計」的資料，光緒 28 年至民國 19 年間所出版書籍的種類共有 7,939 種，冊數則是 18,718 冊。兩者間種類與冊數有些許差距，應該是統計上的誤差所致〔註 1〕。從數據資料來看，可以看出編譯所歷年出書的數量在王雲五上任後大為增加，這主要是出版方向的改變，編譯所以出版各類叢書為主，包括百科小叢書、國學小叢書、學生國學叢書、新時代史地叢書、農業小叢書、工業小叢書、商業小叢書、師範小叢書、算學小叢書、醫學小叢書、體育小叢書等，每一套的圖書都有不少的冊數，讓編譯所的出版量大幅提升。

商務的出書量在同時期的中國出版界中，一直是居於首要的地位。根據統計，商務、中華、世界三家書局的出書量就佔了全國總量的 65%，其數據分別如表 4～2所示。

表 4-2：民國 16 年至 25 年商務、中華、世界三家出版社的出書量

年　　代	商　　務	中　　華	世　　界	全　國　總　量
1927	842	159	322	2,035
1928	854	356	359	2,414
1929	1,040	541	483	3,175
1930	957	527	339	2,806
1931	787	440	354	2,432
1932	61	608	317	1,517
1933	1,430	262	571	3,481
1934	2,793	482	511	6,197
1935	4,293	1,068	391	9,223
1936	4,938	1,548	231	9,438

單位：種

資料來源：王雲五，〈抗戰前十年的中國出版事業〉，《出版月刊》，民國 54 年第 1 期。
　　　　　轉引自戴仁，《上海商務印書館 1897～1949》，頁 74。

〔註 1〕王雲五，《商務印書館與新教育年譜》，在頁 292 中把商務成立以來出版圖書統計共有 8,039 種；事實上若是把王雲五書中歷年的數字加以計算，再相互比較。在他歷年的出版數字總和中我們得到種類計有 8,041 種，冊數為 18,702 冊，與他所述有出入。另見《商務印書館目錄（1897～1949）》（北京：商務印書館，1981 年 5 月），附錄。

在上表的資料，和王雲五的書中比較，可能有些許出入，不過從該表中可以看出商務的出書量一直是佔全國的首位，並且數量遠遠高出排名二、三位的中華與世界兩家書局許多。只有在民國21年那一年的出書量商務因為受到重創，亟待復原，所以只出了16種；等到一二八事件的第二年，商務又開始出版業務，便繼續佔了全國出版業的首位，由此可見商務的基礎是非常雄厚，韌性極強。

商務自民國成立以來，每年都能維持出書200種以上，顯示出社會上廣大的市場有待開拓，若是按照商務的分類法來看，總類、哲學、宗教、社會科學、語文學、自然科學、應用科學、藝術、文學與史地等，都是其出版的內容，符合組織架構的出版方向。從表一的數據加上上述分類做更精細的觀察，將會瞭解這些年來編譯所出版總類、哲學、宗教、社會科學、語文學、自然科學、應用科學、藝術、文學、史地各類書籍的比例，其內容如同表4-3-1與表4-3-2所述。

表4-3-1：編譯所創立30年出版書籍分類統計

	總	哲	社科	語	自	應科	藝	文	史地	宗
1902	2	－	6	－	－	－	－	－	7	－
1903	1	3	15	1	5	2	－	2	22	－
1904	3	－	11	4	6	1	－	6	4	－
1905	1	－	15	5	5	1	－	18	4	－
1906	1	4	27	14	16	1	5	34	9	－
1907	2	5	67	10	22	6	8	55	7	－
1908	2	1	51	14	22	5	4	60	10	－
1909	1	5	41	18	12	3	4	31	10	1
1910	2	2	46	15	14	3	2	14	29	－
1911	2	1	48	8	14	2	3	39	24	－
1912	1	4	64	12	15	1	2	17	16	－
1913	1	6	94	13	27	2	9	44	23	－
1914	6	8	102	13	10	8	22	93	29	1
1915	2	14	110	20	14	21	21	67	22	2
1916	19	13	48	14	9	23	15	74	18	1
1917	13	4	89	27	7	26	49	83	22	2
1918	23	18	126	29	27	32	58	76	32	1
1919	7	9	56	21	25	17	31	71	11	1

1920	123	7	64	20	16	26	21	62	8	5
1921	57	10	48	20	6	15	17	36	12	9
1922	9	21	104	21	17	23	21	50	19	4
1923	77	46	181	30	44	26	—	180	50	7
1924	10	34	95	26	48	48	36	102	32	9
1925	9	20	211	21	35	33	33	147	38	6
1926	8	28	138	8	46	21	40	102	21	183
1927	4	14	98	9	41	30	21	45	29	6
1928	4	27	174	20	38	43	19	86	43	2
1929	241	9	65	14	15	21	29	29	27	1
1930	200	7	96	12	23	12	21	38	26	4
總計	831	320	2,290	439	579	452	491	1,661	604	245

「總」表示總類;「哲」為哲學類;「社科」表示社會科學類;「語」為語文類;「自然」為自然科學類;「應科」為應用科學類;「藝」為藝術類;「史地」為史地類;「宗」為宗教類。

資料來源:王雲五,《商務印書館與新教育年譜》

表 4-3-2:編譯所 30 年來出版種類比例表

類　　　別	種　　　類	比　　　例
總　　　類	831	10.50%
哲　　　學	320	4.05%
社 會 科 學	2,290	28.94%
語 文 學	439	5.55%
自 然 科 學	579	7.31%
應 用 科 學	452	5.71%
藝　　　術	491	6.21%
文　　　學	1,661	21.0%
史　　　地	604	7.63%
宗　　　教	245	3.10%
總　　　計	7,912	100%

資料來源:王雲五,《商務印書館與新教育年譜》

　　在表二分類的書籍中，分成 10 種學科出版，不過數量上有明顯的差距。首先是在最初的幾年中種類並不多，即使像成立的第二年沒有出版藝術類與宗教類的書籍，其它種類的種數與冊數都不多；不過這個情況隨著時間演變有所改善，除了宗教類的書籍出版的種類不多外，其它各類的書籍大致上在光緒 32 年（1906）以後都有出版〔註 2〕。而從出版種類的多寡也可以發現編譯所人員的數量與此有關。在創立初期編譯所的人員並不多，在人手並不充足的情況下，讓它的出版能力有所侷限；而隨著人員的增加，加上新舊人員的代謝，編譯所的規模更為擴大，所以各類別書籍的產量能不斷提高。

　　其次，在各類別種類所佔的比例中，由高至低分別是社會科學、文學、總類、史地、自然科學、藝術、應用科學、語文、哲學、宗教。社會科學類總計佔所有類別的 28.94%。其它如文、哲、史地類共佔 32.68%，由此可以發現商務的出版方向基本上是屬於社會科學、人文科學的取向，同時恰好也反映整個社會的需求。人文社會科學類的知識在民國初年受到重視，和中國整個環境息息相關，各種新式社會科學學說都帶給知識份子無限的希望，期望從這些創作或者是譯作當中得到靈感，為中國的發展找尋一條道路。在文學類方面則佔高達 21% 的比例，顯示社會大眾對於文藝知識的喜好，特別是小說的創作與翻譯，讓許許多多的平民在生活中有所依靠。例如愛情小說、政治小說、社會小說、苦情小說等等，和民眾們的生活產生關聯，這種需求帶動各種傳播媒體的傚效，就像《申報》一樣，開始徵求稿件、開闢小說專欄，有時甚至一天有兩篇的連載小說刊登，以符合民眾的口味〔註 3〕。商務的小說在清末時是以林紓的翻譯小說極受歡迎，特別是他所翻譯的英、美、法、德、俄各國文豪的作品膾炙人口，帶動民眾的閱讀習慣。民國以來則有鴛鴦蝴蝶派以及巴金、老舍、丁玲、魯迅、茅盾、葉聖陶等等新生代作家，創作不同風格的作品，讓中國文學蓬勃發展。據他們自述，他們的第一部作品正是由商務所出版的，正是因為商務的規模最大，閱讀者眾，市場廣闊，所以由商務發行，效果也最好。

　　至於在自然科學與應用科學方面，二者總計佔 13.02%，似乎略嫌不足。對自然科學的重視，在民國 12 年以後曾經有了改變，這一類的出書較以往任何一年都多出許多；應用科學類的書籍亦是如此，它的內容是相當繁雜的，包括了醫學、工業、農業、商業；基本上來說它的增長不多，不過民國 4 年以來都能維持每年 15 種以上的產量。編譯所的自然科學類與應用科學類的出版數量之所以如此偏低，則與所內的人員分配有關。從附錄三之民國 9 年到 14 年的編譯所職員名單中可以發現一個現

〔註 2〕藝術類的書在民國 12 年時沒有出版。
〔註 3〕《申報》在光緒 30 年以後開始刊登徵文啓事，並在不久之後連載小說。

象,那就是自然科學與應用科學方面的人員並不多,反而像國文部、英文部、詞典部等部門有相當多的工作人員。在編譯所內的自然科學人才像是杜亞泉、周建人、竺可楨等人,可以說是一時之選的人物,對於自然科學推廣不遺於力。但是嚴格說起來,科學人才在編譯所是缺乏的,這並非只是商務的獨特現象,整個社會對自然科學的重視程度遠不如社會科學,使得中國科技發展的腳步,起步較晚,並不普遍,這正是整個中國所亟待解決的課題。

值得一提的是,這些產量皆是由館內或者館外的學者們,共同努力所累積的成績,特別是館外的約聘人員,很多是留學歐、美的學者,像蔡元培,雖然 1903 年離開商務印書館,可是並未從此與商務失去聯繫,相反的,他與張元濟仍保持密切聯絡,甚至他出國後(法國、德國)的生活費用,均是由他與館內約定編書及翻譯所得〔註 4〕。而在法國的時候,中國留學生組成的勤工儉學會,其成員亦多與商務合作,像李石曾、汪精衛等人,均受聘爲館外編輯。在這批優秀的知識份子努力下,爲商務翻譯許許多外國的社會科學或自然科學的名著或文章,將學術風氣帶回中國,對知識水準的提昇有非常卓越的貢獻。

從商務的出版品來看,它是呈現一種多元化的發展,它並不是專門出版某種學科的書籍,反而是各類同時並行;雖然各種學科間的出版量並不是均等,但是都能加以兼得。再者,除了一般的書籍外,它還出版包括教科書:從幼兒教育到成人教育用書;工具書:各類的辭典、字典、百科全書、古籍;雜誌期刊:根據統計至少有 29 種之多,如表三所示。這些雜誌幾乎是編譯所創立期間所創刊的,其中也有部份是商務接手編輯的。光是從表 4〜4 中就可以看出它具有各式各樣的內容,沒有侷限於某種學科,這主要是編譯所在各方面都有人才,方能從事這些工作。只是如同前面所言,自然科學方面的人才缺乏,僅有一種專門刊物出版,並且是在民國 15 年才出版第一期,似乎略嫌不足。

表 4-4:商務所創辦的雜誌及其主編一覽表

雜 誌 名 稱	歷 任 主 編	年 代
外交報	徐珂(仲可)	1901〜1910
繡像小說	李伯元	1903〜1906
東方雜誌	徐珂、孟森、陳仲逸、杜亞泉、錢智修、胡愈之、李聖五、鄭允恭、蘇繼頎	1904〜1948

〔註 4〕陶英惠,《蔡元培年譜(上)》(臺北:中央研究院近代史研究所,民國 65 年 6 月初版),頁 181。

理工報	由留德回國學生編寫，為勞動組織專刊	1907～1908
軍學季刊	由留德回國學生編寫	1908
法政介聞	由留德回國學生編寫	1908～？
兒童教育畫	戴克敦、高鳳謙	1908～？
教育雜誌	陸費逵、朱元善、李石岑、唐鉞、何炳松、黃覺民	1909～1948
小說月報	惲鐵樵、王蘊章（西神）、沈雁冰（茅盾）、鄭振鐸、葉紹鈞（聖陶）	1910～1932
圖書彙報		1910～193？
少年雜誌	孫毓修、朱元善、楊潤田、殷佩斯	1911～1931
法政雜誌	陶保霖	1911～1915
經濟雜誌		1912～1913
出版界		1914～1930
學生雜誌	楊賢江	1914～1947
婦女雜誌	王蓴農、章錫琛	1915～1931
英文雜誌		1915～1927
英語周刊		1915～1937
太平洋	李劍農、楊端六	1917～1925
農學雜誌	羅士嶷	1917～193？
學藝		1917～1956
兒童畫報	王雲五	1922～193？
兒童世界	鄭振鐸	1922～1941
小說世界	葉勁風	1923～1929
出版周（月）刊		1924～1932
自然界	周建人	1926～1932
美育雜誌		1928～1929

資料來源：《商務印書館大書記》、《商務印書館史資料》、戴仁著，李桐實譯，《上海商務印書館 1897～1949》

　　不過從上表中可以發現編譯所期間所創辦的刊物，有多達 21 種是在民國 8 年新文化運動就創辦的，其中半數以上歷經了新文化運動的洗禮，依舊延續下去。根據統計，民國 8 年到民國 20 年是中國出版雜誌最多的時期，數量多達 640 種之多〔註

〔註 5〕戴仁，《上海商務印書館 1897～1949》，頁 111。

5〕。這段期間商務新出版的雜誌反而不多，很多雜誌在調整內容以適應時代潮流後，繼續發行，傳播知識提供國人所需。

上述的出版規模與魄力絕非當今任何一家出版事業所能比擬的，在當時可以說是空前的；而多元化出版的方向與內容則是與其編譯組織完備有關，擁有專門負責教科書、雜誌、工具書及一般書籍的出版委員會，這樣的架構在當時的出版界形成一股倣效的風氣，像是知名的中華書局、世界書局都設立類似編譯所的機構，以因應日趨多元的出版工作。

第二節　人才的網羅與培養

關於編譯所職員入館的機緣已經在前面一章做了介紹，彼此之間的因緣各不相同，對於編譯所的評價也並不一致，但是站在館方的立場來看，卻是相當重視如何延攬第一流人才，為編譯所服務。在編譯所當中，所長的態度會決定編輯出版的發展方向。因此對於所上需要哪一類的人才加入，都會在所上的會議中討論。值得慶幸的是，歷來的所長對於拔擢人才的工作一向相當重視，不遺於力的。

同樣的，在前面一章中也曾經對於歷任所長的行事風格做了論述，可以大致瞭解他們對於作家、學者，或者是學生，只要是有才幹的知識份子，都有保持密切的聯繫。例如張元濟對於作家學者的重視，從他與他們親自聯絡、回信，表現出一絲不苟的態度，便可以得知。當各式各樣的學者與知識份子進入編譯所之後，就顯現出編譯所在編輯陣容上的強大，誠如胡適形容編譯所是一個重要的學術機構，是一個教育的大勢力〔註6〕！

一、編譯所的用人觀念

在張元濟的日記中可以隨處看見他的用人觀；而館內會議中，特別是與李拔可、高翰卿的協商記錄最具有關鍵性；此外，關於編輯的待遇、工作的性質，亦是重要的討論內容。像是民國6年10月15日的記載，他在「用人」欄中記道：

> 昨日訪葉伯皋，告以鄭之誠，號□，一時不能延聘，願索觀著作。伯皋言，其人學行俱優，且通法之。本日送來西南征實數章，事極糾紛，而記載頗為清晰。固美才也。示以翰翁，亦云可用〔註7〕。

〔註6〕《胡適的日記》（臺北：遠流出版事業股份有限公司，1989年5月初版），民國10年8月13日。

〔註7〕《張元濟日記》，民國6年10月15日，上冊，頁292。

這是一段關於介紹有才能之人加入編譯所的一個過程，在張元濟的瞭解下，對於鄭之誠的才能極具好感，認爲值得加以任用；而任用之權並非他所能絕對的主導，經過高翰卿的認可、肯定後，才裁示可以聘用。當然只是其中的一個案例，也可以說明這是一種進入編譯所的管道。又如他在同年11月5日「用人」欄中記載：

> 伯俞言，前在中華編國文吳研衡又來問，極有願來之意。伯俞答以如無條件，可以商量。問余意如何。余答以既係有用之材，可以延請。月修八十元。又言有劉傳厚，亦在中華，於編教授法等亦有經驗，不過稍舊。問能延用否。余云本所尚擬更動，最好在外面擔任事務，只可稍後再議〔註8〕。

上述的兩位人物，同樣是中華書局出身的，可是在進編譯所的過程與結果卻不相同。吳研衡在才能方面得到張元濟的肯定，加以聘用；至於後者劉傳厚雖然有編輯方面的經驗，不過因爲不符時代的趨勢，所以被婉拒在外，待日後再議。可見編譯所對人才的需求不光是經驗豐富與否，思想能否創新，能否跟得上時代亦是重要的條件。

在編譯所的發展過程中，因爲派系造成的衝突，在民國初年時屢見不鮮。當時館內在觀念與立場上形成新舊兩派，舊派人士多是代表商務方面的股東高層，態度上是保守、持重，不肯變革；至於新派的人物以張元濟爲代表，立場和舊派相反。在某一次的館內會議結束後，張元濟便很感慨的說道：「余自民國5年與翰翁共事，意見即不相同，遇事遷就，竭力忍耐〔註9〕」。由此可見他在工作時所遇到阻力，多半與高鳳池有關。在遇到阻力時卻無法突破，對他而言是極爲心有不甘，但是也只有儘量忍耐。而兩人的對立在人事上最爲明顯，因爲商務成立十多年來，未有重大的變動，所以在工作的推行上略感遲緩不進，這個現象在茅盾的回憶錄中就很明白的提到，館內某些人任職已久，可說是老資格了，每個月的月薪極高，但是卻不編、不譯，無所事事，對於實際工作並無助益〔註10〕。

張元濟希望改善此一現象，所提出的改進之道便是要多多晉用新人，「以所省贍養無用之人之款，移以培植新來有用之人〔註11〕」。爲了此事，他曾多次與高鳳池發生爭執，但他一直堅持此一原則，重視人才的新陳代謝，因爲「五年前之人才未必宜於今日，則十年前之人才更不宜於今日」，今日若是不注重培養新人，日後則會

〔註 8〕《張元濟日記》，民國6年11月5日，上冊，頁301。
〔註 9〕《張元濟日記》，民國9年3月26日，頁727。
〔註10〕茅盾，《我走過的道路》，上冊，頁93。
〔註11〕張元濟，〈致高鳳池〉，《張元濟書札》（北京：商務印書館，1981年6月第一版），頁188。

耗費甚巨，並且公司業務也就不能一日千里〔註12〕。在他辭去所長一職，由高夢旦擔任所長後，依舊對於引進新人不遺餘力，可是和高翰卿的衝突卻越演越烈，後來他甚至以辭去經理的職務表明己志。事實上張元濟認爲館內聘用人員要能夠與時代的潮流配合，甚至超前，不要被時代趨勢所淹沒，就是希望帶動所上的活力。鄭貞文曾經批評館內學者在商務編譯所待久了，不但沒有長進，反而從此毀了一生〔註13〕。這句話從字面上來看可能有些誇張，但是卻把事實給呈現出來，特別是一個好好的學者爲何進入商務後會被毀掉呢？我們可以在張元濟的書信中得到解答。

　　早在民國6年時，張元濟在一封未能寄出的信中便提到：公司的營運已經日趨穩定，業績亦蒸蒸日上之際，人才的問題則有待解決。它不單是缺人，而且還嫌員額「太多」，多在許多不適任之人無法安排出路，形成公司的一大負擔。所以爲了公司的發展，寧可以一抵十，以一個眞正有用的人，取代三、四位不適任之人〔註14〕。而這封信的收信對象正是高翰卿。之後他與高翰卿的通信中，不斷的主張自己的觀念，他說：

> ……吾輩均年逾始衰，即勉竭能力，亦爲時幾何。且時勢變遷，吾輩腦筋陳腐，亦應歸於淘汰。瞻望前途，亟宜爲永久之根本計畫。……
>
> 　一，就用人說。爲公司全局計，爲吾輩退步計，不能不急於儲才。儲才之道登進固宜稍寬，廩餼亦不宜薄，究之不過拔十得五，且恐尚未必。公司何能勝此糜費？故欲儲才，不能不先汰冗，與公司休戚相關者，當別論。其僅著有勞績者，可於辭退之時酌加酬贈，以所省贍養無用之人之款，移以培植新來有用之人。公司不致多所耗費，尚裁兵加餉之法，亦宜同時采用〔註15〕。

　　此刻的張元濟已經感到時代的變遷，對於他來說，以前的知識已無法適應時代了。前面一章對張元濟的評價是能夠與時俱進，但此時正是新時代的開始，各種新文化的傳播進入中國，讓他有時不我予之感慨。而商務面對新文化運動的浪潮，受到相當嚴酷的考驗，特別是出版的方針一成不變、保守，爲各界所垢病。所以張元濟、高夢旦才會致力於改革，並且希望新人能爲商務開創新氣象。他自己也說用人的權責，除了重要的職員由總務處審核討論外，其它的則是各所所長的責任範圍〔註

〔註12〕同前註，頁190～191。
〔註13〕《胡適的日記》，民國10年7月27日。
〔註14〕張元濟，《張元濟書札》（北京：商務印書館，1981年6月第一版），頁184。
〔註15〕《張元濟書札》，頁188。
〔註16〕《張元濟書札》，頁195。

16〕。話雖如此，基於對商務的一份情感，所以他直言不諱的希望館方不要干涉人事權，更希望館方能大開用人之大門，讓人事任用氣象一新。

所以在以高翰卿為首的保守勢力之下，商務的人事管道並不通暢，和張元濟理想的用人宗旨：主張進步、求新求變，相互背道而馳〔註17〕。民國 8 年，張元濟再度說明他的立場及期望：

> 近以公司用人之事，弟與公意見齟齬。謹將所持之故，為閣下詳言，非敢持異也，為公司大局計，不得不爾也。公司事業日益進步，往過來續，理有必然，五年前之人才未必宜於今日，則十年前之人才更不宜於今日。即今日最適用之人，五年十年之後，亦必不能適用也。事實如此，無可抗違。此人物之所以有生死，而時代之所以有新舊也。公拳拳於故舊，宅心仁厚，至為可佩；弟亦非不重視舊人，無論其它，即謝賓來鄭峻卿二人，皆以其為舊人而用之也。舊人於公司閱歷深，感情厚，關係密，比之新進固為不同，然必因其有用而後可用之。若其人精力已衰，或敷衍塞責，甚或至於營私舞弊，則於公司無益，為有害。不能專以其為舊而仍用之也，即念其在公司久，昔曾出力有功於公司，則精力已衰者，辭退之時優加酬贈，俾還家有所贍養；其敷衍塞責，或營私舞弊者，則婉言辭退，保其顏面可也。若必以其為舊而仍留之，於公司且不能易其地位。是以人為重而公司為輕也，其流弊所及，大約有四：老朽日增，新進不易超擢，而公司辦事必無精神，一也；凡稍有年資者，以為祿位永保，辦事無庸盡力，二也；冗老愈多，耗費愈甚，三也；公司事業不能隨時勢進步，四也。積此四弊，公司有不日趨敗壞者乎。……公之宗旨在以新人輔助舊人，以舊人監督新人，……使舊人果能盡其監督之職，豈不甚善。而無如監督之人皆尸位素餐〔註18〕。……

上述信件中張元濟把堅持任用新人的原因分成四個部份來說，他認為舊人在位日久，無法讓人事暢通，反而是公司之害，既浪費金錢，又阻礙進步。不過他並沒有完全否定舊人對公司的貢獻，只要新舊相互扶持，才能製造雙贏的局面，但是不能過份倚重舊人，唯有人事的新陳代謝才會讓公司產生活力。

不過人事問題並不能打斷編譯所與知識界、學界的關係。張元濟與高夢旦的任用新人計畫中，尋找合適的學者出任所長一職為編譯所的大事。他們兩位先後擔任所長，對於新舊交替，時代的轉變，有深刻的體認，一致認為「五年前之人才未必

〔註17〕《張元濟書札》，頁 265。
〔註18〕《張元濟書札》，頁 190～191。

宜於今日」，爲了使編譯所在時代的潮流中不致於被淹沒，經過一番的討論合適的人選，結果胡適雀屛中選。不過胡適婉拒該職，推薦他的老師王雲五出任，雖然如此，他曾經到上海商務考察一個月，爲編譯所提供許多的意見。

　　在他的商務之旅中，見了不少的人，特別是在所內當編輯的一些人，提出在編譯所的見聞與意見，可以說是相當的懇切。在人才方面李石岑、鄭貞文、楊端六、鄭振鐸、華超、酈富灼、吳致覺、胡愈之、茅盾等等都有所批評。就連胡適在考察中也曾經說了一句話：「到編譯所。翻看他們的中學教科書，實在有許多太壞的〔註19〕」。而鄭貞文說學者們在編譯所內學識沒有長進反而退步；楊端六也說編譯所的待遇甚劣，薪俸微薄，沒有假期，設備（圖書、房子）亦同樣不完備，這樣的環境絕對無法留住第一流的人才〔註20〕。他們對人事的描寫正好和胡適所看到的情形形成一種因果關係：待遇不佳，人員缺乏向心力；工作情緒低落，影響書籍的修訂，像教科書之類便面臨此一困境。商務所出版的教科書雖然在中國有不小的銷售量，但是在胡適眼中卻只是一個「壞」字。所以必須從編譯所的體制及用人上著手，特別是對編譯員的待遇不能苛刻，他們很多是大學教授，結果在編譯所的待遇卻不若以往，會讓他們產生不如歸去的感慨。胡適在考察期間對編譯所職員的薪資做了一個統計。（見表 4-5）

表 4-5：民國 10 年編譯所職員薪資表

薪　資　數　額	人　　數
300 元以上	2
250 元以上	1
200 元以上	4
150 元以上	8
120 元以上	17
100 元以上	5
70 元以上	14
50 元以上	17
30 元以上	46
30 元以下	62

資料來源：《胡適的日記》，民國 10 年 7 月 21 日

〔註19〕《胡適的日記》，民國 10 年 7 月 27 日。
〔註20〕《胡適的日記》，民國 10 年 7 月 20 日。

　　上表中可以發現月薪百元以下的人佔了總人數的 80% 以上，意味著薪資普遍偏低。茅盾對自己薪水的多寡從不計較，可是他曾經提到有的人在所中熬了 10 年，薪水也不過從 24 元增加至 50 元；甚至還有人替茅盾憤憤不平，因為他在 5 個月中譯了兩本半的書，月薪才 30 元，而有的人一年翻譯一本，卻可拿 70 元的薪水，更甚者，鎮日無所事事，拿百元以上的高薪〔註21〕。至於像陳布雷原先的工作待遇，就高達月薪 200 元，到了商務卻僅僅每個月 60 元。雖然這是他自願從事編譯所的工作，可是待遇的差別也未免太大了。

　　像陳布雷的情形，並非少數。實際上編譯所的待遇是不錯的，特別是對一些留學生或是有名的學者，往往多加禮遇。至於許多初進編譯所工作、名不見經傳的人，原本未必在乎薪資的高低，但是工作內容的差距，以及館方長久以來對待遇未見調整，反而造成許多人生活無以為繼。在積怨已久的情況下，紛紛要求館方能夠提高待遇。館方若是能夠順應要求作出善意的回應，除了能夠降低不滿的情緒，更可以留住許多人才的心。

　　對於人才，可以肯定的說商務是極為重視的，因為他們曾經延攬大量的學者到所上服務，但是因為種種因素，無法讓他們以商務為家。這其中除了新舊汰換造成的人事異動外，對人才照顧妥當與否也是形成人才流失的關鍵。編譯們對於館方某些作法的不滿，曾經多次反應卻得不到善意的回應，例如鄭振鐸等新進編譯所的職員就曾經計畫向館方提出改良意見書，可是後來瞭解情況知道再怎樣努力也是白費功夫之後就完全失望了〔註22〕。在與胡適面對面交換意見的同時，他們可以體會張元濟、高夢旦對胡適的支持，無異是對改革編譯所注入一線希望，正因為如此，李石岑、鄭貞文、楊端六、鄭振鐸、華超、酈富灼、吳致覺、胡愈之、沈雁冰等等對胡適知無不言，對編譯所有意見，也有所批評。

　　胡適對編譯所考察後提出的改革報告中，特別著重如何留住人才，並且讓人才能在編譯所中繼續成長，他認為：一、選派好學的編輯出國留學考察；二、設立圖書館，以為編譯專用；三、設立研究所，讓自然學科得以從事專門研究；四、為編譯員提供良好、獨立的辦公場所，工作時間具有彈性，待遇則提高〔註23〕。以此四點做為人事管理的準則，可以見得他對編譯所學術地位的重視。

　　受到胡適推薦的王雲五，對於商務及編譯所的改革與管理有卓越的貢獻。在他的整頓編譯所計畫中，首先就是要把編譯所的組織擴大，延聘各類的專家學者來主

〔註21〕茅盾，《我走過的道路》，上冊，頁 100。
〔註22〕《胡適的日記》，民國 10 年 7 月 18 日。
〔註23〕《胡適的日記》，民國 10 年 7 月 27 日。

持。特別是來自北京、上海、南京的學者與學生，於這段時期大量的進入商務編譯所。依照王雲五自己的說法，經過整頓後的編譯所人才可謂相當充實〔註24〕。他提出編譯所應該具備的人才包括了：

（一）具深遠眼光，知教育大體及各種學術梗概，而能規劃大綱者。

（二）具一科之專門學識者。

（三）於編輯營業具豐富之經驗，並深悉本館歷史及教育狀況者。

（四）深明教育原理，或於中小學校教科書富有經驗，能知生徒之需求及教科書之實際情形者。

（五）長於國文國語，能以短速時間，成活潑之文稿者。

（六）精外國文字，能著作或翻譯者。

（七）具普通知識，能搜羅資料而編輯之者。

（八）能與知識界聯絡者。

（九）考成公正，能監視勤惰，稽核成績者。

（十）幹練而能守秩序，善辦行政事務者。

（十一）勤慎精密，善於校對者。

（十二）善於正草各體字，能任錄事者。

（十三）能作地圖及各種繪畫者〔註25〕。

從上述的徵才條件中，我們可以發現編譯所需要的人才是多方面的，不論是個人的學識能力或是個人的品德個性，都是選擇的條件。至於能否選擇到優秀的人物，則視情況而定。不過對於人才的態度，可以從兩個部份來看，一是如何延攬人才；一是如何留住人才。在編譯所的歷史中，似乎前者比後者做得成功。商務擁有豐厚的資金，足以大規模進行人才的招聘，因為人數眾多，就一個學術單位而言，除了大學以外，一般私人機構能夠做到如此是相當難能可貴的。不過從許多編譯員的口中所得到的反應卻是編譯所對人才的不重視。這絕對不是張元濟、高夢旦所期待發生的，應該說是公司方面的保守派介入人事的聘用，讓許多的人尸位素餐，積弊既深，在張元濟的日記中一一曝露出來。

從王雲五擔任所長開始，對編譯員的待遇有所調整，只可惜整個社會的變遷讓

〔註24〕王雲五，《岫廬八十自述》（臺北：台灣商務印書館，民國56年7月初版），頁79。

〔註25〕王雲五，〈改進編譯所意見書〉，《王雲五先生年譜初稿》（臺北：臺灣商務印書館，民國76年6月初稿），頁114。

人才的流動加速，編譯所的人才來得多，去得也多，來得快，去得也快。汪家熔曾經把民國 14 年編譯所的職員做了分析，他對民國 11 年到 14 年的名單加以比較，發現一直待在編譯所的只有 121 人；而民國 14 年的 228 名編輯中，從創立到民國 8 年之間進館的有 39 人，佔總數的 17％，民國 8 年到王雲五進館前共有 43 人，佔 19 ％，王雲五所任用的共有 146 人，佔 64％。資歷呈現年輕化，平均資歷為 3 年 4 個月〔註26〕。雖然流動性很大，但也可以看出王雲五上任後對許多的老編輯加以淘汰，以符合實際的需要。其後的何炳松則延續王雲五的政策，對人才則採取自由發揮，不任意干涉的態度，讓編譯所能夠持續維持高水準的出版質量。

二、對編譯環境的印象與批評

　　嚴格說起來，編譯所是一個私人企業的分支機構，但是另一方面，它也是一個集合學者，從事扶助教育的學術機構。在歷任所長的努力擘畫下，編譯所在知識份子的印象中可以說是環境優良的文化機關。當然並不見得每個人都有正面的評價，負面的批評則代表他們對編譯所在運作上期待之處。

　　編譯所對職員的態度，首先可以說給予很多學習的機會。雖然在商務編譯所的戒約中曾經規定了許多不得違反的事項，但是只要在此規範之外的事項便可為之。胡愈之提到商務很重視人才，除了大量的招聘學者、知識份子外，它也捨得投資經費供給學者出國留學。以他自己為例，當他在法國留學期間，便是得到商務的資助，使他在生活方面不虞匱乏，此外他還幫編譯所翻譯稿件、撰寫文章，所方則給予優厚的稿費〔註27〕。這樣雙方互惠的做法，讓許多知識份子、學者對商務的印象極佳，也確保出版的水準。鄭貞文亦提到張元濟和高夢旦對於後進學人的獎掖是不遺於力的，民國 5 年在東京由留日學生所創辦的「中華學藝社」，中堅社員像是周昌壽、楊端六、何公敢、林騤等人，都曾先後進入編譯所任職，並且給予相當的信任，使其能力得以發揮〔註28〕。這類與學術團體合作的例子，在與文學研究會的關係中亦可見一斑。面對《小說月報》的內容停滯不前，茅盾接掌該雜誌的主編，為了革新內容擺脫以往的風格，得到張元濟、高夢旦的支持，和一群志同道合的青年作家組成

〔註26〕汪家熔，〈商務印書館編譯所考略〉，頁 3。
〔註27〕胡序文，〈胡愈之和商務印書館〉，《商務印書館九十年》，頁 128。
〔註28〕中華學藝社，原名丙辰學社，辦有《學藝雜誌》。民國 7 年大多數的社員為了反對段祺瑞與日本締結中日軍事協定，輟學歸國，社務頓挫。不過民國 9 年在張元濟、高夢旦的支持下與商務合作，《學藝雜誌》繼續出刊，而一切盈虧均由商務來負擔。鄭貞文，〈我所知道的商務印書館編譯所〉，《商務印書館九十年》，頁 209。

了文學研究會。這群作家們為《小說月報》執筆，讓該雜誌耳目一新，也獲得社會普遍的好評〔註29〕。

其次編譯所重要之處，在於它能夠既出書又出人，這項成就在當時甚至日後任何的出版機構都難以比擬，管歐曾經稱商務在當時為學術的重鎮〔註30〕，可以說正是根據此一背景而言。它能夠網羅眾多的知識份子與學者為出版書籍而執筆，讓這群知識份子在教育與文化方面貢獻一己之能力，並且能夠培養他們，主要是能夠知人善任，而非只是榨取他們的知識能力。許多人是慕名而至，也有許多人是受到高薪禮聘，對於這些知識份子及學者來說，編譯所的環境讓他們有了學習的機會，也有發揮所長的空間。

從編譯所出去的學者，很多是繼續在教育界發展，成為大學教授：例如國學大師齊鐵恨，民國12年進入編譯所，負責編審國語書刊，離開商務後先後在暨南大學、大夏大學等校任教；史學家孟森、顧頡剛、呂思勉等均在編譯所工作過，並且出版不少著作，日後亦成為著名的學者；另外還有竺可楨、任鴻雋、陶孟和等人分別在氣象學、科學、及社會學與經濟學不同領域大放光芒。而編譯所出身的學者擔任大學校長及重要職務者亦不少，像郭秉文曾擔任東南大學校長，蔣維喬曾任東南大學校長，蔣夢麟曾擔任北京大學總務長、代理校長、校長，范壽康擔任中山大學秘書長，何炳松暨南大學校長。

也有人另起爐灶，創辦出版機構：陸費逵光緒34年間進入編譯所擔任《教育雜誌》的編輯，後來在民國成立之時和沈知方等人創辦中華書局；章錫琛，亦是編譯所的重要人物，曾經負責主編《婦女雜誌》，但因為雜誌內容受到館方的干涉而離開商務，後來創辦開明書店，成為當時重要的出版者之一。

另外也有不少人投身政治，成為有名的政治人物，包括：像早年留學美國，回國後在英文部工作的顏惠慶，被形容為中國之大文豪，英文極佳，敘事宏富〔註31〕，他為編譯所翻譯不少的外文作品，後來並出任北京政府的外交部次長、總長、農商總長、內務部總長、駐外大使等職。另外參加抗戰時期的國民參政會的陶希聖、王雲五、李聖五、陳輝德、周覽、任鴻雋、顏任光、楊端六等8人〔註32〕；其中陶希聖與李聖五還曾經參加汪精衛的偽政府，擔任要職。後來陶希聖脫離偽政府，回歸

〔註29〕茅盾，《我走過的道路》，上冊，頁147。
〔註30〕管歐，〈我所敬佩的王岫廬先生〉，《我所認識的王雲五先生》（臺北：臺灣商務印書館，民國65年4月二版），頁25。
〔註31〕《申報》，宣統元年9月22日（1909年11月4日）。
〔註32〕王雲五，《岫廬八十自述》（臺北：臺灣商務印書館，民國56年7月二版），頁259。

重慶國民政府，並且日後曾經擔任立法委員、國策顧問、中國國民黨中央常委等職。朱經農則是在民國 16 年後歷任上海特別市教育局長、齊魯大學校長，並且後來還曾任中央大學教育長、教育部政務次長等職。陳布雷則是在民國 16 年為蔣介石介紹入中國國民黨，並且擔任中央黨部書記長等要職〔註 33〕。謝冠生則是學習法律出身的，曾經在震旦大學、復旦大學、持志大學、法政大學、中央大學出任教授及法律系系主任之職，民國 18 年擔任司法院秘書長、司法行政部長、司法院副院長，政府遷臺後擔任司法院院長。楊杏佛曾任孫中山的秘書，民國 16 年南京國民政府成立大學院之後，擔任教育行政處主任、副院長，並且擔任中央研究院總幹事。後來因為政治立場反對獨裁，與蔣介石意見相左，因而招致特務暗殺。其他還有許多的人物在學界、政界都各展所長，不可勝數。

三、小　結

從本節所列舉的人物中，可以從幾個方向來看：一、商務編譯所自身對人才的培育不遺餘力，創辦了補習學校和函授學校等等，所以能夠從廣大的學員中發崛優秀的人物，並加以培養，使他們能夠成為館內的一員；二、商務的基礎穩固，資金雄厚，對員工的待遇優渥，不少人視之為一份穩定的工作，稱它為「鐵飯碗〔註 34〕」，所以換工作想擠進編譯所任職。不過也有些人進入編譯所的理由不盡然是待遇問題，他們原先工作場所給予的待遇並不下於編譯所，甚至有的還高出編譯所甚多，但是他們基於對學術的熱誠，以及抱持著學術自由的觀念，不願受到人事上的掣肘，選則學術環境優良的商務施展個人的抱負。三、商務與學術界建立良好的合作關係，促成大學教授、學者願意前來商務服務的主因，像鄭貞文的例子就是最好的例證，編譯所與福建學術界合作，造成雙方面的互動，帶動學術風氣的進展；再加上編譯所具有當時全國最豐富的藏書，許多人都希望能夠入館工作，在工作之時，或是工作閒暇之際，能夠一飽眼福，沉浸在書海的懷抱中。這是因為其優良的條件，足以吸引來自各處的學者為了學術而工作。四、商務編譯所不僅是一個出版的機構，也是一個培育人才的場所。所以許多的知識份子或學者進入商務編譯所之後，得到不同的歷練，對於其在日後的發展有很大的幫助。因此可以說編譯所擁有第一流的人

〔註 33〕陳布雷，《陳布雷回憶錄》（臺北：傳記文學雜誌社，民國 56 年 1 月初版），頁 71～72。

〔註 34〕方桂生說，鐵飯碗是形容工作的安定、可靠，甚至是待遇優厚亦然。見氏著，〈我與商務印書館〉，《商務印書館館史資料》，第 10 期（北京：商務印書館，1981 年 6 月），頁 8。

才，也創造了第一流的人物，不但對自己有相當大的幫助，同時也對社會各方面有不同的貢獻。

但是如何留下人才，這是所方與員工之間所必須要共同面對的問題。在所方方面，待遇的高低以及管理公正與否，都是會牽動人員的動向；而員工方面，正是以這些指標作為向心的依據。而這些正是讓編譯所與學術界的關係中，曾經產生不安的因素。不過人才的流動，無論是從政，回到學術界，或是繼續在出版的崗位，對社會來說都是有正面的意義：不同的環境讓他們有著大展身手的場所，加上各家書局間多是保持良性的競爭，所以廣大的讀者是實際的受惠者。因此編譯所的人才流動並非對本身是件壞事，反而在社會的各種領域中產生良性的互動成果。

第三節　知識的啟蒙與文化的傳播

誠如張元濟所言，編譯所的宗旨是為了扶助教育而設立。實際上編譯所在這方面的成果，是呈現多元化的特性：從最基本的出版教科書開始，讓全國的學生能夠閱讀內容完整的教材，並且廣獲好評；在它進軍出版業的同時，便以多元化的出版方向傳佈各種新知，不論是雜誌，或者專書，都有不小的成果；更進一步它還創辦學校，具體的為教育貢獻力量。

編譯所的目標已經不單是為了扶助教育而設立，同時也成為實際辦學以及傳播知識的機構。對於一個私人企業而言，能夠拓展如此廣闊的格局，是相當難能可貴的。

一、教科書的編輯
（一）符合學制的教科書

編譯所直接對教育文化方面的功能與貢獻，主要是編輯出版完整教科書，在教育界享有盛譽。在前面一章已經對編譯所的組織介紹，瞭解到編譯所設有各類的教科書編輯委員會，專門負責教科書的編纂工作。而商務正式進入出版業，正是從設立編譯所、編輯教科書開始的。從清廷宣布廣為設立新式學堂開始，頒定新式教科書編寫的標準，商務便首先響應；加上張元濟的入館對此項工作助益極大。張元濟是一個具有抱負的知識份子，早年對於救國救民的方式是與維新派人士接近，不過經過戊戌政變的打擊後，便轉移到以教育文化、開啟民智的方法救國。最初在南洋公學從事教育事業，但是後來因為教育經費及教育理念和福開森不合，只有離開南洋公學。在此之前夏瑞芳與張元濟早已因為印刷講義而有生意往來，加上對於張的

學問與人品都有所瞭解，利用這個時機，為夏瑞芳所延攬，到商務發展自己的志業。

　　商務在最初出版教科書並不順利，主要是購買的翻譯稿件在水準及內容都很低劣。在與張元濟討論後，決定設立專門的機構，即編譯所，展開教科書的編輯出版工作。由蔡元培擔任所長後，以承包的方式（蔣維喬稱之為包辦方法），分別由蔡元培、蔣維喬、吳丹初等人編纂國文、地理、歷史三種教科書。但是蘇報案的發生，蔡元培辭職前往青島，使得整個計劃暫時中挫。再加上這些負責編輯教科書的人並非均有教學經驗，編輯的過程過於倉促，因此成效不好〔註35〕。張元濟接手之後，此一工作重新繼續進行。

　　自從光緒 28 年頒布有關編書的章程後，商務便依循著規定編輯教科書。之前市面出版許多的教科書，可是商務是中國歷史上第一家按照政府的規定編輯出版教科書的民營企業。從光緒29年以後，各學堂所使用的教科書絕大多數是出自商務之手，戴仁稱它是「學校課本的托拉斯」〔註36〕。在當時公布的編書章程中提到，按照中小學堂的課程來分門編纂，共分為經學、史學、地理、修身、倫理、諸子文章、詩學等七門，並規定其編輯大綱。張元濟繼任所長之後便持續推動此一工作，還延聘了蔣維喬（此時才正式入館）、莊俞、高夢旦等人，以集體討論的方式來編書。蔣維喬在他的日記中寫道：

　　卯年（光緒29年）十二月初三日

　　　　下十鐘回編譯所編教科書。午後與張菊生、高夢翁、小谷重、長尾楨太郎等會商商科。即以今日所編成者作為定本。因復與張菊翁同編五課，年內急於出版，恐來不及，明擬約楊君赤玉、莊君伯俞同編。

　　十二月十七日

　　　　午後復與張菊翁、高夢翁會議教科書稿〔註37〕。

　　在蔣維喬的日記中可以發現編譯所對於教科書的編訂，是採取分工合作的方式，經由小組的討論，也就是各類教科書的編輯委員會集思廣益而成。他還提到日本人小谷重與長尾雨山等都曾經是這項編輯計劃的成員，擔任編輯的顧問。在第二章中曾經提到中日合資一事，日本人的加入也就從那時開始。經過原亮三郎的引介，這批早年在日本曾經參與教科書編纂與出版事務的日本人，在教科書疑案發生後，

〔註35〕蔣維喬，〈編輯小學教科書之回憶〉，《商務印書館九十年》，頁57。
〔註36〕《第一次中國教育年鑑》，戊編（臺北：傳記文學出版社，民國60年10月影印初版），總頁1805。戴仁，《上海商務印書館 1897～1949》（北京：商務印書館，1996年），頁14。
〔註37〕蔣維喬，〈蔣維喬日記〉（摘錄），《商務印書館館史資料》，46期（北京：商務印書館，1990年9月），頁13～14。

他們便來到中國開拓自己事業的第二春。

　　究竟有多少日本人來到商務擔任編譯所的編輯或是顧問，已經不可考了，不過從一些資料中已經能夠逐漸把這模糊的眞相加以釐清。像在《東方雜誌》第 11 期中，曾經刊載一篇文章，題目爲〈日本教育家伊澤脩二君略傳〉，介紹其生平經歷。該篇文章中提到伊澤脩二曾經任職文部省，制訂日本的教育方針，同時著作等身；商務聘請他便是要借重其豐富的教育經歷，爲中國的教科書重新量身製作。不單是小谷重、長尾雨山，或者是伊澤脩二等人，他們對教科書的內容提供許多的意見，並且還實際參與編輯，所以早期出版的教科書受到日本的影響是相當深刻的。以光緒 28 年商務所編輯出版的教科書爲例，種類就有《最新初高小學教科書》16 種、《教授法》10 種、《詳解》3 種、《中學校用書》13 種及《師範學堂用書》、《高等學堂用書》、《實業學堂用書》數十種等等。

　　編譯所所編輯的教科書基本上是按照當時學制的規定，加以編寫的，但是張元濟認爲其中的學制有部份是不合時宜的。例如初等小學堂的章程中規定學童每週必須讀經 12 小時，張元濟就曾經爲文加以批評，抨擊政策的落伍。於是在商務出版的教科書就沒有編這一門學科。此外張元濟爲《高等小學中國歷史教科書》寫序文，提出自己的對歷史與教育的觀念。他認爲：

> 　　今各省設學堂，一切規制取法泰西。學科課程雖有損益，然大致無甚差異。蓋教育公理固不能背馳也。泰西普通學科，著重輿地、歷史。以吾所見英美歷史課本不下數十種，有本國史，有本洲史，有列國史，有世界史，詳略深淺，各殊其用。蓋處今日物競熾烈之世，欲求自存，不鑒於古則無以進於文明，不觀於人則無由自知其不足。雖在髫齡，不可不以此植其基也〔註38〕。

　　對於歷史的重視，則和時代的發展有密切的關係，特別是中國長久受到外國的侵略，更應該讓子子孫孫明白這一段悲慘的歲月。藉由歷史教育的方式，讓國人得以覺醒，也可以達到救國愛國的目的，這是張元濟主持編譯所後所想要達成的志向與心願。

　　民國成立之後，政治體制改變爲共和制，之前在商務工作的陸費逵曾經建議商務改變教科書的立場，但是因爲商務本身的財務發生問題，所以意見不被採納。於是他離開商務另外辦了中華書局與之競爭。所出版的《新中華教科書》強調共和觀念，得到使用者的共鳴，銷路因而不錯，反倒是商務的教科書依舊停滯不前，讓中華書局有

〔註 38〕張元濟，〈中國歷史教科書序〉，《出版史料》，第 20 期（上海：學林出版社，1990年 6 月），頁 121。

機可乘。根據中華民國教育部在民國元年公布《普通教育暫行辦法》中提到：

> 各項學堂改稱學校；各種教科書務合共合國宗旨，前清學部所頒及民
> 間通行教科書中有崇清及舊時官制、避諱、抬頭等字樣，應逐一更改，教
> 員遇書中不含共和宗旨者，可隨時刪改，並指報教育司或教育會，通知書
> 局更正。……〔註39〕。

這項規定促使商務為了符合利益及時代的需要，迅速的刪除原有書中的忠君觀念以及提倡共和，另外出版《共和國新教科書》。從這個動作可以看出商務在教科書上雖然反應不及中華書局，但是卻不甘落於人後，莊俞說：「學制既革命，我館教科書也跟著革命。」動員編譯所的編輯共同撰寫，計有高鳳謙、張元濟、沈頤等人參與〔註40〕。

教科書的出版往往為了因應學制與文化潮流而有所調整。在民國6年以來，中國的學制曾經有多次的變更，再加上新文化運動的影響而提倡白話文，讓原本的文言文教材，改寫成白話文的模式。如此對於幼童來說能夠淺顯易懂，並且有助於達到普及國民教育的目標。因此白話文教科書已是時勢所趨，文言文勢必將會自然淘汰，教育部的提倡不過是加速其早日完成罷了〔註41〕。

到了民國11年中國的學制再一次的變動。在廣州召開的第七屆全國教育會議議決學制採六三三制，經由教育部通過採行。影響所及，教科書的編排又做了一次變動。民國12年商務出版的《新學制教科書》就是依照初小、高小、初中、高中等階段分別編纂，莊俞稱此套新出版的教科書是自從《共和國新教科書》以來，第二套最完備、最進步的書，參與編輯校對的人數更是眾多，計有吳研因、莊適、沈圻、朱經農、唐鉞、王雲五等人〔註42〕。

〔註39〕《第一次中國教育年鑑》，戊編（臺北：傳記文學出版社，民國60年10月影印初版），總頁1812。

〔註40〕參與編輯的人物有：高鳳謙、張元濟、沈頤、壽孝天、駱師曾、包公毅、傅運森、莊俞、譚廉、許國英、杜亞泉、杜就田、凌昌煥、樊炳清、劉大伸、陳承澤、汪洛年、李維純、沈維楨、胡君復、徐傅霖、趙傳璧、萬錫祺。莊俞，〈談談我館編輯教科書的變遷〉，《商務印書館九十年》，頁63～64。

〔註41〕吳研因，〈清末以來我國小學教科書概觀〉，《商務印書館九十五年》，頁209。

〔註42〕參與編輯的人物計有：吳研因、莊適、沈圻、朱經農、唐鉞、王雲五、高夢旦、計志忠、丁曉先、常道直、范雲六、任鴻雋、凌昌煥、杜亞泉、駱師曾、段育華、壽孝天、熊煮高、宗亮寰、胡明復、傅彥長、李澤彰、傅運森、陳稼軒、程瀚章、顧壽白、顧頡剛、葉紹鈞、周子同、胡適、鄭貞文、周昌壽、高銛、劉海粟、蕭友梅、易韋彊、吳遁生、鄭次川、劉文典、江恆源、呂次勉、陳衡哲、趙修乾、何魯、段子受、文元模、張資平。莊俞，〈談談我館編輯教科書的變遷〉，《商務印書館九十年》，頁71。

　　到了國民政府北伐成功之後，便以三民主義作為教育的基礎，設立大學院以取代教育部負責教育的相關事項，而且一切的用書都必須經由該院的審查方能使用。為了符合政令，商務在民國 17 年出版《新時代教科書》，其中增列了三民主義的教材，分別由朱子君、李揚、鄒卓立為小學、高小、及初中程度所編。更具意義的是對於課程內容的標準上，強調在中小學課本中應該注重國恥一事愛國主義精神，對於北伐完成統一，有著正面的作用﹝註43﹞。

　　在符合學制之餘，編譯所的教科書曾經經由清代學部及民國時期教育部的審核，方能正式出版應用在教學方面。對於編譯所的教科書，清代學部審定的結果部份如下：

　　　　商務印書館經理候選道夏瑞芳呈書請審定稟批

　　　　據呈書悉查五彩精圖方字極便初學，惟附圖尚未詳備，宜即補繪，作為初等小學之用；小學唱歌教科書尚可用，惟協韻間用方音，務須速即改正；中學鉛筆習畫帖、初等小學習畫帖、初等小學毛筆習畫範本、高等小學毛筆習畫範本，次序不紊，筆畫亦雅，合用；初等小學女子國文教科書與同時出版之簡明國文教書用意大概相同，取材亦無甚殊異，惟略加女子事項數處，較之前呈由本部審定之初等小學國文教科書，稍有勝處，所臚列教材亦尚簡要合用；初等小學國文教授法第五六冊詳明可用。以上各種均准作為審定之本。此批﹝註44﹞

　　　　最新中學教科書地質學一冊

　　　　美國賴康忒著，鄞縣包光鏞丹徒張逢辰合譯。是書所言地質，關涉亞洲者甚鮮，不合吾國之用；惟記載甚詳，可作為中學參考書。﹝註45﹞

　　　　簡明中國地理教科書，簡當明晰，圖亦瞭然，並能示以警覺之意，足以啟發出學。間有錯誤，均已簽出，例言稱各課地名之詳釋，另有教授法，當與本書並行，應即呈部，統候審定﹝註46﹞。

　　　　查高等小學修身教科書臚列古聖賢嘉言懿行，洵激發兒童之志氣。而陶淑其性情，惟尚有應行增刪之處。如孔子後宜增顏曾兩大賢，孟子後宜增入莊列荀墨諸子。漢初淮陰留侯，亦宜增列；唐人宜刪去李勣，增入張

﹝註43﹞《第一次中國教育年鑑》，戊編（臺北：傳記文學出版社，民國 60 年 10 月影印初版），總頁 1818。
﹝註44﹞《學部官報》，第 71 期，光緒 34 年 10 月 11 日（臺北：國立故宮博物院，民國 69 年 5 月）。
﹝註45﹞《教育雜誌》，第 1 年第 2 期，宣統元年 2 月 25 日。
﹝註46﹞《教育雜誌》，第 2 年第 1 期，宣統 2 年 1 月。

曲江陸宣公，方較完備。其餘間有誤字，應即照簽改正，改正後准作爲高
等小學教書，附詳解四冊，疏解詳明，足資引證。其中應增改之處，亦俱
簽出改證正後，准其一體通行〔註47〕。

　　以上僅列舉清代學部對商務教科書審查的幾個例子，從中可以發現商務的教科
書並不是完全沒有錯誤或是沒有應當修正的地方，有些因爲觀念並不符合實際的情
況，所以必須作調整，就以中學地質學教科書來說，雖然評價是不適合中學生使用，
主要是因爲內容對於亞洲的介紹不多所致，故僅能成爲中學的參考書目。但是商務
教科書的編纂過程嚴謹，可以從它對民眾刊登的廣告來看：

　　敬告學界諸君

　　　　本館同人編輯教科書，按照程度悉心斟酌。每成一書必易數稿，以期
適用，惟限於學識，深恐尚多未合。務望海內同志將其謬誤之處痛加鍼砭，
並希大筆斧削，本館同同人敬當擇善而從，隨時改良，以期漸臻完美，斷
不敢稍護前短。想熱心教育者必不吝於賜教也。惠函請寄上海寶山路商務
印書館編譯所。並祈示明里居姓氏，以便往返函商，常承大教尤爲厚幸。

　　　　　　　　　　　　　　　　　　　　　　　　商務印書館編譯所〔註48〕

由此可見編譯所對教科書投注的心力是很大的，不僅是所上同仁眾志成城，還要結
合社會的力量，讓教科書更加符合民眾的需要，這是相當難能可貴的做法。

　　到了民國時代，編譯所的教科書受到教育部的審查，其結果則是相當的理想。
例如：

　　《實用主義動物學》一冊　　　　　　　　　　　　民國9年2月5日

　　　　是書譯自德國人之本，內容豐富，說明亦詳，插畫極精是爲特色。但
其中錯誤及未妥之處，尚須改正；又是書標題爲實用主義似無所證，亦可
刪除，應即修正送部覆核後，作爲中學校師範學校教科用可也，原書發還，
此批〔註49〕。

　　《師新歷史》三冊　　　　　　　　　　　　　　　民國11年2月25日

　　　　查該書編本國歷史第一二冊，宗旨持論極爲正大，足稱善本。惟該編
成書，在民國三年，對於現代近勢，相距已遠，深慮未能增進學生觀感，
應略爲擴續，再行送部審查。定袁詞隱似當於取消洪憲恢復共和之日止，
以示限斷。其第三冊外國史，亦應並同修改，再編內簽識之處，仍應逐修

〔註47〕同前註。
〔註48〕《教育雜誌》，第1年第6期，宣統元年5月。
〔註49〕《商務印書館通信錄》（上海：商務印書館，民國9年2月）。

妥為酌定。原書發還,此批〔註50〕。

《高級小學新學制商業教科書》四冊 民國14年4月28日

查該書取材簡要,頗切實用,准予審定,作高級小學商業教科用書〔註51〕。

在這些審查的結果中,所需要修改之處,多是一些小錯誤,在經過修改之後便成為學校的教科書了。以歷史教科書來說,由於其立論足以影響國民的心理,故而對歷史觀念的釐清要求很高,加上政治對於教育的干涉,往往影響觀念的標準。不過在堅持史實的情況下,如何把歷史的面貌呈現出來,則是編輯者的職責所在。同樣的,對於教科書內容的簡要、實用,則是編輯教科書的重要標準之一。延續著清末以來的傳統,一直把編輯出版教科書作為重要的工作事項,則是商務教科書最大的保證。

(二)對教育文化的影響

以出版教科書起家,正式進軍出版界的商務,在以扶助教育為宗旨的前提下,開始它對教育文化的影響。編譯所創立的年代恰好是近代中國提倡教育的時代,身為一個出版業者,編譯所以編輯出版教科書做為文化事業的開端。清末對於教育提倡的言論,可以說是不勝枚舉。特別是從光緒26年以來在各報紙、雜誌上對於這一方面的言論特別多,教育的興起指日可待。在此情形下,除了部份言論要求對於學校制度的改革外,也有很多是希望使教育普及,廣設勸學所、閱報處之類的場所。不過對於教育而言,除了制度層面的變革外,教材方面的要求亦是非常重要的,特別是清末剛剛起步的教育事業,關係著眾多學生學習的成果。

在清末對於教育問題的討論中,很多論點是圍繞在教育制度的改革與教育普及方面,這些觀點中許多觸及教科書的出版事項。例如便在《申報》提出〈論限用部編教科書有妨教育之進步〉一文。他指出當時教育雖有興起之象,然而制度尚未健全,所以入學人民僅佔全部人數的十分之二;而教育的興辦所倚恃的利器便是教科書,但是全國各地情況不同,不能一體視之,必須因地制宜,若是強迫使用部編的教科書,將會適得其反〔註52〕。另外還有文章提到今日廣設學堂,普及教育,必須注意教材的選擇,因此「學堂之精神在教科,教科之精神在乎教材。中國今日百事草創無善教材,固屬第一困難之事,然因其無善教材而遂不設法選擇,則大不可也。……不然若襲取

〔註50〕《商務印書館通信錄》(上海:商務印書館,民國11年2月)。

〔註51〕《商務印書館通信錄》(上海:商務印書館,民國14年4月)。

〔註52〕醒,〈論限用部編教科書有妨教育之進步〉,《申報》,宣統2年2月1日（1910年3月11日）。

他國所選之材料以為己用，則削足適履，多見其不合者矣〔註53〕。」

這些對教科書的討論雖然並非許多有識之士最為重視的，但是卻也是極為重要的環結，從這些論點可以瞭解教科書出版並非官方或民間書局的專利，因此多元化的選擇能夠造成競爭，對品質的提升有很大的助益；但是清末教科書出版可以說是一項新興事業，許多參與者為了省時省事，便直接將外國的教材觀點移植至中國教科書內，在國情上並不能符合需要。此外當時的報紙還提到「上海之風氣，變遷最速。科舉停擺以後，各書店爭印教科書，旋以供求過差，銷流頓滯，……〔註54〕」。從當時刊登在各種報紙上的教科書廣告中，絕大多數是出自於上海的書局，像商務、文明、南洋官書局、點石齋、中國圖書集成公司等等，由此更可以瞭解上海在教科書出版佔有相當重要的地位。由於各書店林立，一窩蜂的翻譯出版教科書，造成銷路阻塞，惡性競爭的結果，對於一些規模小，沒有組織可言的書店來說打擊甚大。

相對的商務在這股搶印教科書的浪潮中，自光緒 29 年以後，到民國成立這段期間，各學堂教科書大多數出於商務〔註55〕。陸費逵在寫給舒新城的信中亦提到：「……在光復以前（辛亥革命），最佔勢力者為商務之最新教科書、學部教科書兩種」〔註56〕。這個事實證明編譯所的教科書，禁得起競爭與考驗，所以能夠在教科書市場拔得頭籌。當時最早編輯出版教科書的是南洋官書局與文明書局；而按照學制標準正式編輯出版教科書的則是商務，經由在各省各地的門市與分館銷售至各學堂使用，受到影響的學生不在少數。就連商務在各報對《初等小學國文教科書》的廣告中亦提到，該書受到各學堂的使用，銷售量達十多萬冊；包天笑亦指出，當時商務所出版的教科書中，最注重的便是國文教書〔註57〕。所以該書一再的改版以應社會所需，這也是對商務教科書肯定的一個例證。

對於教科書的評價，許多幼年讀過商務教科書的人都留下深刻的印象，例如于卓提到民國 4 年就讀小學時，所使用的國文教科書就是商務印行的共和國教科書，其內容符合由近及遠、由淺入深、由具體到抽象的準則，年代雖已久遠，但是依舊記憶猶新〔註58〕。法學家管歐回憶在年少時，便因學校所使用的教科書多半是由商

〔註53〕〈敬告天津學務諸公〉，《大公報》，光緒 31 年 4 月 20 日（1905 年 5 月 23 日）。

〔註54〕《申報》，宣統元年 11 月 4 日。

〔註55〕《第一次中國教育年鑑》，戊編（臺北：傳記文學出版社，民國 60 年 10 月影印初版），總頁 1805。

〔註56〕陸費逵，〈論中國教科書史〉，《中國近代出版史料》，初編（北京：中華書局，1957年）。

〔註57〕包天笑，《釧影樓回憶錄》，中冊，頁 462～462。

〔註58〕于卓，〈我和商務印書館〉，《商務印書館九十年》，頁 448。

務所出版的，因而對王雲五產生景仰之心〔註59〕；又如袁翰青所言，青少年時期便
和商務有了關係，這是建立在教科書上，從小學國文科教科書的人、手、刀、足內
容，到中學時的物理化學教科書，都是由編譯所編輯出版的，而中學的英文讀本是
由周越然所編的《模範英語讀本》在當時是相當出名的，對於當時青年起過一定的
作用〔註60〕。周谷城亦提到凡是具有一些現代化常識的人，大多得力於商務，而他
少年在長沙就讀中學時，只要是教科書，「無一不是商務印書館編的或譯的」〔註61〕。
陳翰笙則說青年求學時就是接受商務的書籍，開始啓蒙教育的〔註62〕。像這樣的經
歷，對於年紀較商務館齡相近或是稍長的知識份子，都能夠感同身受。

　　除了一般的教科書外，《修身課本》的編輯則是富有社會意義，這類課本基本
上類似現今小學的《生活與倫理》及國中、高中時的《公民》課本，對於國民道德
的培養具有潛移默化的作用。另外商務本身所設立圖書館、試驗學校以及各種講習
所，在編輯上有豐富的資料來源，同時又讓教科書能有實際的使用經驗，瞭解其優
劣得失，以期符合眞正教學所需。而各科的小學教科書都會有一本相互對應的教學
參考書，專供教師參考使用，讓教學更爲靈活〔註63〕。沈百英本身就參與過教科書
編寫的工作，他說商務鑒於小學教科書的銷售數量龐大，因此很重視各界的批評意
見，還在報刊上刊登廣告接受各方建議，不論內容多寡，一概致贈現金或者書劵致
謝〔註64〕。這些都是編譯所在教科書的出版工作上所做的種種努力。

　　不論是相關人物的印象，或是報紙、刊物的報導，都對編譯所出版的教科書有
很高的評價，但這並不代表它是完美無缺的，特別是在清末教科書的良莠不齊，雖
然商務獨佔鰲頭，仍然有許多的言論針對當時各種教科書提出改革的言論；而民國
時代胡適曾經來到編譯所考察，就語重心長的對編譯所中學教科書提出批評，指出
內容有許多太壞的〔註65〕，所以教科書內容無論在因應學術風氣的改變，或是配合
學制的變革者，都有很大的改革空間。從清末以來，中國整體的教育環境，可說是
百廢待興，教科書是其中的一個環結，它的重要性對於教育制度改良或是提倡女學、

〔註59〕管歐，〈我所敬佩的王岫盧先生〉，《我所認識的王雲五先生》（臺北：臺灣商務印書館，
　　　　民國65年4月二版），頁25。
〔註60〕袁翰青，〈我與商務印書館〉，《商務印書館九十年》，頁430～431。
〔註61〕周谷城，〈商務印書館與中國的現代化〉，《商務印書館九十年》，頁415。
〔註62〕陳翰笙，〈商務印書館與我同齡〉，《商務印書館九十年》，頁363～364。
〔註63〕董滌塵，〈我在商務印書館編譯所工作時期的片斷回憶〉，《商務印書館館史資料》，第
　　　　33期，頁8～9。
〔註64〕沈百英，〈我與商務印書館〉，《商務印書館館史資料》，第4期（北京：商務印書館，
　　　　1980年12月），頁3。
〔註65〕《胡適的日記》，民國10年7月27日。

普及教育等意見來說，通常並非排在首位。但是卻不能因此忽略教科書的影響力，特別是在教育並不普及的中國社會。王雲五曾經提到由熊朱其慧、陶知行在民國12年發起的南京平民教育促進會，所設立的平民學校有126所之多，其使用的平民千字課本就是由商務出版的〔註66〕。若是沒有良好的課本供民眾使用，不但對學校教育是一項打擊，對於一般的平民教育更是有負面的作用。由此可見編譯所的教科書在質量上能夠保持一定的水準，依舊受到許多學校的青睞。

當然，在教科書市場的演變過程中，商務並非一直獨領風騷的，它先後受到許多家局新成立書局的挑戰，從民國初年的中華書局，到民國13年時的世界書局，改變了民國以來由商務、中華兩家壟斷的局面，並且佔有一席之地。這樣的改變讓教科書的內容不斷的革新，也形成一種良性的互動。曾經有人對民國19年上海市市立小學各年級的教科用書作了調查統計，如表4-6所示。

表4-6：民國19年上海市市立小學教科用書統計

	商　務	中　華	世　界	國　民	總　計
國　語	304	143	283	113	843
算　術	140	194	187	148	669
常　識	178	65	198	86	527
自　然	69	32	78	47	256
衛　生	36	10	21	5	72
公　民	20	26	13	7	66
社　會	46	16	34	13	109
歷　史	43	28	33	7	111
地　理	45	32	27	7	111
合　計	881	546	874	433	2734
百分比	32.2%	20%	32%	15.89%	100%

資料來源：施翀鵬，〈市校教科用書統計〉，《上海教育》，第12期，（上海：上海特別市教育局，民國19年）。轉引自朱聯保，〈關於世界書局的回憶〉，《出版史料》，總8期，（上海：學林出版社，1987年5月），頁52

在上表中，可以看出商務的教科書在民國時代，已非具有獨佔的特性，這對商務來說未必是不好的訊息。一方面商務的重心已經轉移至各類圖書的出版，另一方面教科書的發展已經成為多元化的局面，各家書局良性競爭的結果對於教育的發展亦有正面的影響。所以說編譯所在教科書的發展過程中一直具有舉足輕重的地位。

〔註66〕王雲五，《商務印書館與新教育年譜》，頁136。

二、雜誌的出版

雜誌由於它的多元特性，種類千變萬化。不同性質的雜誌可以吸引不同層面的人閱讀，讓社會大眾都能廣為接受。從光緒 29 年以來，編譯所創辦了各種種類的雜誌，至少有 27 種以上（詳見表三），範圍包括了文學、法律、政治、自然科學、教育、兒童、婦女、小說、語文等等，這還不包括它所代理發行的雜誌、期刊。在組織大綱中便規定雜誌的內容，必須編譯、搜羅相當文稿，以滿足社會大眾的求知慾望，這也就是《東方雜誌》、《教育雜誌》、《婦女雜誌》等能夠受到重視的緣故。

以《東方雜誌》與《教育雜誌》這兩份創刊已久的刊物來看，它們的內容與性質對於知識文化有哪些的作用呢？首先是《東方雜誌》，它創刊的宗旨是「啟導國民，聯絡東亞〔註 67〕」，雖然只是侷限於東亞地區，可是隨著時間的演進，它所討論的範圍與內容則是更加的廣泛，已經著眼於世界的觀點。該雜誌在編譯所期間（民國 21 年 2 月以前）總共出版了 29 卷，479 期，其中包括增刊的一期；型態上它最初是月刊，到了民國 9 年改為半月刊〔註 68〕。

《東方雜誌》的型態上是仿效國外報刊的體裁，內容可以說包羅萬象。除了外來投稿言論，其它如朝政大事：諭旨、內務、軍事、外交、財政、實業、交通、商務，國際事務、小說、雜類等等都是重要的內容。如果與當時《申報》或者《大公報》的體例對照，就會發現《東方雜誌》與報紙它們很相似，也說明著這份雜誌帶有報紙的特性，不過在時效上略嫌稍慢些。早年由於《教育雜誌》尚未創刊，所以《東方雜誌》就負擔起這方面言論的工作，對於提倡教育普及、教育制度改革不遺餘力。這也是為何《東方雜誌》的內容往往觸類旁通，範圍甚廣之故，除了教育改革的言論外，像日後增加的婦女問題、宗教問題、藝術專題、科學專號（如介紹愛因斯坦）、社會科學學說討論等，都是這份刊物所討論的問題。

在對《東方雜誌》歷任主編之一杜亞泉的介紹當中，便提到：

> ……當時中國雜誌界還是十分幼稚，普通刊物，都以論述政治、法令、兼載文藝、詩詞為限。先生主編東方後，改為大本，增加插圖。並從西文雜誌報章，擷取材料。凡世界最新政治、經濟、社會變象，學術思想潮流，無不在東方譯述介紹。而對於國際時事，論述更力求詳備。對當時兩次巴爾幹戰爭和一九一四年的世界大戰，在先生所主編的東方雜誌，都有最確實迅速的評述，為當時任何定期刊物所不及。東方雜誌後來對國際問題的

〔註 67〕《東方雜誌》，第 1 期，簡要章程（上海：商務印書館，光緒 30 年 1 月）。

〔註 68〕黃亮吉，《東方雜誌之刊行及其影響之研究》（臺北：商務印書館，民國 58 年月），頁 25。

　　介紹分析，有相當的貢獻，大半出於先生創建之功〔註69〕。
其實《東方雜誌》對於社會的功能，在於它能夠介紹新知、時事評論，使得國民從
中國的框框跳脫至東亞，躍進到世界的潮流中。以中日的問題來看，清末日俄戰爭
發生之際，該刊物的立場是「聯日制俄，自立自強」，以日本為例，對於國民的心理
有提振的作用，進而成為一股輿論力量，使得朝野共同為中國的前途而努力〔註70〕。
在清末立憲運動的看法上，《東方雜誌》咸認從改革官制與強迫教育著手，宣傳立憲
的觀念，使人民有立憲的知識、政治的經驗，再去談憲政的改革〔註71〕。不但反映
了民意的方向，也對中國改革過程中起了相當大的作用。民國以來，雜誌的視野超
越亞洲，進入了世界。廣大的讀者經由歐美局勢的演變，對於中國在國際的角色有
了瞭解。其它像是民國時代的中日關係、政局的轉變，或是風氣的改變，都可以從
雜誌中加以瞭解，可見《東方雜誌》在民初的雜誌中為佼佼者。

　　當然對《東方雜誌》的評價中，也不乏批判的聲音。以羅家倫對該雜誌的評價
來說，他認為《東方雜誌》的缺失，在於「雜亂」。所謂雜亂，蓋指其內容而言，「忽
而工業、忽而政論、忽而農商、忽而論學，真是五花八門，無奇不有〔註72〕。」從
創刊以來到宣統3年這段期間的《東方雜誌》，性質上是屬於資料性的，內容來源是
以官方的資料、時事匯錄、各報摘要為主。但是宣統3年以後為了增加雜誌的可讀
性，以期吸引更多的讀者，則變成「學術性」濃厚的「雜」誌了。羅家倫所批評的，
便是針對它的方向不夠明確，內容不夠專業，失去帶領民眾認識世界的目標，與其
最初的宗旨漸行漸遠。而在《東方雜誌》的研究中，有人提出它的幾個特點，一是
具有專業性，一是具有新聞性，一是具有知識性〔註73〕。這些特點讓民眾在閱讀報
紙之餘，有了另一種選擇；而它長期對時事的報導，並且兼有評論的功能，讓研究
清末以來中國各方面的演進發展，提供豐富的資料。

　　至於《教育雜誌》部份，從其字面的意義來看，這是一份與教育有密切關聯的
雜誌，實際上它的宗旨正是為了「研究教育，改良學務」〔註74〕。內容上則分成20
個類別，有新聞性的消息：教育方面的照片與圖畫、法令、章程、文牘、學校統計

〔註69〕〈杜亞泉先生事略〉，《東方雜誌》，31卷1期（上海：商務印書館，民國23年1月）。
〔註70〕黃良吉，《東方雜誌之刊行及其影響之研究》，頁31～37。
〔註71〕見《東方雜誌》，2卷11期社說，〈中國未立憲以前當以法律遍教國民論〉；2卷12
　　　　期社說，〈論立憲與教育之關係〉；3卷9期社說，〈論立憲預備之最要〉等文。
〔註72〕羅家倫，〈今日中國的雜誌界〉，原載於《新潮》第一卷第四號，現收於張靜廬輯註，
　　　　《中國現代出版史料》甲編（北京：中華書局，1954年12月上海初版），頁81～82。
〔註73〕黃良吉，《東方雜誌之刊行及其影響之研究》，頁144～152。
〔註74〕《教育雜誌》，第1年第1期，宣統元年1月25日。

報告、人物介紹等；評論性的文章：教育制度的興革、社會對教育改革的意見；資料的介紹：教學內容、新書、名家著述。總計在編譯所出版的期間，《教育雜誌》共出版了 23 卷，277 期。

在《教育雜誌》中的文章，並非侷限在教育方面，它的內容包羅萬象，涵蓋各種領域的學科，不過這些文章都是和「教育」有關。根據商務的分類方式，《教育雜誌》除了教育專門的文章外，其它各類與教育有關的文章統計如表 4-7 所示。

表 4-7：《教育雜誌》登載文章分類表

類　　別	文　章　篇　數
總　　類	143
語　　文	112
史　　地	82
文　　學	30
宗　　教	0
哲　　學	105
自然科學	67
應用科學	44
美　　術	57

以上統計數目，不包括漫畫、圖畫、照片，有續篇的文章視為一篇。
資料來源：《教育雜誌》

其實在各類文章中，教育類的文章佔了絕大多數，其它各類的文章性質與內容都是有關各類學科的教學方式及教材的研究，所以在整體來看，它是一份內容明確的刊物。在前面曾經提到清末教育制度改革的興論很多，而《教育雜誌》可以說提供這方面言論一個發表的場所。商務發行這份刊物的目的，正是為了對教育發展提供一份力量，從這份雜誌可以讓人們瞭解，清末民初教育環境的變革情形。

《教育雜誌》在民國初年新文化運動的潮流中，也曾經配合時代的趨勢出版過一期的「德謨克拉西號」，時間是民國 8 年 9 月，第 11 卷第 9 號。新文化運動的口號是追求民主與科學，也就是德先生與賽先生；這一期的「德謨克拉西號」所介紹的是民主主義應用在教育理論上，對於教育體制改革所作的討論。這是一種極為新穎的觀念，把社會科學與教育結合，不失為一種先進的社會教育。

　　不過羅家倫對《教育雜誌》有所批評，認為它過於市儈。也就是說刊物的內容過於空洞，理論大於一切；著重的在於銷售數字，實際上卻一點用處都沒有。他更指出該刊物的一位作者賈豐臻，專門說空話，言詞華麗，卻未切中要害，不著邊際，這種人還是師範學校的校長，教育怎能革新，怎能趕上時代的潮流呢？說難聽一點，祇不過是唱高調、賺取稿費罷了〔註75〕。在民國 8–9 年時這位賈校長在《教育雜誌》上經常發表文章，對教育提出許多建議，但多為泛泛之談；而實際上此時的《教育雜誌》面對的瓶頸正是如何突破只談理論，而缺乏具體解決之道的窘境。不過從日後的內容上可以發現，《教育雜誌》的內容較為實際樸實，甚至對時下教育也都能提出批評。其中以雜誌中所刊載豐子愷執筆的漫畫為例，其筆觸多能針砭時政，極具諷刺意味，在教育方面扮演著監察時事與民眾層面的角色。

　　社會輿論對於雜誌的批評與改革，使得編輯的方向與內容都有所進展，包括主編撤換到言論立場開放，但是並不代表改革就是如此順利。茅盾便提到《小說月報》改變風格的甘苦，面對的內憂外患。所謂內憂，當指館內保守人士的態度；外患則是指當時文壇的流派之一「禮拜六派」（或稱「鴛鴦蝴蝶派」）。前任主編王蓴農曾對茅盾提到他對新舊文學並無預設立場，順應時代潮流是必要的；但是《小說月報》已為「星期六派」所盤據，所以不敢任意改革，即使有冶新舊於一爐的想法，實際效果依舊不彰，印刷數量僅 2,000 本，實際銷售情形更是不用說了。民國 9 年 11 月，高夢旦與茅盾會談，告知王蓴農辭職，《小說月報》、《婦女雜誌》將撤換主編，分別由他及章錫琛接手〔註76〕。茅盾與鄭振鐸、冰心等人組成「文學研究會」，簡章中提到「本會以研究介紹世界文字、整理中國舊文字、創造新文字為宗旨」，並負起《小說月報》振衰起弊的大任〔註77〕。雖然《小說月報》的銷路急速上昇，但終究不敵商務當局頑固派的強硬立場以及干涉雜誌的編輯工作，茅盾最後只有選擇離開已經待了 9 年之久的商務，以表達他對保守的失望及堅持改革的立場。

　　同樣的情況，亦發生在由章錫琛接手的《婦女雜誌》。當時新思潮運動極盛，婦女問題亦列入討論，所以讀者大為增加，由二、三千人增加到一萬多人。章錫琛回憶當時的情形，有興奮、也有遺憾。因為一群志同道合的朋友對於婦女問題產生興趣，彼此發表意見，評論社會及個人。除了《婦女雜誌》外，他和周建人等在館

〔註75〕羅家倫，〈今日中國的雜誌界〉，《中國現代出版史料》甲編（北京：中華書局，1954年 12 月初版），頁 81～82。

〔註76〕茅盾，《我走過的道路》，上冊，頁 145。

〔註77〕文學研究會的發起人，列名者計有周作人、朱希祖、耿濟之、鄭振鐸、瞿世英、王統照、沈雁冰、蔣百里、葉紹鈞、郭紹虞、孫伏園、許地山。其中不少亦是商務編譯所的職員。見《現代中國出版史料》，〈文學研究會簡章〉，頁 175～177。

外另行編輯《現代婦女》、《婦女周報》的刊物，風氣之盛，蔚爲一時。當然，在《婦女雜誌》上發表超越當局尺度的文章，結果是受到警告。對章錫琛這些追求學術自由、言論自由、思想解放的人而言，尤其無法忍受商務當局檢查稿件、干涉編輯的作法，只有提出辭呈了〔註78〕。

　　雜誌風格與內容的轉變，對商務而言，成效在於提升銷售業績；對致力於改革的學者來說，求新求變、與時俱進、對社會有所貢獻，才是他們所關心的焦點。正因爲著眼點的不同，所以在許多當時任職商務，擔任編輯工作的人來說，他們對商務的作法是感到相當的反感，評價也不高，特別是王雲五擔任編譯所所長以來的作風，認爲館方干涉編輯工作，失去自主性，並且在保守勢力的把持之下，館務只會退步，而不會有任何進展。章錫琛、茅盾、胡愈之等人均有同感，但是是否王雲五上任以後的編譯所，甚至商務整個運作便每況愈下？答案並非肯定的，只是當初王雲五信誓旦旦的向他們保證絕對不會干涉主編的自主權，到了後來卻違背承諾，干涉編輯事務這個不可抹滅的事實，讓他們覺得改革的壓力是如此沉重。

　　改革雖然並非順利，但是雜誌的影響力卻是不可抹滅的事實。一位讀者回憶幼年時代開始閱讀《東方雜誌》的愉悅，因爲它的內容刊載著國家及國際時事的訊息，讓讀者能夠仔細的咀嚼，並且有助於瞭解時事，對於資訊不如今日暢通的當時，這份雜誌所帶給民眾的，可謂相當的寶貴〔註79〕。謝菊曾，長大後在編譯所內工作，他也曾是商務的小讀者，據他的回憶，在年少之時便把《少年雜誌》當作課餘休閒時的良伴，從中學習寫作，並且還參加徵文投稿，有不錯的成績〔註80〕；費孝通亦提到當時閱讀《少年雜誌》，對他的寫作生涯的開啓，有極大的助益〔註81〕；沈鳳威則說《兒童畫報》中都是些有趣的內容，解說的文字對孩子來說是淺顯易懂的，讓孩子們對書本產生了興趣，成了美好的回憶〔註82〕。其它還有許多知識份子對童年有著類似的回憶，更是不勝枚舉。而這些對於雜誌的印象，讓人們對它的功用與貢獻有更進一步的瞭解，也對編譯所在社會教育方面的功能有所肯定。

三、小　結

〔註78〕章錫琛，〈從學校到進入商務編譯所〉，《商務印書館九十五年》，頁101～102。

〔註79〕王鐵崖，〈商務印書館對中國文化教育的貢獻〉《商務印書館九十年》，頁420。

〔註80〕謝菊曾，〈商務編譯所與我的習作生活〉，《商務印書館九十五年》，頁130～131。

〔註81〕費孝通，〈憶《少年》祝商務壽〉，收錄在《商務印書館九十年》，頁375～377。

〔註82〕沈鳳威，〈從《兒童畫報》到《四部叢刊》──一些美好的回憶〉，《商務印書館館史資料》，第7期（北京：商務印書館，1981年3月），頁18～19。

　　經由前面的介紹，得知教科書、雜誌、一般圖書等對教育文化方面都有深遠的影響。首先是教科書部份，編譯所編輯的教科書在教育輔助方面，能夠符合時代的需要，這不單是領導者的雄才大略，也是所有同仁齊心努力的結果。其出版過程分工精細，從規劃、編譯、審查、修訂到發排，都必須經過詳細的討論，方能定案。會議以圓桌的方式召開，人人平等，意見同樣受到重視〔註83〕。其中蔣維喬與高夢旦二人在編輯過程中曾經為了「釜」、「鼎」之異同而有激烈的討論，不過當一切誤會解開，瞭解此二字實為一義，不禁撫掌大笑，這段插曲時常為人所津津樂道〔註84〕。

　　商務教科書的成功，反映在銷售數字方面正如蔣維喬所提到「盛行十餘年，行銷至數百萬冊」，這一點從它在報紙上刊登的初等小學國文教科書的廣告可以得到驗證。根據瞭解，自光緒29年以後到民國初年商務的教科書廣為各學堂所採用，可以說整個市場為商務所獨佔〔註85〕。而光緒32年學部首次審定初等小學教科書，各界提供審定的共有102冊，其中商務就佔了54冊，比例上將近總數的64％。另外清末幾年間的學堂學生人數如表4-8所示。

表4-8：清末民初學生總人數表

年　　代	學　生　總　數
光緒33年（1907）	1,024,988
光緒34年（1908）	1,300,739
宣統元年（1909）	1,626,720
民國元年（1912）	2,776,373

資料來源：《第一次中國教育年鑑》，戊編，教育雜錄。

　　由此來看，至少有百萬人以上受到商務教科書的影響，並且經由各地的商務門市銷售，受惠者眾多。在文化層面的意義便是學校教育的興盛使得求知慾大為增加，還有口語相傳的方式，對於教育普及的提升有很大的影響。

　　由於清末教科書在數量上已經呈現供過於求的現象，這反映出商人追求利益的心態，只知欲從中獲取暴利，卻不知善加利用資源，以期對於出版編輯的質量盡善盡美。相對的商務教科書在品質上力求完善，所以能夠維持不錯的銷售量，使用率也明顯較其它書局為高，這正是商務教科書成功之處。

〔註83〕蔣維喬，〈編輯小學教科書之回憶（1897～1905）〉，《商務印書館九十年》，頁57。
〔註84〕同前註，頁61。
〔註85〕《第一次中國教育年鑑》，戊編，總頁1805。

　　其次，在雜誌方面，所出版的各類雜誌從最初的綜合性刊物，進步到各專門學科的雜誌，這正是編譯所成功之處，不但對各類知識都能觸類旁通，閱讀的對象也遍及各種年齡層。對於商務的雜誌，輿論也有負面的評價，其中以羅家倫的言論最為直接，最為深刻。民國 8 年的五四運動影響全國，無論是西學的引進，各種學說在中國流行，或者是對原有的中國文化加以檢討，對於商務而言，特別是主持編輯大任的雜誌主編，有著不小的衝擊。北京大學及北京高等師範學校被譽為中國近世文藝復興的策源地〔註86〕。特別是北京大學的教授與學生在新文化運動時，對於一些守舊傳統的雜誌、書籍，大加撻伐。羅家倫在《新潮》雜誌上發表〈今日中國的雜誌界〉一文，便對商務所發行的各種雜誌，毫不客氣的加以批評：雜亂無章、守舊、市儈，都是針對其缺失所提出需要改進之處。

　　其實羅家倫的最終目的，是希望出版者能夠負起社會責任，並非以商業掛帥，不知變通，墨守成規。周策縱在《五四運動史》一書中曾經寫道，孫中山在民國 9 年初曾指責商務是一家反動的機構，壟斷了中國的出版事業，主要是它創立多年的期刊均是由保皇黨的殘餘份子控制著〔註87〕。這項指控是因為商務不願出版他的著作所產生的恩怨，他說「在中國的各家印刷所中，僅有商務印書館是舉足輕重的，但該館完全實行壟斷，出版作品帶有君主政體和保守主義的傾向」〔註88〕。從孫中山的描述中透露出商務的某些刊物是應該有所調整了，因為保守守舊，將跟不上時代的腳步。羅家倫之為何會挑商務所出版的雜誌來批評，一方面是當時中國的雜誌普遍的積習如此；另一方面則是商務在中國的出版界規模龐大，市場占有極大的比例，因而希望藉由批評能夠讓商務產生帶頭改進的作用。學術潮流加上輿論壓力，讓商務當局逐漸有所回應。胡愈之便毫不諱言的提到新文化運動時期的商務，是相當的保守，一切的刊物、雜誌，仍是以文言文行文出版〔註89〕。當然也有些編輯是提倡白話文的，並且得到所上的鼓勵，但是受到館內保守派，亦為當權派的反對，只好以筆名投稿，以免麻煩。

　　此外，商務本身還曾創辦師範講習所、商業補習學校、函授學校、尚公小學、養眞幼稚園等不同類別的機構。時間雖然並不長，但是這些機構在功能上有著輔助編譯的作用，而另一方面也提供社會各界學習的機會，讓社會教育更為普及，提升

〔註86〕金兆梓，〈何炳松傳〉，《商務印書館九十五年》，頁 251。
〔註87〕楊默夫譯，周策縱著，《五四運動史》（臺北：龍田出版社，民國 69 年 5 月初版），頁 287。
〔註88〕孫文，〈為擬設英文雜誌印刷機關致海外同志書〉，《國父全書》，民國 9 年 1 月 29 日（臺北：國防研究院，民國 55 年 1 月臺三版），頁 779。
〔註89〕胡愈之，〈回憶商務印書館〉，《商務印書館九十五年》，頁 123～124。

國民的知識水準。

第五章 結 論

　　商務印書館成立至今，已經有一百年的歷史了。這一路走來，歷經中國近現代史在政治、社會、經濟、文化各方面的轉變，依舊屹立不搖。如今的商務印書館，雖然已經不是最初的商務印書館，而是有著兩岸三地的區別，但是它們在出版文化方面的使命卻始終未變。在中國大陸的「上海商務印書館」已經為「北京商務印書館」所取代，原本在上海的商務印書館總館不復存在，僅存一個發行所；至於北京商務印書館則座落在王府井大街上，和它昔日的競爭對手中華書局在同一棟大樓辦公。

　　臺灣的臺灣商務印書館則是在中日戰爭結束後才設立的，初為分館，但是中國政局的轉變，民國 39 年 10 月在政令的規定下，商務印書館臺灣分館搖身一變成為臺灣商務印書館，和中國大陸的北京商務印書館互別瞄頭。至於香港地區的商務印書館則早在民國 3 年就設立了，當初為一分館，不過因為腹地狹小，所出版的中小學教科書以供應香港地區及南洋地區為主〔註1〕。

　　在前面各章節中，對於商務的發展及編譯所創立的過程都加以介紹，尤其是編譯所的發展與影響是本文所著重的焦點。以編譯所作為研究的對象，目的在於從它的宗旨為目標，瞭解它對整個社會、教育、文化的貢獻與角色的扮演。特別是編譯所時期的商務，無論在書籍的出版，或者營業額的累積，都是中國出版界之首。它的成功決不是偶然的，從高翰卿、張元濟為編譯所的設立開始，就可以預期到它的發展。特別是創立之初「吾輩當以扶助教育為己任」的雄心壯志，讓編譯所在教育的發展中佔有一席之地，編譯所出版的教科書為人所津津樂道，證明他們把教育當成畢生的職志，這也是以張元濟為首的編譯所全體同仁共同之心願。

〔註 1〕李祖澤、陳萬雄，〈八十年代香港商務印書館〉，《商務印書館九十五年》，頁 521。

　　編譯所在朝向多元化的發展中，它的組織不斷為因應時代需要而做調整，同時為扶助教育開啓了另一個方向，它並不以出版教科書為主，而是出版各種學門的雜誌，從適合幼童閱讀的刊物到專門性質的科學雜誌，都是針對不同需求的讀者所設計的；此外，翻譯、出版各類的書籍、工具書，並且製造文具、教學器材也讓商務呈現活潑的一面，而並非只有出版教科書。以出版各類圖書來說，它所要的人才是相當的多，如何能夠把他們聚集起來，也就是突顯出編譯所的一個特點了。在對人才的聘用上，從文章中可以發現它的幾個途徑，同時也讓我們知道除了編制之內的編輯外，還有為數不少的館外特約編輯。他們的名字或許無法完全知道，但是這一切的努力都是為了把知識傳佈給一般的讀者，成為啓蒙民智的重要方式。

　　總結本文，在第二章中對於上海的環境背景與商務的創立發展做了一番敘述，因為上海在清末以來位居中國的領導地位，所以在各行各業的發展中都相當繁榮。商務的創立受到外國的刺激而廣為發展，而它成為出版文化事業則是和中國新式教育發展有密切的關聯。早期的發展中，商務和時局的轉變也是密切相關，無論是文化、社會、或是政治，甚至是在同業之間亦然，僅舉幾個例子敘述。

　　第三章中所談的是編譯所的創立與組織。這個部份所要討論的是編譯所作為商務的核心，是如何組織，如何運作，如何發揮它的功效。編譯所在商務的歷史中佔有重要的一頁，無論是出版的數量或質量，都是國內出版界的佼佼者，它的成功經驗帶動中國出版事業的勃興，足以為各界參考。

　　第四章中所要討論的是編譯所和教育文化的關係。分成三個部份來看，主要是針對它在教育文化的貢獻、人才的培養、多元的出版內容來做討論。整體來說，編譯所對中國教育、社會的發展並不能僅以數字來說明，更應從當時人物的回憶、報紙的報導來看，方能有完整的瞭解。編譯所的貢獻並不應為商務遭受日軍轟炸，而就此終結，反倒是越挫越勇，從斷垣瓦礫中重新站起，商務的復興正可以代表一切，它在抗戰前夕再度成為全國出版界的龍頭。

　　編譯所雖然在日軍對上海發動一二八事件而取消，但是這並非代表商務的終結，反而是另一段新的開始，編譯所可以說完成了它的時代任務而功成身退。因此對於商務的歷史地位，早年曾經在商務擔任學徒及工人的中共前國務院副總理陳雲（原名廖陳雲），在商務成立 85 週年紀念時題詞，他說：

　　　　應該說商務印書館在解放前是中國的一個很重要的文化教育事業單

　　位〔註 2〕。

〔註 2〕《商務印書館九十年》，前言。

　　此一說法說明著商務除了商業性質之外，還具備的教育文化特質。而商務之所以被譽爲重要的文化教育事業單位，正是因爲編譯所所作的所有努力與成果，充份反映在教育文化方面。由於編譯所的設立，所以使得商務從單純的印刷業晉升爲出版業；再由編譯所的組織、出版內容與出版精神來看，更加可以知道商務除了營利之外，亦將教育文化、知識傳播視爲重要的目標。由於中國近代以來出版事業的蓬勃發展，各種書店興起，出版的書籍種類眾多，帶動了國人求知的風氣。中國的出版業在清末民初以來，能夠有這樣的表現，商務可以說是最佳的代表。它不但成爲文化教育事業，並且它的措施具有帶頭與示範的作用，所以它被譽爲中國近現代以來最重要的教育文化機構，實在是當之無愧。

　　編譯所的設立讓商務成爲出版界的領導者，而這一切都要歸功於人事的努力，才會有如此的成果。特別是以張元濟、高夢旦、王雲五爲主的編譯所，在他們的領導下，整個所上能夠發揮團隊精神，不但是爲商務的業績創造佳績，並且也讓編譯所在知識與文化的保存、傳播與發揚中盡了最大的力量。包括了中國古籍的保存與印行，或者是西方新式學說的譯介；張元濟人等爲了保存文化，除了購買流落各地的善本書外，還不計成本的出版古籍；並不會爲了獲利，就出版一些低俗淫穢的書刊，滿足中下階層的品味。所以編譯所在文化教育的成就是各種方面的，不但維持知識份子所應具備的道德立場，並且讓編譯所在歷史中留下了輝煌的一頁。

　　在這段過程中，商務編譯所與政治的關係，並非有直接的接觸，反而是編譯所爲了符合政治局勢的轉變，有所取捨。像是在民國初年時，北洋政府爲了頌揚袁世凱而經由管道，要求各家書店將教科書的內容加入這方面的言論，當時商務主張拒絕要求，並且與中華書局聯合抵制﹝註3﹞。而爲了因應民國16年以來政局的轉變，商務則出版有關宣揚三民主義的教科書；其它諸如因應學制所作的改變，亦是它在政治的一種順應的態度。總之，編譯所與政治的關聯性遠不如它在教育文化中的重要性。

　　中國近現代出版史中，有五大書局之稱，包括商務、中華、世界、大東、開明等，都是在教科書的出版中佔有相當的份量。而商務更是被譽爲世界三大出版業之一﹝註4﹞。雖然隨著年代的演進，有沒落，有凋零，也有重新出發，但是整個出版的型態都已經改變了。如同本文所討論的商務，在一切燦爛的日子歸於平淡之際，所要思考的是如何重新發展，而不是一昧的沉溺於過去輝煌的歲月。尤其是中國出版界的發展較當初已有一日千里之勢，電子產品的興起，成爲另一種出版的主流；

﹝註3﹞張樹年，《張元濟年譜》，頁117～118。
﹝註4﹞張連生，〈追隨雲五先生十一年〉，《我所認識的王雲五先生》（臺北：臺灣商務印書館，民國65年4月二版），頁140。

而如何在傳統的出版方向中結合現代的出版模式，的確是今天的商務所必須要迎頭趕上的當務之急。日前報紙報導一則消息，說北京商務併購北京地區的電子書市場，這對向來充滿傳統色彩的商務是一大突破，相對的臺灣商務該何去何從，如何突破現今發展的格局，更是值得發人省思。

附錄一：

商務印書館編譯所組織大綱

第一條　所長主持全所事務。

第二條　本所爲處理編譯事項。設總編譯處，及 1.國文 2.英文 3.史地 4.哲學教育 5.法制經濟 6.數學 7.博物生理 8.物理化學 9.雜纂九部，及委員會、雜誌社、函授社無定數。

第三條　本所爲便利編譯事項，設事務部及出版部。

第四條　本所爲輔助編譯事項，設圖書館試驗學校及各種講習所。

第五條　總編譯處之職掌如左：

　　　　甲　聯絡各編譯部各委員會雜誌社函授社編譯事項。

　　　　乙　審核各編譯部各委員會雜誌社函授社編譯事項。

　　　　丙　規劃全所進行事項。

　　　　丁　處理外來稿件。

　　　　戊　監督圖書館及其他附屬機關。

第六條　總編譯處以所長事務部出版部部長各編譯部部長及專任編譯員若干人組織之。

第七條　除事務出版雜纂三部別有規定外，各部之職掌如左：

　　　　甲　關於主管教科書及其他書籍之規劃事項。

　　　　乙　關於主管教科書及其他書籍之編譯事項。

　　　　丙　關於主管教科書及其他書籍之審查事項。

　　　　丁　關於主管教科書及其他書籍之修訂事項。

　　　　戊　關於主管教科書及其他書籍之發排事項。

第八條　雜纂部之職掌，在規劃編譯不屬於其他各部主管之書籍。

第九條　事務部辦理會計文牘統計雜務及圖案繕寫校對。事項分設 1.文牘 2.會計 3.統計 4.輿圖 5.圖劃 6.圖版 7.美術 8.書繕 9.校對 10.雜務十股。

第十條　出版部辦理發稿定價折扣及廣告各事宜。分設 1.出版 2.廣告二股。

第十一條　除事務部出版部外，各部以部長一人編譯員若干人組織之。

第十二條　事務部出版部各以部長一人事務員若干人組織之。

第十三條　各委員會設置之原則，在聯合各部學識相當之人員，以處理非一部所能辦之事。

第十四條　各委員會委員以各部編譯員兼任為原則，但遇必要時，得酌置專任編譯員若干人。

第十五條　各委員會依其性質或設主任一人，主持編譯事項或設幹事一人，擔任接洽事項。

第十六條　各委員會除常設者外，於其所事完畢時解散之。

第十七條　各雜誌社之職掌，在編譯搜羅相當文稿按期發刊雜誌。

第十八條　各雜誌社以主任一人，編譯員若干人組織之。

第十九條　各函授社之職掌，在編印講義校改課卷等事。

第二十條　各函授社以主任一人編譯員若干人組織之。

第廿一條　各雜誌社函授社直隸於總編譯處，但有特別情形，得委託一部或一委員會掌管之。

第廿二條　圖書館直隸於總編譯處，其組織別以規程定之。

第廿三條　試驗學校及各種講習所直隸於編譯處，其組織別以規程定之。

第廿四條　各機關之辦事細則另定之。

資料來源：《商務印書館通信錄》，（上海：商務印書館，民國 11 年 1 月）

附錄二：

商務印書館股份有限公司改訂在職同人戒約 　　九年一月六日董事會改訂

本約所列各項本公司在職人員公同遵守

甲　不得兼營與本公司同樣之營業

乙　不得兼營有關於本公司之他業而取贏於本公司

丙　不得在本公司外兼任他處職務但總經理經理報告董事會、其他報告總務處得其認可者不在此限

丁　不得用本公司名義私挪款項

戊　不得用本公司名義爲他人擔保

己　不得因私人關係故意濫放貸款

庚　不得漏洩本公司事務上或技術上認爲應守秘密者

辛　不得假借職務上之權力或名義爲一切直接或間接有損於本公司利益及名譽之事

　　如有不遵守者，由公司酌量處置之。

資料來源：《商務印書館通信錄》，（上海：商務印書館，民國 9 年 1 月）

附錄三：

民國九年編譯所職員名錄

所長

高夢旦

國文部

莊百俞	范雲六	莊叔遷	費凱聲	劉季英
王中丹	譚廉遜	謝礪恆	鈕君宜	楊伯屏
萬紀常	趙桂青	管仲孚	沈重威	周直養
陳稼軒	張伯康	張紀隆	曹碩人	丁盧憲

詞典部

方叔遠	傅緯平	蔡松如	臧博綸	樊少泉
胡君復	馬涯民	周志立	方巽光	龍沆生
殷彥常	馮汝霖	陸文軒	陸怡庵	許衡甫
倪仞千	董亦湘	何雅忱	徐壽齡	章壽棟

英文部

鄺耀西	李培恩	周由廑	周越然	平海瀾
黃訪書	馬翔九	蘇躍衢	夏越渠	劉志新
顧潤卿	鄺國彬	顧如榮	胡雄才	鄒自民
王步賢	王鶴亭			

漢英詞典部

張叔良	吳致覺	馮蕃五	江學輝	朱礎成

理化部

杜亞泉	壽孝天	杜就田	凌文之	吳和士
鄭心南	許善齋	杜季光	駱紹先	黎麓叢

東文部

陳慎侯	黃幼希	余雲岫	陳繼綱	唐旦初

　　　　程選公　　程百行　　高九香　　陳洤林
輿圖部
　　　　陳俊生　　李維純　　葛獻其　　趙圭如　　蔣公偉
　　　　馬紹良　　孟憲文
圖畫部
　　　　朱紫翔　　楊子貞　　金少梅　　韓祐之　　張鼎元
　　　　李星五　　朱同組　　沈簏元
小說部
　　　　惲鐵樵
雜纂部
　　　　徐仲可　　林滬生　　高晴川　　許簡青　　王仁孚
　　　　張錦城
四部叢刊
　　　　孫星如　　沈德鴻　　姜殿揚　　張振聲　　張繼墉
　　　　洪爕卿　　唐寶田　　蕭青雨
東方雜誌社
　　　　陶惺存　　錢經宇　　章錫琛　　胡愈之　　杜壽民
小說月報兼婦女雜誌社
　　　　王蓴農　　杜遲存
教育雜誌兼學生少年雜誌社
　　　　朱赤萌　　林重夫　　孫衛瞻　　喻飛生　　劉奎六
出版部
　　　　江伯訓　　張季臣　　吳待秋　　翟孟舉　　倪綠薌
　　　　丁英桂　　周承弗　　張炳生　　朱鐵安　　韓箴齋
　　　　姜斌臣　　朱和雄　　王家珍　　程煥生　　徐雪塵
　　　　夏光曦　　陸振揚
庶務部
　　　　江伯訓　　姜筱英　　任有壬
圖書館
　　　　朱仲鈞　　壽芝蓀　　徐鼎臣　　樓維卿　　鄭賢宗
　　　　朱祥品

民國十年編譯所職員名錄

所長

高夢旦

國文部

莊百俞	鈕君宜	莊叔遷	費凱聲	譚廉遜
謝礪恆	范雲六	楊伯屏	管仲孚	周直養
陳稼軒	張紀隆	趙桂青	萬紀常	沈重威
丁盧憲	柴孔瑜	李鹿蓀	嚴既澄	計劍華

理化部

杜亞泉	壽孝天	杜就田	許善齋	駱紹先
凌文之	吳和士	鄭心南	黎麓叢	杜季光
李競華	周頌久			

詞典部

方叔遠	傅緯平	蔡松如	陸怡庵	龍沆生
方巽光	周志立	胡君復	殷彥常	臧博綸
馬涯民	馮汝霖	陸文軒	許衡甫	倪仞千
董亦湘	何雅忱	徐壽齡	程選公	余雲岫
高九青	劉楚恆	鄭賢宗		

漢英詞典部

張叔良	吳致覺	江學輝	朱礎成	馮蕃五
于貫一	曹文奎	徐文韶	陳布雷	陸學煥

東方雜誌

錢經宇	章錫琛	胡愈之	杜壽民	楊端六
章滌生	裘配嶽	黃幼雄		

四部叢刊部

孫星如	張振聲	姜佐禹	張維墉	洪爕卿
唐寶田	肖雨青	杜天糜	張濟安	莊呂塵

輿圖部

陳俊生	李維純	蔣公偉	葛獻其	孟憲文
馬紹良	葛石卿	嚴君實	章壽棟	

英文部

酈耀西	黃訪書	平海瀾	周由廑	胡雄才

顧如榮　馬翔九　周越然　蘇躍衢　夏越渠
劉志新　顧潤卿　倪灝森　王步賢　葉柏華
李駿惠　朱又斌　酈均永　華國章　鄭國英

圖畫部

朱紫翔　楊子貞　張鼎元　李星五　韓佑之
金少梅　沈麓元　李士衡

小說部

沈雁冰　杜遲存　許敦谷

雜誌部

朱赤民　林重夫　喻飛生　劉奎六　葉慎之
楊賢江

東文部

陳慎侯　黃幼希　唐旦初

雜纂部

徐仲可　林滬生　高晴川　許簡青　張錦城
王仁學　孫衛瞻

圖書館

朱仲鈞　壽芝蓀　徐鼎臣　樓淮卿　馬斌生
史子欽　胡正支

庶務部

江伯訓　任有壬　翟孟舉　吳待秋　朱和雄
朱鐵安　姜筱英　姜斌臣　程煥生　陸振揚
朱同祖　沈伊耕　汪印泉

民國十一年編譯所職員名錄

所長

王岫廬

國文部

莊百俞	李石岑	吳研因	范雲六	徐仲可
莊叔遷	周予同	費凱聲	嚴既澄	程伯威
沈重威	計劍華	朱礎成	費碩人	詹聿修

英文部

酈耀西	周越然	周由廑	平海瀾	黃漢生
倪易時	顧潤卿	胡子貽	吳植之	劉志新
劉宣閣	馬翔九	夏越渠	張裕龍	蘇躍衢
顧儒雄	陳節章	桂澄華	葉顯超	徐調孚
余梓長	酈成達	酈藉生	吳良翰	

哲學教育部

唐擘黃	吳致覺	范允臧	華國章

史地部

莊百俞（兼）傅緯平	譚廉遜	陳俊生	
陳稼軒	馬軼群	孟稚蓉	蔣公偉	嚴君實

法制經濟部

周蔭松	陳愼侯	李希賢	李伯嘉	陳昌瀾

數學部

杜亞泉（兼）壽孝天	駱紹先	王莘夫	
何甘露			

博物生理部

杜亞泉	杜就田	凌文之	吳和士	顧壽白
杜若城	胡定安			

物理化學部

鄭貞文	周頌久	林鑑坦	許善齋	孫君立
黎麓叢				

雜纂部

何公敢	黃幼希	蔡松如	胡君復	吳衡之

　　　　鄭賢宗　余訒生　陸怡庵　唐旦初　程選公
　　　　林滬生　高晴川　謝谷受　錢漱六　孟紫瑚
　　　　孫衛瞻　徐典夔　高九香　夏粹若　阮淑清

國文字典委員會

　　　　方叔遠　臧博綸　馬涯民　方巽光　殷彥常
　　　　周志立　董亦湘　何雅忱　陸文軒　馮汝霖
　　　　蔡柏友　章巨膺

四部叢刊委員會

　　　　孫星如　姜佐禹　張振聲　萬紀常　吳衡孫
　　　　莊呂塵　張復生　張濟安　洪變卿　潘同曾
　　　　唐道五　劉維伯　汪龢友

英漢大字典委員會

　　　　張叔良　吳致覺（兼）馮蕃五　于貫一
　　　　厲志雲　陳建民　陸學煥　胡枕歐　江學煇
　　　　黃幼希（兼）何公敢（兼）吳衡之（兼）
　　　　李希賢（兼）顧壽白（兼）程選公（兼）
　　　　錢漱六（兼）朱時雋　謝六逸

東方雜誌社

　　　　錢經宇　胡愈之　黃幼雄　杜壽民　張梓生

教育雜誌社

　　　　李石岑（兼）朱礎成（兼）

婦女雜誌社

　　　　章雪村（兼）周喬峰（兼）

小說月報社

　　　　沈雁冰　杜遲存

兒童雜誌社

　　　　鄭振鐸　沈志堅

學生少年雜誌社

　　　　朱赤民　楊賢江　林重夫　喻飛生　徐鑄勳

英語週刊社

　　　　周由廑（兼）顧潤卿（兼）

英文雜誌社

平海瀾（兼）

國語函授社

　方叔遠（兼）劉紹成　方賓觀（兼）

　章壽棟（兼）蔡誦掬（兼）

英語函授社

　周越然（兼）周由廑（兼）黃訪書（兼）

　吳植之（兼）劉志新（兼）劉宣閣（兼）

　馬翔九（兼）夏越渠（兼）蘇躍衢（兼）

　顧如榮（兼）桂澄華（兼）葉柏華（兼）

　徐調孚（兼）余子長（兼）

數學函授社

　胡明復　周由廑（兼）陳寧靜（兼）

圖書館

　朱仲鈞　黃偉楞　胡卓生　徐鼎臣　馬勉夫

　方淵泉　史子欽　施梓英

事務部

　江伯訓

文牘股　任有壬　陳舜康

會計股　陳星齋

統計股　張伯康　鄭貞森

輿圖股　陳俊生　李維純　張紀隆　葛石卿

　　　　葛獻其　陸震平

圖畫股　朱紫翔　韓佑之　許敦谷　金少梅

　　　　楊子貞　張鼎元　吳兆名　李星五

　　　　沈麓沅　李士衡

圖版股　壽芝蓀　樓維卿

美術股　翟孟舉　朱鐵安　陸振揚　朱同祖

　　　　殷秀山　黃賓公

書繕股　陳履坦　管仲孚　汪印泉　孫叔民

　　　　朱祥品

校對股　葛紀常（兼）吳衡孫（兼）莊呂塵（兼）

　　　　張繼墉（兼）張濟安（兼）洪燮卿（兼）

潘同曾（兼）唐寶田（兼）劉維伯（兼）

汪和友（兼）楊伯屏（兼）趙桂青（兼）

丁敏士　許簡青　徐錫白　馬公度

李仁鈞　許衡甫　王公良　熊卿雲

沈放泯　鄭醴泉

雜務股　姜斌臣

出版部

　　高夢旦

出版股　張季臣　丁英桂　周企堯　張炳生

　　　　徐雪塵　唐思濟

廣告股　倪綠薌　周蓮軒　俞驥雲　周豹臣

民國十二年編譯所職員名錄

所長

王岫廬

國文部

朱經農（兼）吳研因　范雲六　沈雁冰

莊叔遷　丁曉仙　何其寬　嚴既澄　徐應昶

沈重威　計劍華　胡枕歐　沈志堅　詹聿修

英文部

鄺耀西　周越然　周由廑　平海瀾　黃訪書

李培恩　顧潤卿　胡子貽　吳植之　劉志新

張元傑　馬翔九　夏越渠　張夏聲　蘇躍衢

顧儒雄　陳節章　桂澄華　葉顯超　徐調孚

余梓長　鄺成達　沈寶書

哲學教育部

唐擘黃　吳致覺　范允臧　萬國鼎　俞鴻潤

劉宣岡　華國章

史地部

朱經農　傅緯平　譚廉遜　陳俊生　陳稼軒

馬軼群　孟稚蓉　蔣公偉　嚴君實

法制經濟部

周蔭松　李希賢　李伯嘉　陳掖神　江顯之

陳清泉

數學部

段育華　駱紹先　王莘夫　陳嶽生　何甘露

博物生理部

杜亞泉　杜就田　凌文之　顧壽白　杜若成

胡安定　許心芸

物理化學部

鄭貞文　周頌久　高研若　孫君立　黎麓叢

雜纂部

何公敢　黃幼希　江練百　阮淑清　戴俊甫

吳衡之	俞訒之	朱時雋	唐旦初	程選公
林漚生	高晴川	童倬漢	錢潄六	孟紫瑚
孫衛瞻	高九香	夏粹若	何崇齡	

國文字典委員會

方叔遠	方巽光	殷彥常	周吉枚	董亦湘
陸文軒	馮汝霖	章巨膺		

英漢大字典委員會

吳致覺	馮蕃五	于貫一	厲志雲	陳建民
陸學煥	江學輝			

東方雜誌社

錢經宇	胡愈之	黃幼雄	朱樸之	張梓生

教育雜誌社

李石岑	周予同	朱礎成

婦女雜誌社

章雪村	周喬峰

小說月報社

鄭振鐸	杜遲存

學生少年雜誌社

朱赤民	楊賢江	林重夫	喻飛生	殷佩斯
葛建時				

英語週刊社

周由廑	顧潤卿

英文雜誌社

平海瀾

國語函授社

方叔遠	方巽光	劉紹成	章巨膺

國文函授社

杜爾梅

英語函授社

周越然	周由廑	黃訪書	吳植之	劉志新
張元傑	馬翔九	夏越渠	蘇躍衢	顧儒雄
桂澄華	葉顯超	徐調孚	余梓長	沈寶書

數學函授社

　　　　胡明復　　周由廑　　陳節章

圖書館

　　　　朱仲鈞　　黃偉楞　　徐鼎臣　　馬勉夫　　方淵泉

　　　　史子欽　　施梓英

事務部

　　　　江伯訓

　文牘股　任有壬　　陳贊襄

　會計股　陳玉衡

　統計股　張伯康　　鄭貞森　　蔣君侯

　輿圖股　陳俊生　　李維純　　張紀隆　　葛石卿

　　　　　葛獻其　　陸震平

　圖畫股　朱紫翔　　韓佑之　　許敦谷　　金少梅

　　　　　楊子貞　　張鼎元　　郭情暢　　林履彬

　　　　　吳兆名　　李星五　　沈麓沅　　李士衡

　圖版股　壽芝蓀

　美術股　黃賓虹　　朱鐵安　　陸振揚　　朱同祖

　　　　　殷秀山

　書繕股　陳履坦　　管仲孚　　汪印泉　　孫叔良

　　　　　朱祥品　　金瑞卿

　校對股　翟孟舉　　莊呂塵　　張振聲　　張繼墉

　　　　　張濟安　　汪和友　　楊伯屏　　丁敏士

　　　　　徐錫百　　熊卿雲

出版部

　　　　高夢旦

　出版股　張季臣　　丁英桂　　周企堯　　鄭耀華

　　　　　張炳生　　唐思濟

　廣告股　倪綠薌　　周蓮軒　　俞驥雲　　王公良

民國十三年編譯所職員名錄

所長

王岫廬

國文部

朱經農	吳研因	莊叔遷	沈雁冰	李仲瑩
葉聖陶	沈重威	丁曉先	嚴既澄	鄭次川
計劍華	繆巨卿	何其寬	凌鴻瑤	曹建華
詹聿脩				

英文部

鄺耀西	周越然	李培恩	周由廑	胡子貽
黃訪書	顧潤卿	劉志新	吳廣培	張元傑
夏越渠	馬翔九	陳寧靜	楊信芳	唐鳴時
楊澤如	余天韻	顧如榮	郝聞升	蘇躍衢
桂澄華	葉柏華	徐調孚	余子長	鄺誠達
丁鵬洲	朱通舟			

哲學教育部

唐擘黃	范壽康	華國章	陳季民	陳博文

史地部

朱經農（兼）	譚廉遜	王伯祥	陳俊生
陳稼軒	馬紹良	孟憲文	熊仲甫	黃善倫

法制經濟部

李澤彰	陳掖神	錢江春	江顯之	魏屏山
黃志騰	萬春渠	周育民	陳清泉	

數學部

段撫群	陳邃生	駱紹先	陳嶽生	胡達聰
何甘露	吳錦生	沈鳳威		

博物生理部

杜亞泉	杜就田	凌文之	杜若誠	程念劬
許心芸	楊煥斗			

物理化學部

鄭心南	周頌久	高硎若	鄭憲臣	于樹樟

孫豫壽　顧均正　王萱蕃

雜纂部

何公敢　林植夫　余祥森　唐旦初　林滬生
章倬漢　徐壽齡　高晴川　孟紹鄒　陳祖堂
夏粹若　傅次咸　何崇齡　汪玉成　章鴻圖

實用字典委員會

黃幼希　江鍊百　戴俊甫　顧壽白　程選公
張守白　錢漱六　陳趾青　朱公垂　江乘之

國文字典委員會

方叔遠　方巽光　董亦湘　劉紹成　齊鐵恨
李夢明　章壽棟　殷彥常　馮汝霖　周志立
何雅忱　趙廷虎　陸文軒　計念慈

漢英字典委員會

吳致覺　馮蕃五　厲志雲　吳衡之　陳建民
陸學煥　葉鳴珂　江學輝

百科全書委員會

程寰西　傅緯平　傅東華　周傳儒　余沛華
胡志嵩　陳訓慈　王競吾　江今鸞　段若之
黃逸之　陳國衡

東方雜誌

錢經宇　胡愈之　黃幼雄　杜爾梅　樊仲雲
張梓生　姚心吾

婦女雜誌社

章錫琛　周建人　金瑞卿

教育雜誌社

李石岑　周予同　朱礎成

小說月報社

鄭振鐸　杜遲存

小說世界社

葉勁風　劉培風　邱悼蘭

學生少年雜誌社

朱斥民　楊賢江　殷佩斯　王維克　喻飛生

　　　　陳濟芸

兒童世界社

　　　　徐應昶　　沈志堅

英文雜誌社

　　　　胡子貽（兼）

英文週刊社

　　　　周由廑（兼）顧潤卿（兼）

國文函授社

　　　　方叔遠　　劉紹成　　章壽棟　　趙廷虎　　方巽光

國文函授社

　　　　錢經宇　　杜爾梅

英文函授社

　　　　周越然　　周由廑　　黃訪書　　吳植之　　劉志新
　　　　馬翔九　　夏越渠　　陳寧靜　　楊信芳　　唐鳴時
　　　　顧如榮　　郝聞升　　蘇躍衢　　桂澄華　　葉柏華
　　　　徐調孚　　余子長　　丁鵬洲

數學函授社

　　　　胡明復　　周由廑　　陳寧靜　　馬翔九　　顧如榮
　　　　葉柏華　　徐調孚　　余子長　　丁鵬洲　　朱通舟

商業函授社

　　　　李培恩　　張元傑　　馬翔九　　顧如榮　　葉柏華
　　　　徐調孚　　余子長　　鄺達成　　丁鵬洲　　朱通舟

圖書館

　　　　江伯訓（兼）黃偉楞　　潘聖一　　徐鼎臣
　　　　馬斌生　　王毓英　　施梓英　　史子欽　　方淵泉

事務股

　　　　江伯訓

　　文牘股　　任有壬　　林家深　　陳錦英

　　會計股　　陳玉衡

　　成本會計股　　張伯康　　張學淵

　　統計股　　張振聲

　　收發股　　陳贊襄

圖畫股	朱紫翔	楊子貞	金少梅	郭情暢
	林履彬	沈麓元	伍聯德	吳錫嘉
	張令濤	李星五	李士衡	
輿圖股	李維純	張紀隆	葛石卿	葛獻其
	陸震平	林肖巖		
書繕股	陳履坦	汪印泉	孫叔民	朱祥品
	趙仰澄	錢樹林	麋文浩	
美術股	黃賓虹	朱鐵安	陸振揚	殷秀山
	朱同祖			
圖版股	壽芝蓀	夏光曦	朱劍	
校對股	翟孟舉	楊伯屏	丁盧憲	莊呂塵
	黎麓叢	張濟安	張慕騫	潘同曾
	汪和友	賀嶽生	王招英	廖蓮芳
	王曰我	鞠時儀	莊亞英	楊漱薌
	汪如洋	金其超		

出版部

高夢旦	張季臣	丁英桂	唐思濟	周蓮軒
鄭貞森	周承芾	鄭耀華	張炳生	張繼墉
俞保康	蔣公偉	孫衛瞻	黃閎初	程紹飛
朱啓明	蔡鼇清	柴孔瑜	顧如松	

民國十四年編譯所職員名錄

所長

　　　　王岫廬

國文部

　　　　朱經農　　莊叔遷　　沈雁冰　　胡寄塵　　錢江春
　　　　沈重威　　丁曉先　　唐敬杲　　計劍華　　繆巨卿
　　　　顧仲彝　　滕砥平　　胡枕歐　　周育民　　黃孝先
　　　　詹念祖

史地部

　　　　朱經農（兼）王伯祥　　陳俊生　　葉紹鈞
　　　　陳稼軒　　馬紹良　　熊仲甫　　孟憲文

英文部

　　　　鄺耀西　　周越然　　李培恩　　周由廑　　胡子貽
　　　　黃訪書　　顧潤卿　　劉志新　　吳植之　　張元傑
　　　　余天韻　　馬翔九　　錢兆騄　　楊澤如　　陳寧靜
　　　　唐鳴時　　錢如榮　　蘇躍衢　　陸思安　　桂澄華
　　　　葉伯華　　鄺成達　　丁鵬洲　　朱通舟

哲學教育部

　　　　唐擘黃　　范壽康　　華國章　　陳季民　　陳博文

法制經濟部

　　　　李澤彰　　臧啓芳　　馮翰飛　　蘇季頎　　陳掖神
　　　　陶彙曾　　魏屏三　　黃志騰　　萬春渠　　陳清泉
　　　　曹建華女士

數學部

　　　　段育華　　陳邃生　　駱紹先　　陳嶽生　　胡達聰
　　　　董滌塵　　何甘露　　沈鳳威

博物生理部

　　　　杜亞泉　　杜就田　　凌文之　　杜若誠　　陳達夫
　　　　杜其垚　　許心芸　　朱建霞　　林仁之

物理化學部

　　　　鄭心南　　周頌久　　鄭憲臣　　于樹樟　　孫豫壽

　　　　王愃蕃　曹鈞石

雜纂部

　　　　何公敢　林植夫　余祥森　林滬生　章倬漢
　　　　徐壽齡　夏粹若　高晴川　孫衛瞻　陳祖堂
　　　　傅次咸　何崇齡　汪玉成　章鴻圖

實用字典委員會

　　　　黃幼希　江鍊百　戴俊甫　顧壽白　夏越渠
　　　　程選公　張守白　錢漱六　陳趾青　朱公垂
　　　　楊映斗

國文字典委員會

　　　　方叔遠　方巽光　章梅先　董亦湘　段彥常
　　　　齊鐵恨　章壽棟　馮汝霖　周志立　趙廷虎
　　　　計念慈　孫珊馨

漢英字典委員會

　　　　吳致覺　厲志雲　陳建民　陸學煥　江顯之
　　　　江學煇

百科全書委員會

　　　　王雲五（兼）陶孟和　唐擘黃（兼）程寰西
　　　　何柏丞　傅緯平　梅思平　胡衡臣　歐孫保
　　　　馮翰飛（兼）張卓立　何作霖　唐經人
　　　　余沛華　胡夢華　尤佳章　張濟翔　張輔良
　　　　黃靜淵　黃紹緒　向覺民　曹增美　華桂馨
　　　　臧玉淦　湯棟仁　江今鸞　黃逸之　王本善
　　　　陸文軒　賀昌隆　陳錦英女士盛澗隱女士

東方雜誌社

　　　　錢經宇　胡愈之　吳頌皋　黃幼雄　樊仲雲
　　　　張梓生　姚心吾　金瑞卿

婦女雜誌社

　　　　章錫琛　周建人　胡伯懇

教育雜誌社

　　　　李石岑　周予同　朱礎成

小說月報社

鄭振鐸　徐調孚　杜遲存　王少聰

小說世界社

葉勁風　陳濟芸　鞠時儀女士

學生少年雜誌社

朱斥民　楊賢江　殷佩斯　喻飛生　顧均正
姜書丹

兒童世界社

徐應昶　林履彬　沈志堅　徐菊英

英文雜誌社

胡子貽（兼）顧潤卿（兼）余天韻（兼）

英語週刊社

周由廑（兼）黃訪書（兼）

國文函授社

錢經宇（兼）杜爾梅

國語函授社

方叔遠（兼）方巽光（兼）齊鐵恨（兼）
章壽棟（兼）趙廷虎（兼）

英文函授社

周越然（兼）周由廑（兼）黃訪書（兼）
劉志新（兼）吳植之（兼）錢兆騤（兼）
馬翔九（兼）顧如榮（兼）蘇躍衢（兼）
桂澄華（兼）陸思安（兼）丁鵬洲（兼）
朱通舟（兼）

算術函授社

周由廑（兼）陳寧靜（兼）馬翔九（兼）
顧如榮（兼）朱通舟（兼）

商業函授社

李培恩（兼）張元傑（兼）馬翔九（兼）
顧如榮（兼）鄺成達（兼）朱通舟（兼）

事務部

江伯訓　徐鼎臣　方淵泉　胡紹益

文牘股　任有壬　林家深　鄭佩蘭女士王雪萼女士

會計股　陳玉衡　周粟如

成本會計股　張伯康　鄔溶陽　張學淵

書繕股　凌蟄卿　汪印泉　汪和友　趙仰澄
　　　　朱祥品

輿圖股　陳俊生　李維純　張紀隆　葛石卿
　　　　陸震平

圖畫股　莫澄齋　伍聯德　沈麓元　張令濤
　　　　李士衡

美術股　黃藹農　朱鐵安　陸振揚　殷秀山
　　　　朱同祖

圖版股　壽芝蓀　夏光曦　朱劍

校對股　陳贊襄　楊伯屏　丁盧憲　胡文楷
　　　　莊呂塵　黎麓叢　張濟安　潘同曾
　　　　駱子魚　蔣不鳴　沈安洲　賀嶽生
　　　　王招英女士廖蓮芳女士金其超女士
　　　　陳淑芝女士楊漱薌女士丁愈昭女士
　　　　汪如洋女士林寶惠女士

出版部

　　　　高夢旦　何公敢（兼）張季臣　丁英桂
　　　　周蓮軒　唐思濟　鄭貞森　周承弇　鄭耀華
　　　　張炳生　張繼墉　俞保康　黃閔初　蔣公偉
　　　　程紹飛　蔡光謨　蔡鰲清　柴孔瑜

資料來源：《商務印書館通信錄》，（上海：商務印書館，民國 9 年 1 月至民國 14 年 1 月）

附錄四：

商務印書館編譯所招致暑期編譯員簡章

（一）本館為輔助國內高級學生，利用暑假譯書起見，特招致暑期編譯員三十人。

（二）暑期編譯員，以現在國內大學高師或專門學校三年級以上肄業，精通中英文者為合格。

（三）志願為暑期編譯員者，應於本年陽曆六月十五日以前，開具詳細學歷通信地點，並取具校長介紹書，連同中英互譯樣本，各一千字以上，寄交本館編譯所。合格者由本館於七月一日以前，專函通知來滬服務，其因額滿見遺者，恕不作復，原稿亦不退還。

（四）服務地點在上海寶山路。

（五）服務時間：自本年七月十日至八月二十日，每日六小時，星期休息。

（六）除膳宿（帳被自備）由本館供應外，服務期滿，各送津貼五十元。

資料來源：《商務印書館通信錄》，（上海：商務印書館，民國 11 年 4 月）

參考書目

史　料

1：《商務印書館大事記》（北京：商務印書館，1987 年 1 月第一版）。

2：《商務印書館成績概略》（上海：商務印書館，民國 3 年 2 月）。

3：《商務印書館有限公司章程》，光緒 33 年定訂。

4：《商務印書館有限公司章程》，宣統元年閏 2 月 25 日改訂。

5：《商務印書館有限公司章程》，民國 3 年 1 月 31 日臨時股東會議定。

6：《商務印書館有限公司章程》，民國 4 年 5 月 6 日股東年會修改。

7：《商務印書館有限公司章程》，民國 9 年 5 月 8 日股東年會修改。

8：《商務印書館有限公司章程》，民國 11 年 4 月 30 日股東年會修改。

9：《商務印書館有限公司章程》，民國 13 年 4 月 13 日股東年會，5 月 11 日股東臨時會修改。

10：《商務印書館通信錄》，民國 7 年 1 月至民國 15 年 7 月。

11：〈商務印書館編譯所投稿簡章〉，《商務印書館館史資料》，第 14 期（北京：商務印書館，1981 年 10 月）。

12：〈商務印書館編譯所時代（1911～1932）圖書館借閱圖書規則〉，《商務印書館館史資料》，第 3 期（北京：商務印書館，1980 年 11 月）。

13：張元濟，〈中國歷史教科書序〉，《出版史料》，總 20 期（上海：學林出版社，1990 年 6 月）。

14：張靜廬，《中國近代出版史料》，初編（北京：中華書局，1957 年初版）。

15：張靜廬，《中國現代出版史料》，丁編（北京：中華書局，1959 年初版）。

報紙、雜誌、年鑑、大事記、調查報告

1 ：《大公報》

2 ：《申報》

3 ：《東方雜誌》

4 ：《教育雜誌》

5 ：《第一次中國教育年鑑》（臺北：傳記文學出版社，民國 60 年 10 月影印初版）。

6 ：《學部官報》（臺北：國立故宮博物院，民國 69 年 5 月）。

7 ：〈本館四十年大事記（1936）〉，《商務印書館九十五年》（北京：商務印書館，1992
年 1 月第一版）。

8 ：〈商務五十年〉，《商務印書館九十五年》（北京：商務印書館，1992 年 1 月第一
版）。

9 ：〈商務印書館歷年大事紀要（1897～1962）〉（北京：商務印書館，1992 年 1 月
第一版）。

10：上海市教育局編，《上海市書店調查》（上海：上海市教育局，民國 24 年 4 月）。

11：李澤彰等著，《最近三十五年之中國教育》（上海：商務印書館，民國 20 年 9
月初版）。

年　譜

1 ：王雲五，《商務印書館與新教育年譜》（臺北：臺灣商務印書館，民國 62 年 3
月初版）。

2 ：王壽南，《王雲五先生年譜初稿》（臺北：臺灣商務印書館，民國 76 年 6 月初版）。

3 ：張人鳳，《張菊生先生年譜》（臺北：臺灣商務印書館，民國 84 年 5 月初版）。

4 ：張樹年，《張元濟年譜》（北京：商務印書館，1991 年 12 月第一版）。

5 ：陳福康，《鄭振鐸年譜》（北京：書目文獻出版社，1988 年 3 月）。

6 ：陶英惠，《蔡元培年譜》，（上）（臺北：中央研究院近代史研究所，民國 65 年 6
月初版）。

7 ：萬樹玉，《茅盾年譜》，（浙江：浙江文藝出版社，1986 年 10 月）。

日　記

1 ：胡適，《胡適的日記》（臺北：遠流出版事業股份有限公司，1985 年 5 月初版），
影印本

2 ：張元濟，《張元濟日記》（北京：商務印書館，1981 年 9 月第 1 版）。

3 ：蔣維喬，《蔣維喬日記》（摘錄），《商務印書館館史資料》，第 45、46、47、48、
50 期（北京：商務印書館，1990 年 4 月、9 月、1991 年 6 月、1992 年 4 月、
1993 年 10 月）。

書 信

1 ：《張元濟友朋書札》（上海：古籍出版社，1987 年 3 月第 1 版）。

2 ：張樹年、張人鳳編，《張元濟蔡元培來往書信選集》（臺北：臺灣商務印書館，民國 81 年 10 月臺灣初版）。

3 ：張元濟，《張元濟書札》（北京：商務印書館，1981 年 6 月第一版）。

4 ：張元濟，《張元濟傅增湘論書尺牘》（北京：商務印書館，1983 年 10 月第一版）。

回憶錄及回憶文章

1 ：丁英桂，〈回憶我早年試編兩種中學歷史課本參考書的出版經過和現在的願望〉，《商務印書館館史資料》，第 18 期（北京：商務印書館，1982 年 8 月）。

2 ：丁敏士，〈我的回憶〉，《商務印書館館史資料》，第 17 期（北京：商務印書館，1982 年 5 月）。

3 ：方桂生，〈我與商務印書館〉，《商務印書館館史資料》，第 10 期（北京：商務印書館，1981 年 6 月）。

4 ：方謙泉，〈回憶東方圖書館〉，《商務印書館館史資料》，第 35 期（北京：商務印書館，1986 年 6 月）。

5 ：王泊如，〈回憶商務印書館進用人員的制度〉，《商務印書館館史資料》，第 27 期（北京：商務印書館，1984 年 6 月）。

6 ：王紹曾，〈記張元濟先生在商務印書館辦的幾件事〉，《商務印書館九十五年》（北京：商務印書館，1992 年 1 月第一版）。

7 ：王雲五，《岫廬八十自述》（臺北：臺灣商務印書館，民國 56 年 7 月二版）。

8 ：王雲五，〈我所認識的高夢旦先生〉，《商務印書館九十年》（北京：商務印書館，1987 年 1 月第一版）。

9 ：包天笑，《釧影樓回憶錄》（臺北：龍文出版社，民國 79 年 5 月初版）。

10：冰心，〈我和商務印書館〉，《商務印書館九十年》（北京：商務印書館，1987 年 1 月第一版）。

11：朱劍安，〈五四運動和商務印書館工會的創立〉，《商務印書館館史資料》，第 8 期（北京：商務印書館，1981 年 4 月）。

12：朱劍安，〈初進商務印書館〉，《商務印書館館史資料》，第 18 期（北京：商務印書館，1982 年 8 月）。

13：何炳松，《何炳松論文集》（北京：商務印書館，1990 年 2 月第一版）。

14：吳研因，〈清末以來我國小教科書概觀〉，《商務印書館九十五年》（北京：商務印書館，1992 年 1 月第一版）。

15：吳覺農，〈懷念老友章錫琛〉，《出版史料》，總第 11 期（上海：學林出版社，1988 年 3 月）。

16：沈百英，〈我與商務印書館〉，《商務印書館館史資料》，第 4 期（北京：商務印

書館，1980 年 12 月）。

17：沈鳳威，〈《兒童畫報》到《四部叢刊》——一些美好的回憶〉，《商務印書館館史資料》，第 7 期（北京：商務印書館，1981 年 3 月）。

18：孟森，〈夏君粹方小傳〉，《商務印書館九十五年》（北京：商務印書館，1992 年 1 月第一版）。

19：金兆梓，〈何炳松傳〉，《商務印書館九十五年》（北京：商務印書館，1992 年 1 月第一版）。

20：金雲峰，〈記沈百英先生〉，《商務印書館館史資料》，第 36 期（北京：商務印書館，1986 年 10 月）。

21：胡文楷，〈我與商務〉，《商務印書館館史資料》，第 6 期（北京：商務印書館，1981 年 2 月）。

22：胡愈之，〈回憶商務印書館〉，《商務印書館九十五年》（北京：商務印書館，1992 年 1 月第一版）。

23：胡適，〈高夢旦先生小傳〉，《商務印書館九十年》（北京：商務印書館，1987 年 1 月第一版）。

24：茅盾，《我走過的道路》，（香港：生活、讀書、新知三聯書店，1981 年）。

25：唐鉞，〈我在商務印書館編譯所的四年〉，《商務印書館九十年》（北京：商務印書館，1987 年 1 月第一版）。

26：唐鳴時，〈往事叢談〉，《商務印書館館史資料》，第 16 期（北京：商務印書館，1982 年 3 月）。

27：唐錦泉，〈回憶王雲五在商務印書館的二十五年〉，《商務印書館九十年》（北京：商務印書館，1987 年 1 月第一版）。

28：孫文，〈為刱設英文雜誌印刷機關致海外同志書〉，《國父全書》（臺北：國防研究院，民國 55 年 1 月臺三版）。

29：孫克均，〈我在商務的二十三年（1919～1941）〉，《商務印書館館史資料》，第 27 期（北京：商務印書館，1984 年 6 月）。

30：徐文蔚，〈回憶麟爪〉，《商務印書館館史資料》，第 20 期（北京：商務印書館，1983 年 2 月）。

31：高夢旦，〈校印《四庫全書》及其他舊書記劃〉，《商務印書館九十五年》（北京：商務印書館，1992 年 1 月第一版）。

32：高翰卿，〈本館創業史〉，《商務印書館九十五年》（北京：商務印書館，1992 年 1 月第一版）。

33：高龍興，〈我的曾祖父——高鳳池〉，《商務印書館館史資料》，第 29 期（北京：商務印書館，1984 年 12 月）。

34：高覺敷，〈回憶我與商務印書館的關係〉，《商務印書館九十年》（北京：商務印書館，1987 年 1 月第一版）。

35：高覺敷，〈我在商務印書館編譯所服務六年的回憶〉，《商務印書館館史資料》，第 26 期（北京：商務印書館，1984 年 4 月）。

36：張元濟，〈東方圖書館概況‧緣起〉，《商務印書館九十五年》（北京：商務印書館，1992 年 1 月第一版）。

37：張孝基，〈商務印書館開辦之初〉，《上海文史資料》（上海：上海文史資料編輯委員會，1960 年 4 月）。

38：曹祖蔭，〈商務創辦歷屆商業補習學校的經過〉，《商務印書館館史資料》，第 17 期（北京：商務印書館，1982 年 5 月）。

39：梁漱溟，〈我和商務印書館〉，《商務印書館九十年》（北京：商務印書館，1987 年 1 月第一版）。

40：莊俞，〈談談我館編輯教科書的變遷〉，《商務印書館九十年》（北京：商務印書館，1987 年 1 月第一版）。

41：莊俞，〈鮑咸昌先生事略〉，《商務印書館九十年》（北京：商務印書館，1987 年 1 月第一版）。

42：陳兆福，〈商務春秋——訪問商務編譯所前輩顧壽白先生〉，《商務印書館館史資料》，第 20 期（北京：商務印書館，1983 年 2 月）。

43：陳兆福，〈訪唐擘黃（鉞）教授——商務春秋之二〉，《商務印書館館史資料》，第 22 期（北京：商務印書館，1983 年 7 月）。

44：陳叔通，〈回憶商務印書館〉，《商務印書館九十年》（北京：商務印書館，1987 年 1 月第一版）。

45：陳原整理，〈胡愈兄關於出版工作的三次談話〉，《出版史料》，第 6 期（上海：學林出版社，1986 年 12 月）。

46：陳翰笙，〈商務印書館與我同齡〉，《商務印書館九十年》（北京：商務印書館，1987 年 1 月第一版）。

47：陶希聖，〈商務印書館編譯所見聞記〉，《我所認識的王雲五先生》（臺北：臺灣商務印書館，民國 65 年 4 月第二版）。

48：章錫琛，〈漫談商務印書館〉，《商務印書館九十年》（北京：商務印書館，1987 年 1 月第一版）。

49：斯福康，〈我在商務印書館的見聞〉，《商務印書館館史資料》，第 3 期（北京：商務印書館，1980 年 11 月）。

50：費孝通，〈憶《少年》祝商務壽〉，《商務印書館九十年》（北京：商務印書館，1987 年 1 月第一版）。

51：黃警頑，〈我在商務印書館的四十年〉，《商務印書館九十年》（北京：商務印書館，1987 年 1 月第一版）。

52：楊有壬，〈回憶商務印書館勞資關係與科學管理〉，《我所認識的王雲五先生》（臺北：臺灣商務印書館，民國 65 年 4 月二版）。

53：楊樹人，〈王雲五先生與商務印書館〉，《我所認識的王雲五先生》（臺北：臺灣商務印書館，民國 65 年 4 月二版）。

54：葉聖陶，〈我和商務印書館〉，《商務印書館九十年》（北京：商務印書館，1987 年 1 月第一版）。

55：葛傳槼，〈我與商務印書館〉，《商務印書館九十年》（北京：商務印書館，1987 年 1 月第一版）。

56：董滌塵，〈我在商務印書館編譯所工作時期的片斷回憶〉，《商務印書館館史資料》，第 33 期（北京：商務印書館，1985 年 12 月）。

57：鄒尚熊，〈我與商務印書館〉，《商務印書館館史資料》，第 1 期（北京：商務印書館，1980 年 9 月）。

58：潘明新，〈懷念莊百俞先生〉，《商務印書館館史資料》，第 24 期（北京：商務印書館，1983 年 12 月）。

59：潘明新，〈難忘的青春歲月——1924～1932 在商務〉，《商務印書館館史資料》，第 30 期（北京：商務印書館，1985 年 2 月）。

60：蔣維喬，〈夏君瑞芳事略〉，《商務印書館九十年》（北京：商務印書館，1987 年 1 月第一版）。

61：蔣維喬，〈創辦初期之商務印書館與中華書局〉，《中國現代出版史料》，丁編（北京：中華書局，1959 年初版）。

62：蔣維喬，〈編輯小學教科書之回憶〉，《商務印書館九十年》（北京：商務印書館，1987 年 1 月第一版）。

63：蔡元培，〈商務印書館總經理夏君傳〉，《商務印書館九十年》（北京：商務印書館，1987 年 1 月第一版）。

64：鄭貞文，〈我所知道的商務印書館編譯所〉，《商務印書館九十年》（北京：商務印書館，1987 年 1 月第一版）。

65：鄭逸梅，〈回憶蔣維喬先生〉，《商務印書館館史資料》，第 36 期（北京：商務印書館，1986 年 10 月）。

66：戴孝侯，〈讀《張元濟日記》憶往〉，《商務印書館館史資料》，第 34 期（北京：商務印書館，1986 年 4 月）。

67：羅品潔，〈回憶商務印書館〉，《商務印書館館史資料》，第 3 期（北京：商務印書館，1980 年 11 月）。

68：顧頡剛，〈商務印書館和我的史學研究〉，《商務印書館九十年》（北京：商務印書館，1987 年 1 月第一版）。

期刊論文、專書

1 ：〔法〕戴仁著，李桐實譯，《上海商務印書館 1897～1949》（北京：商務印書館，1996 年）。

2 ：〈孫中山與王雲五〉，《商務印書館館史資料》，第 42 期（北京：商務印書館，1988 年 11 月）。

3 ：〈商務創辦的第一批資金〉，《商務印書館館史資料》，第 13 期（北京：商務印書館，1981 年 9 月）。

4 ：于友，《胡愈之傳》（北京：新華出版社，1993 年 4 月第一版）。

5 ：中國人民政協會議浙江海暨縣委員會文史資料工作委員會編，《張元濟軼事專輯》，（浙江：海暨文史資料工作委員會，1990 年 1 月）。

6 ：王雲五，〈本館與近三十年中國文化之關係〉，《商務印書館九十五年》（北京：商務印書館，1992 年 1 月第一版）。

7 ：王雲五，〈張菊老與商務印書館〉，《傳記文學》，4:1（臺北：傳記文學雜誌社，民國 53 年 1 月）。

8 ：王壽南，〈王雲五先生與商務印書館〉，《商務印書館九十五年》（北京：商務印書館，1992 年 1 月第一版）。

9 ：仲玉英，〈試評張元濟主編的《最近修身教科書》〉，《出版史料》，總第 19 期（上海：學林出版社，1990 年 3 月）。

10：任元彪，〈杜亞泉和他的著作介紹〉，未刊稿

11：吉少甫，《中國出版簡史》（上海：學林出版社，1991 年 11 月第一版）。

12：成瑾，〈編輯的歷史責任〉，《出版工作、圖書評介》，1985：12（北京：中國中國人民大學書報資料社，1985 年 12 月）。

13：朱聯保，《近現代上海出版業印象記》（上海：學林出版社，1993 年 2 月第 1 版第 1 刷）

14：朱聯保，〈關於世界書局的回憶〉，《出版史料》，總 8 期（上海：學林出版社，1987 年 5 月）。

15：吳方，《仁智的山水──張元濟傳》（上海：文藝出版社，1994 年 12 月第一版）。

16：宋原放，〈應該研究中國出版史〉，《出版史料》，總 11 期（上海：學林出版社，1988 年 3 月）。

17：宋原放、李白堅，《中國出版史》（北京：中國書籍出版社，1991 年 6 月第一版）。

18：宋曼瑛，〈張元濟與新文化運動〉，《圖書館雜誌》，總第 2 期（上海：學林出版社，1982 年 4 月）。

19：李白堅，〈「西學東漸」是近代中國出版的槓桿〉，《出版史料》，總 8 期（上海：學林出版社，1987 年 5 月）。

20：李白堅，〈文化專制下的奇蹟──清代出版業興盛的原因〉，《出版史料》，總第 21 期（上海：學林出版社，1990 年 9 月）。

21：李德徵，〈五四時期的商務印書館〉，《文史哲》，1989：3 期（山東：山東人民出版社，1989 年 5 月）。

22：汪守本，〈卓越的出版界先驅──張元濟〉，《博覽群書》（北京：光明日報出版

社，1985 年 8 月）。

23：汪家熔，〈主權在我的合資——1903 年至 1913 年商務印書館的中日合資〉，《出版史研究》，總 32 期（上海：上海書店，1993 年 7 月）。

24：汪家熔，〈東方雜誌概說〉，《商務印書館館史資料》，第 5 期（北京：商務印書館，1981 年 1 月）。

25：汪家熔，〈高夢旦先生小傳（1870～1936）〉，《商務印書館館史資料》，第 27 期（北京：商務印書館，1984 年 6 月）。

26：汪家熔，〈商務印書館編譯所考略〉，未刊稿

27：汪家熔，〈清季學部審定我館課本情形〉，《商務印書館館史資料》，第 40 期（北京：商務印書館，1988 年 3 月）。

28：汪家熔，〈涵芬樓與東方圖書館〉，《商務印書館館史資料》，第 7 期（北京：商務印書館，1981 年 3 月）。

29：汪家熔，〈關於《繡像小說》（1903～1906）〉，《商務印書館館史資料》，第 17 期（北京：商務印書館，1982 年 5 月）。

30：沄，〈王雲五和胡適〉，《商務印書館館史資料》，第 37 期（北京：商務印書館，1987 年 4 月）。

31：周策縱著，楊默夫譯，《五四運動史》（臺北：龍田出版社，民國 69 年 5 月初版）。

32：林熙，〈從《張元濟日記談商務印書館》〉，《大成》，第 105 期至 108 期（香港：大成出版社，1982 年 8 月～11 月）。

33：林爾蔚，〈王雲五與商務印書館〉，《出版史料》，總 10 期（上海：學林出版社，1987 年 12 月）。

34：林爾蔚，〈商務印書館詞書出版情況和今後遠景規劃〉，《出版工作、圖書評介》，1985：9（北京：中國人民大學書報資料中心，1985 年 9 月）。

35：林爾蔚，〈總結過去，開拓未來〉，《商務印書館九十五年》（北京：商務印書館，1992 年 1 月第一版）。

36：林爾蔚、汪家熔，〈漫談商務印書館〉，《商務印書館館史資料》，第 25 期（北京：商務印書館，1984 年 2 月）。

37：邵益文，〈中國近現代出版業的優良傳統〉，《出版工作、圖書評介》，1994 年第 1 期（北京：中國人民大學書報資料中心，1994 年 4 月）。

38：長洲，〈商務印書館的立憲派〉，《商務印書館館史資料》，第 43 期（北京：商務印書館，1989 年 3 月）。

39：長洲，〈商務印書館的早期股東〉，《商務印書館九十五年》（北京：商務印書館，1992 年 1 月第一版）。

40：柳和城，〈從一份地址看張元濟與民國風雲人物的交往〉，《出版史料》，總 19 期（上海：學林出版社，1990 年 3 月）。

41：柳和城，〈讀張菊老的一篇佚文和《中國歷史教科書》〉，《出版史料》，總 20 期

（上海：學林出版社，1990 年 6 月）。

42：柳和城、陳夢雄，〈張元濟的出版宗旨和他的教育思想〉，《上海大學學報（社科版）。》，1988：4（上海：上海大學學報編輯部，1989 年 5 月）。

43：胡序文，〈胡愈之與商務印書館〉，《商務印書館九十年》（北京：商務印書館，1987 年 1 月第一版）。

44：胡煥庸，〈竺可楨先生與商務印書館〉，《商務印書館九十年》（北京：商務印書館，1987 年 1 月第一版）。

45：胡道靜，〈孫毓修的古籍出版工作和版本目錄學著作〉，《商務印書館九十五年》（北京：商務印書館，1992 年 1 月第一版）。

46：范岱年，〈范壽康與商務印書館〉，《商務印書館九十年》（北京：商務印書館，1987 年 1 月第一版）。

47：唐振常，《上海史》（上海：人民出版社，1989 年 10 月第一版）。

48：徐有守，〈王雲五先生與中國出版事業〉，《王雲五先生與近代中國》（臺北：臺灣商務印書館，民國 76 年 6 月初版）。

49：徐有守，〈王雲五先生與商務印書館〉，《我所認識的王雲五先生》（臺北：臺灣商務印書館，民國 65 年 4 月二版）。

50：桑谷人，〈陳叔通先生和商務印書館〉，《商務印書館館史資料》，第 23 期（北京：商務印書館，1983 年 10 月）。

51：高崧，〈商務印書館今昔〉，《商務印書館九十五年》（北京：商務印書館，1992 年 1 月第一版）。

52：張人鳳，〈辛亥前後商務印書館的《法政雜誌》〉，《出版史料》，總 22 期（上海：學林出版社，1990 年 12 月）。

53：張伯幼，〈商務印書館和德國古典哲學在中國的傳播〉（上）（下），《商務印書館館史資料》，第 29、30 期（北京：商務印書館，1984 年 12 月~1985 年 2 月）。

54：張克明，〈北洋軍閥查禁革命進步書刊述略〉，《出版史料》，總 21、22 期（上海：學林出版社，1989 年 3、4 月）。

55：張連生，〈追隨雲五先生十一年〉，《我所認識的王雲五先生》（臺北：臺灣商務印書館，民國 65 年 4 月二版）。

56：張憲文、穆緯銘主編，《江蘇民國時期出版史》，（江蘇：江蘇人民出版社，1993 年 12 月第一版）。

57：許錫強，〈商務印書館也曾印行馬恩著作〉，《商務印書館館史資料》，第 48 期（北京：商務印書館，1992 年 4 月）。

58：陳兆福，〈記蔡元培與高夢旦〉，《商務印書館館史資料》，第 9 期（北京：商務印書館，1981 年 5 月）。

59：陳江，〈惲鐵樵先生傳略〉，《商務印書館館史資料》，第 11 期（北京：商務印書館，1981 年 7 月）。

60：陳江、陳兆福，〈謝六逸與商務印書館〉，《商務印書館館史資料》，第 40 期（北京：商務印書館，1988 年 3 月）。

61：陳典，〈東方雜誌的定名〉，《商務印書館館史資料》，第 7 期（北京：商務印書館，1981 年 3 月）。

62：陳典，〈關於《辭源》發行〉，《商務印書館館史資料》，第 8 期（北京：商務印書館，1981 年 4 月）。

63：陳孟端，〈商務編輯、國文法草創著者陳承譯〉，《商務印書館館史資料》，第 42 期（北京：商務印書館，1988 年 11 月）。

64：陳原，《記胡愈之》（北京：生活、讀書、新知三聯書店，1994 年 6 月第一版）。

65：陳夢熊，〈重讀張元濟著《中華民族的人格》及其題辭〉，《圖書館雜誌》，總 2 期（上海：圖書館學會，1982 年 4 月）。

66：陳福康，《鄭振鐸傳》（北京：十月文藝出版社，1994 年 8 第一版）。

67：章克標，〈商務印書館引進日資雜記〉，《商務印書館館史資料》，第 39 期（北京：商務印書館，1987 年 9 月）。

68：勞祖德，〈鄭孝胥日記中的出版史料——讀《商務印書館大事記》〉，《商務印書館館史資料》，第 42 期（北京：商務印書館，1988 年 11 月）。

69：黃繼武等著，《竺可楨傳》（北京：科學出版社，1990 年 12 月第一版）。

70：黃亮吉，《東方雜誌之刊行及其影響之研究》（臺北：臺灣商務印書館，民國 58 年月）。

71：葉宋曼瑛，〈張元濟、李伯元與《繡像小說》〉，《出版史料》，總 5 期（上海：學林出版社，1986 年 6 月）。

72：葉宋曼瑛，〈新舊交替時期的兩種學人的探討——從張元濟、胡適往來信札談起〉，《出版史料》，總 11 期（上海：學林出版社，1988 年 3 月）。

73：葉宋曼瑛著，張人鳳、鄒振環譯，《從翰林到出版家——張元濟的生平與事業》，（香港：商務印書館有限公司，1992 年 1 月第 1 版）。

74：熊融，〈茅盾致張元濟的信札和祝辭〉，《出版史料》，總 4 期（上海：學林出版社，1985 年 12 月）。

75：管歐，〈我所敬佩的王岫廬先生〉，《我所認識的王雲五先生》（臺北：臺灣商務印書館，民國 65 年 4 月二版）。

76：劉光裕，〈論張元濟的編輯活動——兼談在文化史上的影響〉，《出版史料》，總 11 期（上海：學林出版社，1988 年 3 月）。

77：鄭世綱，〈商務印書館與基督教〉，《商務印書館館史資料》，第 37 期（北京：商務印書館，1987 年 4 月）。

78：樽木照雄著，東爾譯，〈商務印書館與山本條太郎〉，《商務印書館館史資料》，第 43 期（北京：商務印書館，1989 年 3 月）。

79：澤本郁馬著，筱松譯，〈商務印書館與夏瑞芳〉，《商務印書館館史資料》，第 22

期（北京：商務印書館，1983 年 7 月）。

80：蕭新棋，〈古逸叢書、續古逸叢書、古逸叢書三編〉，《商務印書館館史資料》，第 43 期（北京：商務印書館，1989 年 3 月）。

81：彌吉光長著，吳樹文譯，〈出版史的研究法〉，《出版史料》，總 11 期（上海：學林出版社，1988 年 3 月）。

82：謝振聲，〈解放前商務唯一自然科學雜誌——《自然界》〉，《商務印書館館史資料》，第 31 期（北京：商務印書館，1985 年 6 月）。

83：謝振聲等著，〈緬懷杜亞泉先生（1873～1933）〉，《商務印書館館史資料》，第 22 期（北京：商務印書館，1983 年 7 月）。

84：關鴻，〈福州路與商務印書館〉，《中國時報》（臺北：中國時報社，民國 86 年 6 月 6 日），第 27 版

85：蘇精，〈藏書校書印書的張元濟〉，《傳記文學》，40：1（臺北：傳記文學雜誌社，民國 71 年 1 月）。

86：顧沛君，〈商務印書館的領導人物〉，《出版與研究》，第 31 期（臺北：出版與研究雜誌社，民國 67 年 9 月）。

王雲五與臺灣商務印書館（1965～1979）
韓錦勤　著

作者簡介

韓錦勤　1973 年出生於台灣省台北縣，國立台灣大學歷史學系夜間部、國立台灣師範大學歷史研究所碩士班畢業，現任桃園縣立平鎮高中歷史科教師。

提　要

　　本文討論的對象是以王雲五與臺灣商務印書館之間的關係為主，時間的斷限則是從王雲五重新主持臺灣商務到他去世為止，即民國五十三年至民國六十八年。內容方面，除了緒論與結論外，擬列四章、十一節來討論。以下僅就各章的結構安排分述如下：

　　第一章〈王雲五與商務的結緣〉。此章從王雲五與商務如何結下不解之緣開始。第一節先對王雲五的個人生平做一個陳述，包括其家世、求學、從事教職、參政等經歷。再說明王雲五受胡適介紹進入當時屬於大出版業的商務擔任編譯所所長，一直到任職管理全館的總經理的過程，討論其得以成功之因素。並就其出版理念與提倡科學管理做個介紹，而這些觀念與日後王雲五改革、領導臺灣商務有其關連性。

　　第二章〈臺灣商務的早期發展〉。本章先由臺灣早期出版環境的限制論起，說明在民國三十八年以後，國府所執行圖書查禁的工作對當時出版業的發展是有所影響，處在此環境下的臺灣商務由初創到獨立，其業務的發展情形在起初並不是一帆風順，但是仍為後來的臺灣商務奠立了一些基礎。此時的王雲五只是擔任臺灣商務印書館的一個股東而已。

　　第三章〈王雲五重主臺灣商務〉。民國五十二年，王雲五自政壇辭職，次年被選為臺灣商務印書館的董事長，此時的王雲五已七十六歲了，仍稟承著豐富的精力接下「復興」商務的重擔，實行一連串的改革，諸如職位的調動、組織章程的制定、編輯人才的網羅、出版計畫的擬定等，都顯現王雲五視臺灣商務印書館為一個出版企業在經營。

　　第四章〈王雲五主持臺灣商務的評價〉。王雲五豐富的人生閱歷，使得他的人脈資源眾多。出版業必須與其他文化機構做互動，例如，在復興中華文化的背景下，臺灣商務與故宮、中華文化復興運動推行委員會保持合作關係。並且探討一個出版業與社會大眾的關係，包括平價書「人人文庫」的印行以及配合節日進行的書籍特價活動來刺激買氣，對帶動社會的讀書風氣或多或少有所幫助。而將過去的《東方雜誌》《教育雜誌》重印或將《出版月刊》《東方雜誌》先後復刊，對學術研究更是幫助不少。本章最後是對王雲五主持臺灣商務的成績作個評價，將他所樹立的規模與初期設立時的臺灣商務做一個比較。

　　結論中從公共領域的理論，來看王雲五在出版文化的努力以及臺灣商務印書館處於臺灣的政治環境下，遭受的限制。以及其對臺灣文化上的貢獻所在。

目 錄

自 序

　　台灣史的研究是這些年來，學術界中的顯學，舉凡台灣英雄偉人傳記、台灣政權的轉移、台灣經濟的盛衰、台灣社會的結構、台灣藝文的發展都成為學者們關心與研究的主題。這本論文雖屬於台灣史中的一部份，但卻又是台灣史中較少人涉及的出版史研究。

　　出版其實與民眾日常生活息息相關，除了影響社會風氣之外，也帶動知識界的改革。決定研究這樣的主題時，當時有關一個書局興衰的專題研究並不多。故決定從王雲五的一生中切入，尋找跟台灣商務印書館有關種種記載。

　　本以為史料的蒐集會是研究中所遇到的最大難題，但是感謝指導這篇論文的賴澤涵老師，提供我相關資訊的政大王壽南老師，台灣商務印書館的張連生總經理，以及提供資料的國史館、國民黨黨史會、中央日報資料室、王雲五圖書館等曾幫助我的貴人，讓這篇論文得以完成。

緒　論

　　圖書是歷史相當悠久的傳播工具，它具有傳播和貯存思想文化知識的功能。《中庸》有云：「文武之政，布在方策。」這句話正說明了最初的出版物的雛形；所謂的「方」就是木板，而所謂的「策」則是竹簡，古人以方策書寫文字，並藉以傳播政令、宣揚文教。而後，由於學術的日漸興盛，各種的寫作數量逐漸增加，當政者則更重視出版的功能，扶植其成長。

　　《隋書・經籍志》中有一段話，正道破了經籍流傳的文化傳播功能：

　　　　夫經籍也者，機神之妙旨，聖哲之能事，所以經天地，緯陰陽，正綱
　　　紀，弘道德；顯仁足以利物，藏用足以獨善。學之者，將殖焉；不學者，
　　　將落焉。……其王者之所以樹風聲，流顯號，美教化，移風俗，向莫由乎
　　　斯道〔註1〕！

　　歷代在位者也都知道傳播知識的書籍是多麼重要，「出版」是一雙推動文化發展的手，故歷代多重視書政，不斷改良出版的缺失，爲移風易俗、敦美人心、樹立政績，更爲後代子孫累積了許許多多的文化遺產〔註2〕。

一、研究動機與問題意識

　　今日，處在知識與資訊發達的時代，又提倡終生學習，人人皆可以從圖書出版上獲得新知，提昇個人心靈層次，國家的盛衰已不能單看國民所得與軍備武器決定，國民擁有高知識水準，才能躋身於先進國家之列。國民知識水準的提高雖有賴於教

〔註 1〕（唐）長孫無忌等撰，《隋書・經籍志》（上海：商務印書館，民國 26 年），卷一，
　　　　頁 1。
〔註 2〕太陽國際出版社編輯委員會編，《中國文寶》（臺北：太陽國際出版社，民國 76 年），
　　　　頁 12。

育的普及，但是出版事業是負責彌補學校教育的不足或不及之處。可見一個國家出版事業的發展，對整個國家的教育、社會、經濟發展都有很大的影響；教育是經濟發展的基礎投資，而圖書出版則是教育的主要工具〔註3〕。

日本學者彌吉光長將出版史的研究範圍分為八類，第一為書志以及書志性的出版史；第二為出版社史以及個人傳記；第三為出版團體史，如行會、同業公會、信徒會；第四為出版司法、行政史；第五為出版、流通史，包括宣傳和市場調查；第六為著述、編纂史；第七為印刷、裝訂以及紙業史，第八為讀書、藏書史〔註4〕。本論文是研究一個人物在出版事業上的作為，以及對出版事業的影響為主。因此屬於八類中的第二類，希望藉此研究，對王雲五以及臺灣商務印書館能有所瞭解。

清末民初，上海商務印書館扮演提供豐富知識的傳播者給轉變下的中國。自甲午一役至五四運動，政治上每經一次變動，文化上也隨著改進，商務印書館與中國文化的關係大概有教科書的編印、白話文的推行、西洋文學與社會科學、自然科學的介紹、國故及國故的整理、文學工具的供應與研究、圖書館的開放等〔註5〕，王雲五擔任總經理的十五年中，商務是當時中國最大的出版事業〔註6〕，並且，在戰火下屢次帶領商務度過難關。

民國三十六年，上海商務在臺灣設立分館。民國三十九年，國民政府來臺之後，商務臺灣分館奉行政院頒布的〈淪陷區工商業企業總機構在臺灣省設分支機構管理辦法〉，成為臺灣商務印書館，自始為一獨立機構。臺灣商務獨立之初的營業並不順利，直到王雲五擔任董事長後，資產和營業額的增加、組織架構的改變、編輯人才的網羅、叢書雜誌的出版與復刊等，皆讓臺灣商務不同於以往。民國五十五年〈1966〉，大陸發動文化大革命，使得中華傳統文化在傳承上產生了中斷現象，大陸上的商務印書館失去扮演文化傳遞者的身份時，王雲五主持的臺灣商務印書館則正好扮演著傳承的角色。

王雲五擔任主持商務編譯所所長之前，他在文化界毫無名氣，因緣際會經由胡適的背書而接下編譯所所長一職，又受到商務內部高層的信任而進行改革，他在任

〔註3〕達塔斯・史密思（Datus C. Smith, Jr.）著，彭松達、趙學苑譯，《圖書出版的藝術與實務》（臺北：周知文化出版，民國84年），頁11。

〔註4〕轉自劉增兆，〈清末民初的商務印書館——以編譯為中心之研究（1902～1932）〉（臺北：國立政治大學歷史研究所碩士論文（民國85年9月），頁2。

〔註5〕詳見王雲五，〈本館與近三十年中國文化之關係〉，收錄：商務印書館編輯部，《商務印書館九十五年》（北京：商務印書館，1992年），頁284～287。

〔註6〕Boorman Howard L., Richard C., Joseph K. H. Biographical dictionary of Republican China （New York : Columbia University Press, 1967～79）, vol. 3, p. 400.

期內發明了四角號碼檢字法、中外圖書統一分類法，最後還當上了商務總經理，提倡進步的科學管理方法。也趁著經營文化事業之便而得以參政，王雲五的行政之路曾擔任過行政院副院長等職。具備曾管理出版事業的經驗，以及對文化之理念，促使王雲五在辭行政院副院長一職後，選擇回到不景氣的出版事業貢獻一己之力，這與當時大部份自政壇退休後的官員生活是截然不同。

究其因，或許是王雲五個人的精力充沛使然，當然亦不能忽略本身的強烈文化使命感以及對商務的感情。但若從另一個角度看，在一個政治干預出版與言論的年代裡，王雲五的重新主持臺灣商務印書館，帶給臺灣商務一番新氣象。只是，這樣的組合又帶給臺灣出版文化何種實質上的影響？畢竟，文化理念在遇到政治現實後，仍能堅持下去者不多。民國成立後，臨時約法付與人民言論、著作刊行的自由，上海商務印書館亦努力從事新知識、新思想的介紹〔註 7〕。民國十四年五卅事件發生，王雲五因《東方雜誌》刊登五卅特刊而觸犯〈出版法〉，被英國殖民地政府控告。足見此時的王雲五是勇於向權威挑戰的。可惜的是，參政後的王雲五，失去出版家應挑戰威權的特性，即使仍有復興文化的理想，卻無出版事業在言論上應有的自主性，這樣的轉變值得探討。

在大部分年輕一輩的過去印象裡，可能會認為臺灣商務印書館是個歷史悠久而且「一成不變」的出版社，其所出版的書又是以學術性或古籍叢書為主，無法吸引年輕的讀者群。臺灣商務會有如此的出版方向，有其歷史背景。因此，本文擬探討：

(一) 臺灣商務印書館早期的開展情形與臺灣的政治氛圍，二者之間，有何種關聯或影響？

(二) 在王雲五重新主持臺灣商務印書館後，對臺灣商務印書館本身，或者對當時的臺灣文化界有什麼轉變或影響？

(三) 出版事業除了與讀者之間擁有密切的關係，它與其他文化機構也應該是互相合作、資源共用。王雲五主持的臺灣商務在這方面的作為是如何？

二、研究回顧與資料運用

解嚴前的臺灣，言論自由、出版自由以及文藝創作等，皆被政治力量控制著。因此，光復後國家對文化的控制之議題，主要從政策面著手，再探討到對大學或文學發展的影響。如曾士榮的《戰後台灣之文化重編與族群關係—兼以「台灣大學」

〔註 7〕王雲五，〈五十年來的出版趨勢〉，《岫廬論學》（臺北：臺灣商務印書館，民國 55 年），頁 442。

為討論例案（1945～50）》（臺北：國立臺灣大學歷史研究所碩士論文，（民國八十三年）），研究內容著重於光復後「去日本化／就中國化」的政策面分析。其他包括蔡其昌所撰述的〈戰後（1945～1959）台灣文學發展與國家角色〉（臺中：私立東海大學歷史研究所碩士論文，（民國八十六年）），內容則在討論國家角色對於光復後文學發展的影響。至於光復後維繫文化發展的重要因素——出版事業之發展，至今仍缺乏相關研究。故本文擬藉著王雲五與臺灣商務印書館的互動關係為研究對象，來透析光復後出版事業所面臨到的政治環境及其應變的措施。

有關臺灣商務印書館的相關記載，在王雲五所編寫的《商務印書館與新教育年譜》一書中，佔一部分的篇幅，可以視為研究的一手史料，作者在臺灣商務擔任董事長的職位，位居決策中心，故可以看出他當時在臺灣商務施行的一些措施。此外，內容還包括一些臺灣商務的組織辦法，是書因為自上海商務創業開始記載，故也可以瞭解整個商務印書館的歷史沿革。

另外，王雲五所著的《岫廬八十自述》、《岫廬最後十年自述》兩本具自傳性質的書籍，其中記載王雲五本身在臺灣商務的作為，甚至收錄一部分臺灣商務召開的股東會會議記錄，因此也可算是研究上所參考的史料。至於王雲五其他著作則是得知其在政治、教育、出版文化的經歷、理念，以及科學管理概念的參考資料，如《十年苦鬥記》、《紀舊遊》、《談往事》、《岫廬論國是》、《岫廬論教育》、《岫廬論管理》等書。

王壽南在其所編著的《王雲五先生年譜初稿》一書中，收錄許多有關王雲五參與事情所報導的報紙或文章。作者整理出許多王雲五生前與其學生或與當代學者們的往來信件，對於瞭解王雲五與學生、故交之間的日常生活、求學和工作的交流情形有相當的助益。

另外，《王雲五先生與近代中國》中收錄王雲五的學生、故舊所寫有關王雲五在各方面表現的文章，如《王雲五與故宮博物院》、《王雲五與自由人三日刊》、《王雲五與中國圖書館》、《王雲五與中國當代教育》、《王雲五與中國行政改革》、《王雲五與中國出版事業》、《王雲五與中國民主政治的發展》、《王雲五與我國特種考試甲等考試制度》、《王雲五與中國學術文化基金會》等。其中，徐有守所著《王雲五先生與中國出版事業》一文，更可以略知王雲五與上海商務印書館、臺灣商務印書館的關係。

至於其他相關的著作，尚有徐有守的〈王雲五先生與商務印書館〉和張連生的〈追隨雲五先生十一年〉，此兩篇文章皆收錄於《我所認識的王雲五先生》一書。是書出版緣起為王雲五的門生故舊為了慶賀其八十八歲生日集稿恭祝而成，書中對王

雲五的從政、教書、爲人處世等事當然記載頗多，其中，徐有守與張連生的文章較可看出王雲五與臺灣商務印書館的大概關係，但內容大部分是站在正面的角度看王雲五經營臺灣商務印書館的情形。

在此必須提及的是，徐有守雖然寫過幾篇有關王雲五與商務印書館或中國出版事業之間關係的文章，但是內容所述多是由王雲五的著作中摘錄出來，而且有關臺灣商務的敘述部份所佔不多。阮毅成《八十憶述》中提到與王雲五相交的情形，以及對王雲五在臺灣商務的所做所爲也有一些描述，因此值得參考。

本文研究除了參考上述一、二手史料外，尚參考臺灣商務出版的期刊部份，主要是民國五十四年與民國五十六年分別復刊的《出版月刊》與《東方雜誌》，一直到民國六十八年王雲五去世爲止。此兩種期刊可以說是王雲五重主商務後，所復刊且具學術性質的雜誌，而且由雜誌內所刊登的書籍廣告即可以看出當時臺灣商務的出版活動。《出版月刊》中的讀者意見欄，亦可以看到當時社會人士對臺灣商務印書館的反應。

以上所提及王雲五的個人著作、王壽南所編寫的年譜與書籍，以及徐有守、張連生的文章，可以彌補臺灣商務內部資料因爲沒有整理，而無法提供筆者參考的缺憾。

除此之外，本文亦引用了一些檔案資料以方便對當時臺灣的出版環境做描述，如中國國民黨中央委員會黨史委員會所藏的《文工會檔案》、國史館所藏的《蔣中正總統檔案》等特交檔案中有關教育文化類，兩者皆對當時政府政策有所記述，因而瞭解當時國民黨對思想控制與出版限制的情形。

三、研究方法與章節架構

文章中，擬藉著王雲五入主臺灣商務之過程的陳述，以及若干數據統計資料的整理與分析，冀望瞭解光復後出版事業在政治影響下的反應與回饋。並從公共領域（Public Sphere）的角度切入，探討光復後文化傳播事業所面臨的困境。公共領域是德國法蘭克福學派第三代的學者哈伯馬思（Jurgen Habermas）所提出，其定義爲：市民可以自由表達及溝通意見，以形成民意或共識的社會生活領域。其要件是市民應有相等的表達機會，並且自主的形成公共團體，討論的主題則以批評公共事務爲主。因此，對哈伯馬思而言，媒體是構成公共領域的重要一環〔註 8〕。出版事業既

〔註 8〕張錦華，《公共領域、多文化主義與傳播研究》（臺北：正中書局，民國 86 年），頁 16。

然屬於傳播媒體的一份子，當可藉此理論來審視臺灣商務印書館，在國民政府推動中華文化復興運動之下，依違於政治力量與社會責任之間的處境。

本文討論的對象是以王雲五與臺灣商務印書館之間的關係為主，時間的斷限則是從王雲五重新主持臺灣商務到他去世為止，民國五十三年至民國六十八年。內容方面，除了緒論與結論外，擬列四章、十一節來討論。以下僅就各章的結構安排分述如下：

第一章〈王雲五與商務的結緣〉。此章從王雲五與商務如何結下不解之緣開始。第一節先對王雲五的個人生平做一個陳述，包括其家世、求學、從事教職、參政等經歷。再說明王雲五受胡適介紹進入當時屬於大出版業的商務擔任編譯所所長，一直到任職管理全館的總經理的過程，討論其得以成功之因素。並就其出版理念與提倡科學管理做個介紹，而這些觀念與日後王雲五改革、領導臺灣商務有其關聯性。

第二章〈臺灣商務的早期發展〉。本章先由臺灣早期出版環境的限制談起，說明在民國三十八年以後，國府所執行圖書查禁的工作對當時出版業的發展是有所影響，處在此環境下的臺灣商務由初創到獨立，其業務的發展情形在起初並不是一帆風順，但是仍為後來的臺灣商務奠立了一些基礎。此時的王雲五只是擔任臺灣商務印書館的一個股東而已。

第三章〈王雲五重主臺灣商務〉。民國五十二年，王雲五自政壇辭職，次年被選為臺灣商務印書館的董事長，此時的王雲五已七十六歲了，仍稟承著豐富的精力接下「復興」商務的重擔，實行一連串的改革，諸如職位的調動、組織章程的制定、編輯人才的網羅、出版計畫的擬定等，都顯現王雲五視臺灣商務印書館為一個出版企業在經營。

第四章〈王雲五主持臺灣商務的評價〉。王雲五豐富的人生閱歷，使得他的人脈資源眾多。出版業必須與其他文化機構做互動，例如，在復興中華文化的背景下，臺灣商務與故宮、中華文化復興運動推行委員會保持合作關係。並且探討一個出版業與社會大眾的關係，包括平價書「人人文庫」的印行以及配合節日進行的書籍特價活動來刺激買氣，對帶動社會的讀書風氣或多或少有所幫助。而將過去的《東方雜誌》、《教育雜誌》》重印或將《出版月刊》、《東方雜誌》先後復刊，對學術研究更是幫助不少。本章最後是對王雲五主持臺灣商務的成績作個評價，將他所樹立的規模與初期設立時的臺灣商務做一個比較。

結論中從公共領域的理論，來看王雲五在出版文化的努力以及臺灣商務印書館處於臺灣的政治環境下，遭受的限制。以及其對臺灣的文化上的貢獻所在。

第一章　王雲五與商務的結緣

　　王雲五是位好研究的讀書人，四角號碼檢字法的發明，中山大詞典一字長篇，字典的編纂，說明了他對學問所懷有的永不衰竭的學習與創造力，王雲五一生雖然沒有正式上過學，卻憑著自己的毅力苦學成功。他發明了「中外圖書統一分類法」、「四角號碼檢字法」，王雲五又用了將近半世紀的心血，致力於中國的文化出版事業。此外，其一生中有近二十年的時間貢獻給國家，從事政務工作，其中民國三十七年王雲五主導金圓券的發行〔註1〕，其失敗後加速大陸局勢的惡化，之後王雲五雖引咎辭職，但局面已無法收拾。雖然如此，王雲五主持商務印書館對中國現代文化的貢獻是不爭之論。從文化事業到政治生涯，由政治生涯到學術著述，王雲五皆投入其心血與智慧全力以赴，因此說到商務印書館，無法不提到這位屢次帶領商務渡過難關的長者。

　　本章的內容主要在認識王雲五個人生平，以及他是如何進入上海商務印書館，並且藉著改革計劃的提出以實現自己的理想？及至商務遭遇一二八事變、八年抗戰的戰火摧毀後，王雲五帶領商務渡過難關，使其復興的過程是如何？因此在第一節中先論述王雲五個人生平，包括其家世與教育、參政生涯及參與社會工作的歷程；第二節則是詳細介紹王雲五與商務印書館結下不解之緣的開始；第三節從王雲五思想中，觀其所展現的文化理念與經營作風。

〔註1〕有關金圓券的發行，眾說紛紜。沈雲龍與王壽南認爲此項改革案非王雲五本意，而是勇於代人受過。參見吳相湘，〈王雲五與金圓券的發行〉，《傳記文學》36卷2期（民國69年2月），頁44～52；〈一代奇人王雲五（下）〉，《中央日報》民國80年7月20日，第17版。但在王雲五自述中與吳相湘、邵德潤的求證下，金圓券的發行確是王雲五所主導，見吳相湘，前引書；邵德潤，〈發行金圓券的真實情況——讀王雲五自述與徐柏園遺稿而得的結論〉，《傳記文學》44卷4期（民國73年4月），頁23～28。

第一節　個人生平

一、家世與教育

王雲五（1888 年 7 月 9 日～1979 年 8 月 14 日），本名之瑞，族派名鴻楨，小名日祥，字雲五，其後以字行，又號岫廬，早年筆名則有出岫、岫廬，創辦華國出版社後，其譯書的筆名用龍倦飛，蓋取「雲從龍」與「雲無心以出岫，鳥倦飛而知遠」之義〔註2〕。原籍廣東省香山縣（現名中山縣），光緒十四年六月一日生於上海，兄弟四人，姊妹五人，排行最小，出生時三哥已夭折。健存者僅大哥日華與二哥日輝，三位姊姊中，大姊亦早逝，僅存二、三姊。王雲五幼年體弱多病，家境不裕，三歲隨母返香山，七歲又返上海，啟蒙讀書，其啟蒙老師為長兄日華，日華於二十三年考取生員（俗稱秀才），不幸二、三個月後便患病去世，享年僅十八歲。

王雲五父名光斌，年少時隨親戚至上海經商，勉能贍家，母親梁氏亦香山縣人，出身寒門儉約成性，由於日華的去世，王雲五自十歲起進入私塾讀書，在私塾老師中，以李老師（順德縣人）對其影響最大。李老師的弟弟（人稱師叔），認為王雲五將來成就不凡，本著「日下現五色祥雲」的故事，替其取了一個別字「雲五」。但也由於大哥王日華之死，使其父母親誤認為家運與風水是不適於子弟念書，而且二哥王日輝自幼習商，略有成就。於是終在二十八年春，受父命輟學習商，改為半工半讀，日間在五金店為學徒，晚間則入夜校補習英文。

二十九年，王雲五的二姊夫梁仲喬到上海求學，徵得父親的同意，仲喬與王雲五同入上海之守真館習英文。王雲五因為在從遊李老師的一年裡，鼓起了自動學習的興趣，故在守真館學習英文八個月時間裡研讀勤奮，由第六級班升至第三級班，正擬升第二級班時，父親又命王雲五擔任他的倉庫助理，只好再次輟學，王雲五雖不願從事商業；但事實擺在眼前，王雲五如不相助，要父親另行物色適當可靠的人，恐怕一時不易辦到。為了這樣，王雲五寧讓自己內心難過，不願使父親不歡，不得已就答應下來，但是王雲五對於讀書頗感興趣，對商業卻不很適宜，將來父親隨時覓得適當的助理，最好能讓王雲五再繼續讀書。半年後，王雲五改任一英文夜校之助教，以此薪津進入由英人布茂林（Charles Bud）主辦的同文館修業。三十一年春，王雲五在同文館兼任教生（Monitor 即助教），教授低年級功課，且在第一級隨班聽講，除免繳學費外，另每月有二十四元固定薪資，並利用布茂林私藏圖書之便，以供研究，遂廣讀中西名著，開始嘗試翻譯工作，在上海南方日報發表，譯稿以「出

〔註 2〕王雲五，《岫廬八十自述》（臺北：臺灣商務印書館，民國 56 年），頁 569。

岫」爲筆名，以後寫作概用此或「岫廬」之名。

二、從事教書與公職

　　光緒三十一年十月，王雲五十八歲，結束時斷時續的學生生活，應聘爲一所私立英文專修學校，名爲益智書室，擔任惟一的教員，學生共有一百餘人，最初兩個月，除講授英文、史地、數學等科外，特別觀察學生的程度與興趣，而謀教學的改進。實施僅及半年，梁信瑚、霍錫祥分別考取唐山路礦學堂及郵局。因此使就讀學生人數大增。三十二年十月，王雲五轉任中國新公學英文教員，時校中學生年齡與王雲五相仿，如胡適小其二歲、朱經農長其二歲，學生對小老師的能力不免有所懷疑，初時質問特多，後見王雲五解說時滔滔不絕，表露具有豐富的蘊藏，始表悅服〔註3〕。胡適在《四十自述》中就寫到：

　　　　我在中國公學（按：這應指中國新公學）兩年，受姚康侯和王雲五兩
　　先生的影響很大，他們都最重文法上的分析，所以我那時雖不大能説英國
　　話，卻喜歡分析文法的結構，……所以在這一年之中，我雖沒有多讀英國
　　文學書，卻在文法方面得到很好的練習〔註4〕。

　　光緒三十三年，王雲五從商務印書館西書部，分期付款購得大英百科全書一部，共三十五鉅冊，費時三年將此大英百科全書閱覽一遍。宣統元年（1909），當時王雲五二十一歲，江寧提學使李瑞清（號梅庵）創辦一留美預備學堂，聘其爲兼任教務長，此時並仍在中國公學（已與中國新公學合併）教書，王雲五本有意出國留學，但三位兄長皆英年早逝〔註5〕，四兄弟中僅存王雲五一人，爲了安慰父母，乃放棄留學之念，並趁早考慮結婚以符合兩老願望。宣統二年，王雲五與徐淨圃結婚，結婚時按照族中之流派，取名「鴻禎」，雖留學念頭被打消，但王雲五本著好研究的特性，因悉美國的萬國函授學校設有各種專門學科，於是乃選修土木工程學科，在兩年之內，修畢數理機械各種基本課程。

　　民國元年（1912）一月一日，孫中山被選爲中華民國臨時大總統。次日晚間香山縣同鄉聯合歡宴孫文於上海戾虹園，王雲五以二十三歲青年被同鄉父老推爲主席，致詞歡迎孫中山，並陳說中華民國建國之意義，因此受到孫中山的賞識，乃邀王雲五擔任臨時大總統府秘書。同年，王雲五因從事教育工作有六、七年的時間，

〔註3〕詳見王雲五，《岫廬八十自述》，頁14～37。
〔註4〕胡適，《四十自述》（臺北：遠流出版社，民國77年），頁84。
〔註5〕二哥日輝於光緒三十三年去世，並無子嗣，享年二十四歲。王雲五，《岫廬八十自述》，頁40～41。

平日對教育制度備極關懷。中華民國成立，蔡元培為首任教育總長。一月，王雲五便上書蔡元培，提出革新教育之建議，內容要點有：一、提高中等學校程度，廢止各省所設的高等學堂，在大學校附設一二年的預科，考選中等學校畢業生或相當程度者入學，預科畢業生升入本科。二、大學不限於國立，應准許私立；國立者不限於北京原設一所，全國暫行分區各設一所。王雲五並主張，除北京原有所謂京師大學堂外，南京、廣州、武漢，應盡先各設一所。三、各省得視需要，設專門學校，其修業年期較大學為短，注重實用〔註6〕。蔡元培頗為讚賞，隨即覆函，請王雲五到教育部相助，經大總統孫中山同意，於是王雲五上午到總統府辦公，下午在教育部工作。三月，大總統孫文宣告下野，王雲五隨臨時政府北遷，專任教育部專門教育司第一科科長，旋薦任為僉事，公餘時間則為「民立報」撰稿。二年，調任教育部主任秘書兼代專門司司長，不久部裡發生風潮〔註7〕，教育總長陳振先辭職，王雲五也於四月離去。民國元年九月起，王雲五即在北平的國民大學（後改名為中國公學大學部，再改名為中國大學）兼課，離開教育部後便專任教授，講授英文、政治學、英美法概論等課程。

民國三年三月，全國煤礦事業處成立，由熊希齡受命督辦，王雲五經朱經農介紹，奉派兼編譯股主任。當中美合辦延長煤礦合約簽訂時，主持交涉之魏易、董顯光以其中文譯本難懂，乃交王雲五重譯，因簽約日期逼近，王雲五日夜趕工，連續工作二十小時，譯成二萬六千餘字。經魏易、董顯光核對原文無誤，且譯文深合中國法律習慣用語，熊希齡大為賞職，立即將其薪資提高與魏易相等。五年七月，經孫洪伊、陳錦濤的推薦，王雲五受任江蘇廣東江西三省禁煙特派員，革除陋規，杜絕中飽。民國六年發生收買存土案〔註8〕，一時蒙受不白之冤，但因王雲五做事一向廉潔而化險為夷，但也因此於秋天辭職。離職後，王雲五在滬閉門讀書，並從事

〔註6〕根據王雲五，《商務印書館與新教育年譜》（臺北：臺灣商務印書館，民國62年），頁65。王雲五的建議，如廢止各省高等學堂及准許設立私立大學都被採行。
〔註7〕指的是「中央學會案」。當時的國會議員被選資格之一，包括具中央學會會員身份。由於規定模糊，導致許多相當於專門學校的雜牌學校畢業生紛紛比附要求，因此，交由教育部決定要從寬、從嚴。在討論此一問題的會議裡，部長陳振先與三位參事、二位司長意見相左。王雲五居中協調未果，陳振先不願屈服於五位幕僚，雙方僵持不下，眾人謂王雲五偏袒同鄉的部長，並以辭職為要脅手段。之後，眾議院注意此事，由王雲五代陳振先接受眾議員的質詢，而且安然度過。可惜，陳振先不知何故突然辭兼任教育部長一職，原已辭職的參事、司長又獲復職，王雲五只要辭職一途。詳見王雲五，《岫廬八十自述》，頁55～57。
〔註8〕所謂「存土」係指洋商已依條約輸入，我國尚未提出驗銷之印度產煙土。參見王雲五，《岫廬八十自述》，頁67～69。

譯書工作。九年，爲公民書局主編「公民叢書」〔註9〕，叢書第一部譯作爲英國學者羅素（Bertrand Russell）之《社會改造原理》，約二十萬餘言。

由上述觀之，王雲五是個不肯屈服環境的人，由年輕從商時的自我進修、教書時謀求教學上的革新可以看出；他也是個勇敢表達己見的人，由他致函教育總長蔡元培，提出對教育之建議書，內容大致爲提高中等學校程度、多設立國立、私立大學、各省視需要設專門學校，因此受蔡元培拔擢。就是抱著初生之犢的精神，當時於文化界雖名不見經傳，即將擔任商務編譯所所長的王雲五，才敢在商務大老面前提出改進建議書，並不遺餘力的執行。民國十年，王雲五因胡適的推薦，進入商務印書館擔任編譯所所長，自是遂與商務結下不解之緣，除了十八年至十九年間離開五個月，三十五年從政至五十三年重主台灣商務印書館，中間離開十八年外，自壯至老，王雲五在商務印書館工作達四十年之久，對出版界、文化界、學術界有一定的影響力。有關這方面，留待下一節再予以詳細介紹與討論。

三、參政的經歷

（一）大陸時期

民國二十七年四月，政府爲了能集思廣益，團結全國力量以抗日特設國民參政會，七月六日，第一屆第一次大會在武漢正式開幕。王雲五以文化界代表地位而膺選爲參政員。其後，國民參政會的組織和選任方法迭有改變，而王雲五被選連任四次，前後八年中出席大會十次，任駐會委員三年，任主席團主席約兩年〔註10〕。政治協商會議中，王雲五是憲法草案審議會的少數成員之一，制憲國民大會及行憲國民大會歷次會議，也都是主席團的主要人物，許多重要議案的討論會並多經由他負責主持〔註11〕。

民國三十年三月，第二屆國民參政會舉行第二次大會時，隸屬中共黨籍之參政員毛澤東、陳紹禹、林祖涵、董必武、秦邦憲、吳玉章、鄧穎超等七人藉口新四軍

〔註9〕章錫琛，〈漫談商務印書館〉，《文史資料選輯》43期（1980年12月），頁84；朱聯保，〈解放前上海書店印象記（二）〉，《出版史料》2期（1983年12月），頁148，皆誤認公民書局乃王雲五所辦。但王雲五自述中，公民書局乃趙漢卿與其友人所辦，王雲五只替其譯書。見王雲五，《岫廬八十自述》，頁72。

〔註10〕秦孝儀、李雲漢主編，《中華民國名人傳》第一冊（臺北：近代中國出版社，民國73年），頁363。

〔註11〕陳建中，〈熱忱維護憲政的社會賢達並爲國民大會敬重的王雲老〉，收錄：王壽南編，《我所認識的王雲五先生》（臺北：臺灣商務印書館，民國65年），頁181。

叛變被敉平事件，拒絕出席〔註12〕。當秘書長王世杰報告關於中共參政員不出席本屆參政會經過情形後，王雲五當下對此表示，參政員出席與否，除病假事假外，不應有其他理由，更不應提出條件。另又提出五項解決辦法：一、共產黨參政員之來函，不應向外公開，以免造成惡例。二、希望共產黨參政員重加考慮，仍能出席。三、共產黨員如能出席，可盡量提出意見以供討論。四、共產黨參政員如出席後所提之案，同人應本諸良心，公允討論，應通過者，予以通過；不應通過者予以否決。五、政府向來寬大，假使共產黨參政員能出席，則提經本會通過之案件，希望政府盡量採納。王雲五所提意見雖仍為中共拒絕外，各方均表同意，在第六次大會舉行時，由王雲五所起草並經五十三位參政員連署通過兩項提案，此項提案還受到重慶《益世報》社論的讚許與喝采〔註13〕。此舉乃王雲五本著良心，不安緘默的表現。

民國三十一年十月，第三屆國民參政會第一次大會通過設立經濟動員策進會，以輔助國家總動員法令之實施，以期切實管制物價，鞏固經濟基礎，同時決定在後方分為若干區分設辦事處，其中滇黔區以參政員褚輔成為主任，滇省情況特殊，褚輔成以年老憚於開辦，乃推王雲五自代，王雲五毅然前往，但為免妨礙商務印書館的業務，乃聲明代理一個月為期。在昆明工作的一個月裡，實以從事說明工作為主，而以平抑糧價最具功效〔註14〕。三十二年九月，第三屆國民參政會第二次大會通過組織憲政協進會以推進憲政實施工作，王雲五被指定為常務委員，並首先提出提前實行提審制度案，以保障人民的基本權利。同年十一月，報聘英國國會訪問團訪問重慶，國民參政會和立法院聯合組成訪英團，選出團員五人〔註15〕。訪英期間，王雲五在三十三年元旦，利用倫敦 BBC 電台向國內同胞講話。回國後，將此次所見所為撰成《訪英日記》與《戰時英國》二書。

民國三十三年九月，第三屆國民參政會第三次大會舉行時，正當國民政府與中共進行談判並不順利的同時，王雲五提出，商請政府派員到會報告中共問題商談之概略，結果中共代表林祖涵與國民政府代表張治中先後提出報告。報告後，王雲五發表意見，認為「問題癥結在於政權公開與軍令統一」〔註16〕。政權公開是希望政府能切實實行訓政時期約法，並能擴大各級民意機關的職權，進而走向憲政的軌道，

〔註12〕李雲漢，《中國近代史》（臺北：三民書局，民國74年），頁534。
〔註13〕轉引自王壽南，《王雲五先生年譜初稿》第一冊（臺北：臺灣商務印書館，民國76年），頁372～374。
〔註14〕王雲五，《紀舊遊》（臺北：自由談雜誌社，民國53年），頁51～52。
〔註15〕訪問團成員為王世傑、王雲五、胡霖、杭立武、溫源寧，除溫源寧為立法委員外，其他四位皆為參政員。詳見王壽南，《王雲五先生年譜初稿》第一冊，頁413。
〔註16〕王壽南，《王雲五先生年譜初稿》第一冊，頁441～442。

軍令統一則是政府與全國人民一致看法，中共既承認之，則所有軍隊都是國家的軍隊，沒有彼此之分、界限之別，於是在各方皆寄望政府與中共能解決問題的共識下，終有民國三十五年，「政治協商會議」的舉行。

　　民國三十五年一月十日，政治協商會議在重慶揭幕，王雲五受聘為政治協商會議會員，為社會賢達代表。在會議中，參加政府組織小組發表頗多建議，但未被全部採納。一月三十一日閉幕後，首先實行的決議便是憲草審議委員會，王雲五為委員之一，此審議會一直商研到十一月國民大會在南京開幕為止。在此期間，王雲五始終參與其事，對政治協商會議議程與議題有所瞭解，因此撰有回憶文章〔註17〕。

　　抗戰勝利，國民政府主席蔣中正屢邀王雲五參加政府工作，王雲五因仍在商務任職，只表示願以在野身分協助政府。民國三十五年四月，商務董事會允王雲五辭總經理職，國民政府遂在五月正式任命其為經濟部長，王雲五任經濟部長約一年，時值復員時期，王雲五強調：「復員不是復員，而是在戰後發動一個新時代的起點。」「吾人對於戰爭之毫無準備已飽嘗其苦，吾人應知對於和平之毫無準備，其危險殆不稍減。」於是在任內，對所主管的業務，諸如：工礦接收、行政效率、管制經濟、中紡公司等各方面進行整頓與改進。但與行政院院長宋子文見解不同，曾三度辭職，同時中共武裝暴動又起，以致長才無法發揮〔註18〕。

　　民國三十六年三月，行政院長宋子文辭職，王雲五也隨之離開內閣。同年四月十六日，國民黨蔣中正、民社黨張君勱、青年黨曾琦、無黨派莫德惠、王雲五共同簽署〈國民政府施政方針十二條〉，作為改組後國民政府施政方針。之後，國民政府宣佈改組，擴大政府基礎，延攬各黨派人士擔任國民政府委員，王雲五被選任為國民政府委員，二十三日又被選為國民政府行政院副院長。國民政府委員之職務較為清閒，行政院副院長並無實際職掌，但王雲五生平遇事不肯空幹的個性，於是在行政院副院長任內，他積極參與政務，對預算案致力尤多，卻受人誤會，招怨頗多。即使如此，該會卻是王雲五在行政院副院長任內最愉快的事。

　　民國三十七年五月，行憲後第一屆行政院院長由翁文灝擔任，在總統蔣中正堅邀下，王雲五被任命為財政部長。其在就職後即進行三方面重要措施：一為增加稅收；二為裁併機構；三為改革幣制。其中以改革幣制影響最大。同年八月十九日，蔣中正依〈動員勘亂時期臨時條款〉之規定，經行政院會議之決議頒布〈財政經濟緊急處分令〉，此一命令要旨為：「一、自即日起以金圓券為本位幣，十足

〔註17〕王雲五，〈政治協商會議追記〉，收錄：王雲五《岫盧論國是》（臺北：臺灣商務印書館，民國54年），頁179～183。
〔註18〕詳見吳相湘，《民國百人傳》第四冊，頁69。

準備發行金圓券，限期收兌已發行之法幣及東北流通券。二、限期收兌人民所有黃金白銀銀幣及外國幣券，逾期任何人不得持有。三、限期登記管理本國人民存放國外之外匯資產，違者予以制裁。四、整理財政並加強管制經濟，以穩定物價平衡國家總預算及國際收支。」此一改革幣制之重大措施由王雲五主持，為配合此一改制，除同時頒布〈金圓券發行辦法〉、〈人民所有金銀外幣處理辦法〉、〈中華民國人民存放國外外匯資產登記管理辦法〉、〈整理財政及加強管制經濟辦法〉外〔註19〕，另派經濟管制督導員於上海、天津、廣州三區〔註20〕。改革之初，國人熱烈支持，最初的四十天反應良好。九月三日，甫自美國歸來的傅斯年致函王雲五，其中可以得知當時情形：

> 此事關係國家之生存，非公之無既得利益者不足以為此，卓見毅力，
> 何勝景佩，我是向來好批評而甚少恭維人的，此次獨為例外〔註21〕。

同一函中，傅斯年並且針對王雲五欲出國參加貨幣基金世界銀行年會做勸阻：「報載公將赴美，愚意如有帶錢回來之把握方可，否則，或不如緩也〔註22〕。」不過，王雲五認為此係關係國家榮譽，仍親自參加，於是九月二十一日，王雲五乃率團赴美國華盛頓出席國際貨幣基金與國際銀行第三屆聯合大會，並擔任主席。主持人一走，負責人開始鬆懈，王雲五於十月十日返國後，發現若干重要之步驟未做到，加以濟南、錦州、長春相繼失守，軍事情勢逆轉，影響財政金融，王雲五擬具挽救方案，即調整物價工資與公務員待遇辦法，但行政院院長翁文灝不敢實行，於是局勢惡化，金圓券迅速貶值，發行辦法失敗。十一月十日，王雲五辭職。十一日，蔣中正准王雲五免本兼各職〔註23〕。之後，關於此事的是非功過，王雲五則不願一辯。

民國三十七年十一月二十六日，卸去公職後的王雲五攜眷由南京飛往廣州。在廣州撰著《兩年半之從政經驗》，約十萬餘言。十二月二十四日，王雲五接到商務印書館董事會主席張元濟自上海的來信，表示不再選其為董事。王雲五認為此乃張元

〔註19〕總統府第五局編，《總統府公報》80 號（南京：總統府第五局公報室，民國 38 年 8 月 20 日），第 1～3 版。

〔註20〕總統府第五局編，《總統府公報》82 號（南京：總統府第五局公報室，民國 38 年 8 月 21 日），第一版。特派俞鴻鈞為上海區經濟管制督導員，並派蔣經國協助督導。特派張厲生為天津區經濟管制督導員，並派王撫洲協助督導。特派宋子文為廣州區經濟管制督導員，並派霍寶樹協助督導。

〔註21〕吳相湘，《民國百人傳》第四冊，頁 70。

〔註22〕吳相湘，〈王雲五與金圓券的發行〉，《傳記文學》36 卷 2 期（民國 69 年 2 月），頁 45。

〔註23〕總統府第五局編，《總統府公報》150 號（南京：總統府第五局公報室，民國 38 年 11 月 11 日），第一版。

濟受到商務內部左傾分子的影響〔註24〕。三十八年二月由廣州遷居香港。在香港接獲英國劍橋大學副校長瑞文（C. R. Raven）來函，聘王雲五爲漢學特別講座，王雲五欣然同意。在赴英國之前，王雲五先赴台灣探視長子王學理。抵台第三日便受蔣中正召見於陽明山，席間，王雲五除告知要赴英講學外，也表示擬復返出版崗位。

　　蔣中正對此極表贊同並願量力相助，對王雲五的劍橋行則勸其不妨短期前往，仍盼盡早回國，隨時準備爲政府效力。後因華國出版社初創，無法分身，加上王雲五察覺到英國有承認中共之趨勢，恐怕去英國後地位尷尬，乃去函劍橋請延期到三十九年春。及民國三十九年一月，英國正式承認中共，王雲五即去函劍橋，明言中英關係生變，不得以對該校講學之約敬謹辭謝，顯見王雲五的愛國心與共黨不兩立的態度。

　　華國出版社在香港創立後，王雲五埋首於編譯工作，其所譯的書以「龍倦飛」爲筆名。民國三十九年初，王雲五籌備出版《王雲五綜合詞典》詞典的排版工作在香港進行，乃暫居香港。不料，同年十二月下旬，王雲五在香港爲中共人員暗殺，雖然沒成功，但已讓他心有餘悸，於是四十年一月，由香港來臺灣定居〔註25〕。

（二）臺灣時期

　　回臺灣定居僅數日，行政院院長陳誠即聘王雲五爲行政院設計委員會委員，旋又爲總統聘爲總統府國策顧問。民國四十一年，出任國立故宮、中央博物院聯合理事會理事長。四十三年二月，第一屆國民大會第二次大會在臺北揭幕，王雲五當選主席團，在罷免李宗仁副總統案及討論動員戡亂時期臨時條款案有傑出表現，該次大會選舉蔣中正、陳誠爲總統、副總統，王雲五被推爲代表大會向陳誠致送當選證書。同年八月，蔣中正任命其爲考試院副院長，協助院長莫德惠。對於考試政策，如檢定考試制度，創設大學博士班等皆有推動之功〔註26〕。

　　民國四十七年三月三日，王雲五奉派擔任總統府臨時行政改革委員會主任委員，聘請顧問及研究專員共三十餘人，分屬行政、國防、財政金融經濟、文教、預算、總務、公營企業、司法、考銓等十組分別進行研究，在短短六個月內舉行各種會議三百三十次，並完成了八十八個建議案與出版相關編著或譯作十七種，其建議案先後於九月以前呈報蔣中正，除其中一案緩議，二案交予考試院外，其餘八十五

〔註24〕王壽南，《王雲五先生年譜初稿》第二冊，頁715～716。
〔註25〕王雲五，《岫廬八十自述》，頁105～108。
〔註26〕詳見周道濟、傅宗懋，〈王雲五先生與中國當代教育〉，收錄：王壽南、陳水逢主編，《王雲五先生與近代中國》，頁89～92。

案皆交付行政院〔註27〕。四十七年七月，王雲五獲任命為陳誠內閣的副院長，兼經濟動員計劃委員會主任委員，王雲五本著行政改革委員會所擬的建議案由自己實施的考慮接下重擔。總計原案全部採行者六十三條，部份採行者十四案，其餘十九案則緩議緩辦，或留供參考，或未予採取〔註28〕。在王雲五任職期間，以策劃經濟動員、審議預算、協調各方等政績最為顯著。

民國四十九年二月，第一屆國民大會第三次大會在臺北召開。會中對修改臨時條款問題發生激烈爭執，王雲五在其中擔任協調溝通的角色，且在擔任主席時，能調合各方面分歧意見，使其一致，在這一方面，新聞界給予頗多讚譽，指王雲五扮演「魯仲連」的角色，使得國民大會風平浪靜〔註29〕。五十二年十二月，陳誠以健康關係不兼行政院長，王雲五亦堅辭副院長之職，蔣中正乃改聘其為總統府資政。卸任行政院副院長的王雲五雖已七十六歲了，但身體仍十分健康，五十三年重新主持臺灣商務印書館，將其第三次復興，因此受到注目。

民國五十五年二月，國民大會連續召開臨時大會及第一屆第四次大會，前者主題在研討如何行使創制、複決二權；後者在選舉總統、副總統。兩次大會王雲五皆當選主席團，並在重要的議案討論時擔任主席。此次大會選出蔣中正連任第四任總統，嚴家淦當選副總統，王雲五以第四次大會主席資格向總統致送當選證書。

由王雲五的參政經歷可知，王雲五雖非國民黨員，但他卻是忠於國民黨，而且與蔣中正交情很好。在文化事業與政治事業之間，最初他選擇了從政，表面上看來是屈服於權力，但是王雲五在掛冠之後，他從政以來累積的聲望與關係，讓他在回到臺灣商務，重新推動出版文化事業的時候，卻間接的得到不少助益。

四、文化、教育機構與基金會的參與

王雲五自民國四十一年七月起擔任國立故宮、中央博物院共同理事會第二屆理事長，二年一任，蟬連到第七任。五十四年八月，改組為故宮博物院管理委員會，其繼續擔任主任委員，直到去逝為止。計其在故宮時間總共二十八年，期間完成三件大事：第一件是從南京將古物搬遷來台，並運至霧峰典藏；第二件是在民國五十

〔註27〕江明修、蔡金火，〈王雲五委員會初探：兼論其對當前行政革新之啟示〉，《空大行政學報》6 期（民國 85 年 11 月），頁 146～147。

〔註28〕江明修、蔡金火，〈王雲五委員會初探：兼論其對當前行政革新之啟示〉，《空大行政學報》6 期（民國 85 年 11 月），頁 147。

〔註29〕〈國民大會側記〉，《中華日報》（民國 49 年 3 月 9 日），第三版；〈幕後磋商與人情包圍國大三通過「條款案」〉，《公論報》（民國 49 年 3 月 12 日），第四版。

年，故宮的古物運到美國展覽；第三件是民國五十四年，在外雙溪建築故宮博物院〔註30〕。此外在圖書文獻的保存與出版上，王雲五也有其獨到的見解。那志良就在回憶錄中提到，王雲五在圖書出版上有「生意頭腦」〔註31〕。蔣復璁（前故宮院長）亦回憶與王雲五共事期間是非常愉快的。

　　民國四十二年十月，應成舍我邀約，共同發起籌設世界新聞高級職業學校，初任董事，後改任名譽董事〔註32〕。四十三年八月王雲五出任考試院副院長時，同時受聘為政治大學政治研究所兼任教授。時教育部方建立博士教育之制度，指定台灣師範大學國文研究所招收文學博士研究生；政治大學政治研究所招收法學博士研究生。王雲五本身雖無學歷，僅於五十八年接受韓國建國大學和慶熙大學分別頒贈的榮譽博士學位及大學章。不過，其在政大教書期間，共指導碩士論文二十三篇、博士論文九篇，而贏得「博士之父」的美名〔註33〕。此外，王雲五在五十四年五月擔任銘傳商業專科學校董事長一職，因此在教育上，王雲五也曾發揮一些影響力。

　　民國五十二年五月，嘉新水泥公司捐出新台幣一千萬元成立文化基金會，王雲五被推為董事長，在王雲五的指導下，進行四項主要工作：獎勵碩士博士論文出版、設置嘉新講座、獎勵優良著作、授與特殊貢獻獎學金。此四項工作中，以獎勵碩士、博士論文的出版，對國內研究生與提高學術論文水準皆有幫助。

　　民國五十三年九月一日，中華民國各界紀念國父百年誕辰籌備委員會成立，王雲五被推舉為副主任委員，其後因主任委員陳誠去世。五十四年三月，王雲五被推為主任委員，此外，各界紀念國父百年誕辰之捐款六千餘萬元，於五十四年九月成立中山學術文化基金會負責保管，王雲五被推為基金會董事長，該會主要工作為辦理學術著作獎助、文藝創作獎助、技術發明獎助、專題研究獎助、設置獎學金等。五十四年十一月十二日，因國父百年誕辰而舉行盛大之紀念大會及各項慶典、籌設中山文化基金會、出版有關國父學說史蹟論著外，並策劃興建國父紀念館之責，王雲五仍被推為主任委員之一，該館於六十一年五月落成〔註34〕，為一座提供民眾文化與休閒的社教館。

〔註30〕此乃蔣復璁語。參見胡有瑞，〈「王雲五先生百年誕辰」口述歷史座談會記實〉，《近代中國》59期（民國76年6月），頁235。
〔註31〕詳見那志良，《典守故宮國寶七十年》（臺北：作者發行，民國82年），頁255。
〔註32〕劉紹唐主編，《民國人物小傳》第四冊（臺北：傳記文學出版社，民國70年），頁35。
〔註33〕詳見曾濟群，〈博士之父：王雲五〉，《幼獅月刊》423期（民國77年3月），頁27。「博士之父」乃前教育部長張其昀公開推崇王雲五之語。
〔註34〕王壽南，〈王雲五先生小傳〉，收錄：王壽南、陳水逢主編，《王雲五先生與近代中國》，頁374。

民國五十六年七月，中華文化復興運動推行委員會成立，由蔣中正擔任會長，王雲五與孫科、陳立夫擔任副會長。十月，依照組織規程成立「國民生活輔導委員會」、「文藝研究促進委員會」、「學術研究出版促進委員會」、「教育改革促進委員會」、「基金委員會」等五個機構。王雲五並兼學術研究出版促進委員會主任委員，藉著學術之研究與出版，展開中華文化復興之工作，所出版的有《古書今譯》、《中國歷代思想家叢書》等，使得學術通俗化〔註35〕，易於學習。六十年又擔任孫哲生學術基金會董事長一職。

五、對圖書館的提倡

民國以來，國內有識之士漸知興辦圖書館對啓迪民智的重要性，但國內各項建設百廢待舉，建立國內圖書館不被視爲首要急務。五四運動後，提倡新文化運動，因此現代圖書館運動才熱烈地展開〔註36〕。一個圖書館的成立，須靠幾個客觀條件：第一、一個國家文化的深厚；第二、教育制度的完善；第三、出版事業的發達；第四、國民的高生活水準。由此可知，出版業與圖書館的關係是如此深厚〔註37〕。商務的主事者皆認識這一點，例如：早先的張元濟對古籍整理的貢獻是眾所皆知，之後的王雲五則在管理圖書館上實現他的理念。

王雲五生性好讀書與聚書，自二十歲左右便開始感到圖書館的重要，自入主商務編譯所所長第二年始，便建議將編譯所附屬的藏書處命名曰「涵芬樓」，且將收藏善本書、一般參考圖書及中外文書籍共數十萬冊的藏書處公開閱覽，經商務內部董事會同意，在上海寶山路興建十五層樓房，於民國十三年三月落成，命名爲「東方圖書館」，並兼任館長一職，於十五年三月正式開放給社會大眾閱覽，王雲五對如何將館內圖書外借的問題，早已通盤籌劃，惟因赴歐考察而擱置。自王雲五返國即竭力進行，十八年春籌設流通部，借閱辦法採用現金擔保制，每次繳納大洋五元給銀行，以存摺作爲保證。圖書館有設流通部，當時國內並不多見，甚至有通信方法，借閱地點不限於上海市，還可用郵遞方式借閱，地點擴充達到國內各大城市，這種借閱方式，在今日來看亦不多見〔註38〕。爲了增進讀者檢索資料的效率，王雲五改

〔註35〕谷鳳翔，〈悼念王岫廬先生〉，《中央日報》（民國68年9月2日），第四版。

〔註36〕詳見張錦郎，〈王雲五與圖書館事業〉，《圖書與圖書館》1卷1期（民國68年9月），頁5。

〔註37〕黃成助，〈加強出版界與圖書館界合作座談〉，《出版之友》4～5期（民國67年1月），頁38。

〔註38〕宋建成，〈岫廬先生與東方圖書館〉，《中國圖書館學會學報》31期（民國68年12月），頁98。

進美國杜威的圖書十進分類法，成為「中外圖書統一分類法」，並首先應用於東方圖書館。

　　王雲五希望能實現由一個圖書館化身為無數小圖書館的理想，就有了萬有文庫第一、二集的印行，同時將圖書分類法刊印於書背，每種附書名片，並註明四角號碼檢字法之號碼。因此凡以萬有文庫成立之小圖書館，只需以認識號碼之一人管理就夠了，這種統一出版，統一編號的分享管理制度，與近代電腦管理，資料分享制度不謀而合〔註39〕。民國二十一年一月二十八日午夜，日本駐滬海軍陸戰隊進攻閘北。次晨，首次以飛機轟炸商務印書館總管理處、總廠及編譯所、東方圖書館，延燒數日，商務所損失的財務約當時國幣一千六百萬圓。東方圖書館三十年來所收藏的書，計有：中文書約二十六萬八千冊，東文書約有二萬八千冊，西文書約有四萬六千冊，中西報章雜誌約有三萬冊，地圖照片等約數千張，多毀於一旦〔註40〕。次年，商務董事會成立「東方圖書館復興委員會」以重建東方圖書館，卻因為中日戰爭爆發，所以計畫遭擱置。

　　雖然如此，不忘圖書館事業的王雲五於民國三十三年，將重慶白象街部份被日軍炸毀的館屋加以修建，成立「東方圖書館重慶分館」，開放供大眾閱覽。來臺灣之後，本著有助於教育文化為目標，也為著替其心愛的書作最好的安排，六十一年五月，獨立創設「財團法人王雲五圖書館」，除捐藏書四萬冊、中外雜誌二百餘種外，另捐新台幣一百萬元作為圖書基金〔註41〕。在其去世後，遺產除書畫及精美藝術品分給妻小作紀念外，所有剩餘資產連同身後各項收入，一律捐於財團法人王雲五圖書館〔註42〕。

　　王雲五參與多項文化機構，其實他所希望的是能將國內的基金會發展起來，不論是獎學金的發給、學術論文的獎助，都是提倡國內的學術研究風氣，為國家培養人才的一種方式。同樣的，圖書館的設立也是為了培養青年學子、社會大眾讀書風氣，不僅僅是王雲五個人愛書的原因。而文化機構、圖書館又都與出版業有著相輔相成的關係，王雲五將這三者巧妙的結合在一起，畫下了王雲五在文教事業上的藍圖。

〔註39〕胡歐蘭，〈王雲五與中外圖書統一分類法〉，《中國圖書館學會學報》31期（民國68年12月），頁109。

〔註40〕〈「一二八」商務印書館總廠被燬記〉，收入：張靜廬輯註，《中國現代出版史料》丁編下卷（北京：中華書局，1959年），頁426。

〔註41〕王雲五，《岫廬最後十年自述》（臺北：臺灣商務印書館，民國66年），頁657～662。

〔註42〕有關王雲五遺囑詳細內容可參見〈王雲五全部遺產捐贈雲五圖書館〉，《聯合報》（民國68年8月23日），第二版，或當天各大報。

民國六十八年八月十四日，王雲五以心臟衰竭病逝於臺北榮民總醫院，享年九十二歲。九月十三日，總統蔣經國明令褒揚王雲五，觀其內容可簡單瞭解王雲五一生事業，其令如下：

> 總統府資政王雲五，歷任中央民意代表及行政、考試、財經要職，久參憲政建國大計，力謀民族文化復興，竭誠翊贊，同濟艱難；復致力於教育學術事業，著作等身，裁成尤眾。衡其畢生業職，不惟流譽於當時，亦且垂名來業。茲聞耆年溘逝，震悼良深，應與明令褒揚，用示政府篤念勳德之至意〔註43〕。

九月十四日，在臺北市立殯儀館舉行祭奠，總統蔣經國親臨致祭，並由陳立夫、谷正剛、馬紀壯、葉公超為王雲五靈櫬覆蓋國旗，後即安葬於臺北縣樹林鎮山佳淨律寺佛教墓園。

在王雲五九十二載的人生歷程中，扮演過店學徒、出版家、大學教授、民意代表與政府官員；另兼任多項文化機構與基金會的董事長等角色。不論是那一種職位，即使是虛職也會實幹，加上本身對任何事均有研究興趣，也因此提出許多創新的計畫，可見王雲五的創造力是源源不絕的。在從政、教學、文化出版上，王雲五的表現為他贏得了「一代奇人」〔註44〕的稱譽，在他的種種經歷中，尤其為人所稱道是其成功復興陷於經營危難的商務印書館。

第二節　與商務的淵源

民國九年春夏之交，王雲五開始為公民書局主編《公民叢書》，王雲五認為身為一位公民應具有七類知識，即國際、社會、政治、哲學、科學、經濟、教育等新知識〔註45〕。因此翻譯歐美日等國的相關著作，介紹給國人。王雲五在主持一年左右，即被推薦進入商務印書館擔任編譯所所長，而推薦人正是王雲五在中國新公學教英文時的學生胡適。所以，要探究王雲五與商務的淵源，就必須先由當時的編譯所所長高夢旦與胡適談起。

〔註43〕王壽南，〈王雲五先生小傳〉，收錄：王壽南、陳水逢主編，《王雲五先生與近代中國》，頁377。
〔註44〕王雲五生前即被稱為「奇人」。於民國80年6月30日舉行的《近代學人風範》系列研討會第十二場，就是以「一代奇人——王雲五」為題，會中邀請學者專家，分別就王雲五的個人風範及對文化出版事業的貢獻做討論主題。
〔註45〕王雲五，《岫廬八十自述》，頁72～73。

一、出掌編譯所與改革計畫──從胡適至王雲五（民國十年至十八年）

　　新文化運動發生前後，面對新思想的衝擊，使得商務必須跟上時代潮流，因此就必須找尋有新文化知識的人材。不過在這方面，商務內部代表教會派的總經理高鳳池與代表書生派的經理張元濟觀念發生衝突。張元濟主張多進用有學識的新人，與高鳳池的保守觀念相反，雖然如此，當時任職編譯所所長的高夢旦卻有著與張元濟同樣的開明思想。高夢旦認為自己不懂外國文字，對於新文化的介紹不免有些隔閡，因此有了求賢自代的想法，他曾經對莊俞說：「時局日益革新，編譯工作宜適應潮流，站在前線，吾將不適於編譯所所長，當為公司覓一適於此職之人以自代，適之其庶幾乎〔註46〕？」因此，高夢旦看中了推動新文化運動的胡適，盼望胡適能夠擔任商務的編譯所所長。

　　高夢旦多次前往北京與胡適會談，胡適終於「有條件」的答應了，胡適是擔心自己幹不了這件事，於是答應高夢旦先到商務視察二個月，如果嘗試後與自己性情不合，則辭謝不就。胡適到上海後很快發現自己的性情與訓練都無法擔任這件事〔註47〕，於是誠懇的向高夢旦辭謝，其日記中有這樣的記載：「他（夢旦）問我能住幾時，我說北大開學時我即須回去，此已無可疑〔註48〕。」高夢旦知道不能留住胡適，但仍希望胡適能看看編譯所的情形，並做一個改良計畫，他並且問明胡適若不能來，則誰能擔任此一職位〔註49〕。不過，此時胡適心中並沒有適當的人選可以推薦。五天後，胡適在日記中記載著與王雲五會談四個小時，字裡行間透露出對王雲五學問道德的敬佩之意〔註50〕。

　　九月，胡適向高夢旦推薦王雲五後並交了一份計畫書後不久就回北京。雖然高夢旦與王雲五之前沒有一面之緣，但經過胡適介紹認識後，高夢旦乃向商務高層介紹王雲五進入編譯所，因為高夢旦非常推崇胡適，便認為胡適推薦的人選是沒有不適當的〔註51〕。一開始，王雲五答應擔任編譯所副所長一職，以此名義進入商務觀

〔註46〕莊俞，〈悼夢旦高公〉，收錄：商務印書館編輯部，《商務印書館九十五年》（北京：商務印書館，1992年），頁60。

〔註47〕胡適，〈高夢旦先生小傳〉，《東方雜誌》34卷1期（民國26年1月），頁37。

〔註48〕胡適，《胡適的日記》（臺北：穀風出版社，民國76年），民國10年7月18日，頁144。

〔註49〕胡適，《胡適的日記》，民國10年7月18日，頁145。原文為：「夢旦問我，若我不能來，誰能擔任此。我一時想不出人來，他問劉伯明如何，我說決不可。」

〔註50〕胡適，《胡適的日記》，民國10年7月23日，頁157。原文為：「……訪王雲五先生（之瑞），談了四個鐘頭。……他是一個完全自修成功的人才，讀書最多，最博。……他的道德也極高……此人的學問道德在今日可謂無雙之選。」

〔註51〕王雲五，〈我所認識的高夢旦先生〉，收錄：商務印書館編輯部，《商務印書館九十年》

察三個月〔註52〕。十一月十一日，高夢旦訪胡適，告知想請王雲五代他接任編譯所所長，並請胡適勸王雲五接受。

　　但關於此次職位變動上，張元濟有不同的想法，他認為王雲五「可先任副所長，高夢旦仍兼所長。如兼管業務科事，則編譯所事盡可交與王，而己居其名，俟半年後再動較妥〔註53〕。」其實，王雲五的想法也近於此，在他十一月六日致胡適的信中就寫道：

　　　　他（夢旦）這番美意，我實在感激得很，但我卻有點意見，以為他萬萬不可辭編譯所的事。我並不是客氣，實在為顧全大局起見。夢旦的為人……第一件就係思想細密，第二件能知大體，第三件富有革新的志向，第四件度量寬宏……這幾件事都係做主體者最可貴的資格，……我是一個新來的人，雖然平素不怕勞苦不怕負責，但是信用究竟未孚，驟然擔任這改革的重責，無論如何總不似夢旦自己主持的順利。……又如恐怕我沒有相當名義，……給我一個副所長的名義，也未嘗不可應付。……請你就近向夢旦極力相勸，總以仍舊主持為是〔註54〕。

　　可見王雲五肯定高夢旦的主持能力，並且願意居於輔佐他的副手。民國十年十一月十三日，王雲五提出一份改進編譯所意見書，並請高夢旦與張元濟考慮是否適當，而這份改革建議書使得王雲五的能力受到商務的高層肯定，二十一日，商務高層商談高夢旦舉王雲五自代之事後〔註55〕，可能就是確定王雲五接任編譯所所長一職，商務高層另外同時決定支援王雲五的改革計畫。於是十一年一月，王雲五正式接掌編譯所，離職的高夢旦則答應出掌出版部部長，從技術方面協助王雲五。

　　王雲五進入商務後，自民國十年底迄十一年底的期間內，先後實施三種措施：一、改組編譯所，延聘專家主持各部。此是指就編譯所原設各部酌予調整，俾更合於學術分科性質。於是原來僅有的東方雜誌、雜誌部、小說部調整成東方雜誌社、教育雜誌社、婦女雜誌社、小說月報社、兒童雜誌社、學生少年雜誌社、英語週刊社、英文雜誌社等。新設與擴大的有出版部、事務部、哲學教育部、史地部、法制

（北京：商務印書館，1987年），頁41。

〔註52〕胡適，《胡適的日記》，民國10年9月6日，頁208。原文為：「雲五來談……雲五已允進編譯所為副所長，此事使我甚滿意。」不過，王雲五《岫廬八十自述》記載在編譯所觀察的三個月內，並沒有名義，頁78。

〔註53〕張元濟，《張元濟日記》（北京：商務印書館，1981年），民國10年11月5日，頁808。

〔註54〕胡適，《胡適的日記》（民國10年11月10日），頁252～253。

〔註55〕張元濟，《張元濟日記》（民國10年11月21日），頁808。

經濟部、數學部、博物生理部、物理化學部。同時極力網羅國內專家學者，分別主持新設各部，或任所內外編輯。計主持各部人士有朱經農、唐鉞、竺可楨、段育華；又館外特約編輯有胡明復、胡剛復、楊杏佛、秉農山；續聘任鴻雋、周覽、陶履恭為編輯。

　　待遇上，商務以這些國內、外人才的學、經歷為訂定標準，通常美國哈佛大學博士，曾任國內大學教授，可任職一部的主任，月薪二百五十元。若是英美著名大學的博士而未曾任大學教授，月薪為二百元。日本帝國大學畢業，曾任大學教授者，月薪一百五十元；未曾任大學教授者，月薪一百二十元。日本明治大學畢業者一百元。國內大學畢業生亦有等次，例如上海同濟大學及東吳大學畢業生九十元，北京大學畢業生六十元〔註56〕。這樣的薪水與當時的商務印刷所員工月薪十餘元〔註57〕，或是與故宮博物院的新進職員月薪十五元相比〔註58〕，商務編譯所的薪水算是不錯的。

　　編譯所內部受人垢病就是冗員眾多，茅盾的回憶錄中曾提道：「館內某些人任職已久，可說是老資格了，每個月的月薪極高，但是卻不編、不譯，無所事事，對於實際工作並無助益〔註59〕。」王雲五上任編譯所所長後新人新政，他的新措施並不是每個職員都贊成，例如章錫琛回憶道：「王雲五進所後，許多資格最老的編輯多被淘汰〔註60〕。」王雲五上任後雖然淘汰不少不適任人員，但不能否認的是，王雲五任用青年學者確實是帶給編譯所另外一番新的氣息，民國十一至十三年間，編譯所進用職工共達二百六十六人，創編譯所成立以來進用新人最高記錄〔註61〕。

　　二、創設各科小叢書，以為他日編印《萬有文庫》之準備。商務印書館最初之出版物，主要為中小學教科書、工具書、影印古籍。至於有關新學之書籍，無整體計劃。王雲五為彌補此一缺憾，首先擬從編印各科入門小叢書開始，計有《百科小叢書》、《學生國學叢書》、《國學小叢書》、《新時代史地小叢書》、《農業小叢書》、《工業小叢書》、《商業小叢書》、《師範小叢書》、《算學小叢書》、《醫學小叢

〔註56〕陶希聖，《潮流與點滴》（臺北：傳記文學出版社，民國68年），頁64。編譯所同仁不僅薪資因學、經歷不同，其辦公用的桌椅也是照學歷分大小。
〔註57〕〈上海商務印書館職工的經濟鬥爭〉，收錄：張靜廬輯註，《中國現代出版史料》甲編（北京：中華書局，1954年），頁445。
〔註58〕那志良，《典守故宮國寶七十年》（臺北：著者出版，民國82年），頁46。
〔註59〕茅盾，《我所走過的道路》上冊（香港：生活、讀書、新知三聯書店，1981年），頁93。
〔註60〕章錫琛，〈漫談商務印書館〉，《文史資料選輯》43期（1980年12月），頁86。
〔註61〕唐錦泉，〈回憶王雲五在商務的二十五年〉，收錄：商務印書館編輯部，《商務印書館九十年》，頁256。

書》、《體育小叢書》等，務其各科各類具備，及至適當數量已達成，然後進一步編印《萬有文庫》。民國十七年一月，開始進行《萬有文庫》的籌備工作。其內容包括各科小叢書及《漢譯世界名著》的整理與擴充外，並包括《國學基本叢書》及種種重要書籍〔註62〕。

三、將編譯所原附設之英文函授科擴充，改稱函授學社，以原設之英文為一科，增設算學科與商業科〔註63〕。

由這三項初步整頓計劃可知王雲五的改革不僅在人才方面，而是在出版方針與社會教育上皆有所整頓。之後又再進一步擴大編印以本國文寫作之大學教本，以鼓勵學人與學術界。在管理編譯所的同時，民國十三年至十五年之間，王雲五發明了四角號碼檢字法與中外圖書統一分類法，展現了其研究發明能力。

王雲五不僅在管理商務、研究發明上證明他自己的能力，也關注當時國家社會發生的大事，利用商務出版的刊物使民眾瞭解。民國十四年五月三十日，上海公共租界老閘捕房在南京路門前槍殺中國遊行演講民眾，激起全市罷工、罷課、罷市運動。在罷工期間，《東方雜誌》於七月初先出版《五卅事件》臨時增刊，王雲五在其中總共撰寫〈五卅事件之責任與善後〉、〈什麼是誠言〉二篇文章。此刊物發行後，王雲五即被上海公共租界總巡捕房刑事科向會審公廨提出控訴。王雲五被控告的理由是，「七月十日所發行的東方雜誌及五卅事件臨時增刊防礙治安，違反出版法第十一條及特別警律第二十八條〔註64〕。」此控告是無視於中國人言論自由的行為，不過英國方面也瞭解此事引起中國人很大的反感，為了怕引起更大的風潮而息事寧人。王雲五對此事最後的解決有如下的記載：

> 經過多次的出庭；結果被判無罪，僅以該特刊所登漫畫一張強認為有激動市民反抗之嫌，被判罰款二百元。聞其間英國副領事屢欲判我一年或半年徒刑，但恐惹起更大風潮，故擬於判決時宣佈緩刑，藉以約束我今後之言論〔註65〕。

面對司法問題雖然棘手，但處理五卅事件後所引發的罷工運動，恐怕才是王雲五感到心力疲憊的原因。司法事件仍未落幕，商務內部職工發起罷工運動，商務因為此時正值秋季教科書旺銷季節，故罷工僅僅歷時七天，商務資方即與職工

〔註62〕王雲五，〈萬有文庫第一二集印行緣起〉，收錄：張靜廬輯註，《中國現代出版史料》乙編（北京：中華書局，1957年4月），頁291。

〔註63〕王雲五，《岫廬八十自述》，頁79～80。

〔註64〕〈東方雜誌「五卅」特刊被控記〉，收錄：張靜廬輯註，《中國現代出版史料》甲編（北京：中華書局，1954年2月），頁230～231。

〔註65〕王雲五，《岫廬八十自述》，頁98。

妥協，勞方的勝利也使得商務的工會得以在日後迅速壯大起來。十五年開始，商務的工會常發起工潮，這使得後來負責應付勞資糾紛的王雲五對商務有了脫離之心。民國十八年九月就離開了商務印書館到中研院社科所擔任「專從事於研究與寫作」的研究員。

　　民國十九年二月，商務印書館總經理鮑咸昌因病去世，基於傳統的資望與能力的考量，繼任總經理可能的人選應該是當時任經理的李拔可與夏小芳（夏瑞芳之子），但是董事會和張元濟、高鳳池二位監理卻不知何故，想到已離職的王雲五，請他回商務就任總經理一職。

　　在王雲五拒絕多次之後，他提出二個條件：第一是取消現行的總務處合議制，改由總經理獨任制，經協理及所長各盡其協助之職；第二是在王雲五接任總經理後，即時出國考察並研究科學管理，為期半年，然後歸國實行負責〔註66〕。王雲五自認此二條件應該不會被商務接受，那就等於是「客氣的拒絕」，想不到商務卻接受了。於是再回到商務擔任總經理一職，並開始其六個月出國考察之旅。

二、總經理時期（民國十九年至三十五年）

　　王雲五自國外返回上海後，即實行其科學管理法，以六個月為試辦期。第一步是設立研究所，同時改組總務處及編譯所；第二步為組織編譯評議會，於民國二十年一月十日，宣佈其訂定的〈編譯所編譯工作報酬標準施行章程〉，但是此辦法公佈後遭受了商務印書館編譯所職工的反對，並於職工會之外另組特別委員會，發表〈商務印書館編譯所職工會宣言〉。宣言中表明，「絕不可用科學管理法試控馭之商務印書館編譯所！王君此種舉動，關係中國實業界、勞動界及文化事業前途，至為鉅大，固不僅敝同人身受其痛而已〔註67〕！」當時上海的工會組織發展已臻完備，任何只要是勞方覺得資方有迫害的舉動就可以提出抗議宣言或罷工，而商務的工會自五卅以後早已發展成上海七大工會之一〔註68〕，商務職工發出的反彈聲，使得王雲五只得採取讓步的方式以平撫員工的情緒，雖然這次的糾紛落幕了，但是隨之而來的戰爭卻才是王雲五經營商務所面臨的最大考驗，展開了復興商務的十年苦鬥。

〔註66〕王雲五，《岫廬八十自述》，頁120。

〔註67〕〈商務印書館試行編譯工作報酬標準辦法糾紛記〉，收錄：張靜廬編，《中國現代出版史料》丁編下卷（北京：中華書局，1959年11月），頁420。

〔註68〕伯新，〈上海工會運動野史〉，收錄：海天出版社編，《現代史料》第一集（上海：海天出版社，民國22年1月），頁304。七大工會係指商務、報館、水電、郵務、英美、南洋、藥業，性質也漸從經濟鬥爭走向政治鬥爭。

（一）從廢墟到重生（民國二十一年至二十二年）

民國二十一年一月二十九日，商務遭受到日軍投彈炸毀，該館的總務處，印刷製造廠第一、二、三、四各印刷工場及紙棧房、存版房、附屬之尚公小學先後被毀。二月一日，東方圖書館及編譯所、研究所亦被敵軍焚毀，據該館當局發表共計損失一千六百三十三萬元〔註69〕。

王雲五喊出「為國難而犧牲，為文化而奮鬥」的口號，同時大力進行復興工作，這口號成功引起社會和讀者對商務的注意與同情〔註70〕。只是，商務若要復業，王雲五面對的重要問題至少有人事糾紛的解除、復興的籌備、復興後的人事問題、復興後的生產問題、復興後的編輯計劃，實行內容分別敘述如下：

一、人事糾紛的解除

大多數商務員工的家財也在這次浩劫中喪失了。商務高層決定首先以救濟同仁為第一件大事，於是決定「各同人除已付清一月份薪水外，每人加發半個月，同人活存款在五十元以下全部發還，五十元以上者其超過五十元之部分先籌還四份一。」這些金額加起來，商務至少要負擔三十萬元。另外為了要使「舊同人於領回全部存款之外還可得到相當的補助，要使舊同人將來有再為商務印書館服務的機會，要使商務印書館得以早日復興而保持其對於教育界讀書界的地位。」當時的商務已無生產能力，如果還要繼續支付職工的薪資，對商務來說是很沈重的負擔，必定會拖垮商務。王雲五在萬不得已之下，按照工廠法將大部分的職工解雇。籌款救濟與解雇職工兩個措施皆引起職工的強烈不滿與抗議，勞資雙方僵持四個月才和解。

二、復興的籌備

主要是使各分館在緊縮下維持營業，同時利用香港和北平二個平時生產力無多的分廠暫時代替上海被毀的總廠從事大規模的生產。擬定精密的生產計劃，並委託重要職員，分駐此二工廠，督促所定生產計劃的實務，於是秋季教科書在開學前大致補充齊備。

三、復興後的人事問題

商務解散職工本是萬不得已的緣故，故復業後又重新進用舊同仁，占進用職工的95%。

四、復興後的生產問題

〔註69〕詳見〈「一二八」商務印書館被毀記〉，收錄：張靜廬輯註，《中國現代出版史料》丁編下卷，頁423。

〔註70〕戴景素，〈商務印書館前期的推廣和宣傳〉，《出版史料》4期（1987年12月），頁101。

　　商務以僅達以前 50%、60%的機器與不及過去 50%的工人，卻有著從前二倍半的生產力，此乃實行盡物力與人力的管理。且還減輕了間接開銷，如機器的折舊與利息、間接原料、動力、房租、管理費等。

五、復興後的編輯計劃

　　除了決定全副力量從事被毀書籍重版外，也保留一部分力量專供新出版物之用。二十一年十一月一日，宣佈每日出版新書一冊的計劃，同時並復刊東方雜誌等四種定期刊物，編印更完善的中小學教科書；大學叢書；小學生文庫；完成萬有文庫末期應出的書；影印古書以保存孤本〔註71〕。

　　王雲五從編譯所所長至總經理期間，所面臨到的問題不僅僅是高漲的勞工意識而已。民國二十一年的一二八事變，商務更是被日本刻意破壞。因此，此時的商務確是需要一個有魄力的領導者，但是，他又必須同時維持商務的經營為第一要件，也就是以資方的利益為優先。若以這樣的角度來審視王雲五，大概可以發現到他確實是有魄力、能力領導商務，這一點可以從商務在遭逢戰火後，其所出書的數量得知（表 1-1）。但是，不可否認的，王雲五在解雇勞工上，雖然符合當時的規定，卻在人情上有待商榷。

表 1-1　民國十六年至二十五年商務、中華、世界三家書局的出書量

年份 書局	16 年	17 年	18 年	19 年	20 年	21 年	22 年	23 年	24 年	25 年
全　國	2,035	2,414	3,175	2,806	2,432	1,517	3,481	6,197	9,223	9,438
商　務	842	854	1,040	957	787	61	1,430	2,793	4,293	4,398
中　華	159	356	541	527	440	608	262	482	1,068	1,548
世　界	322	359	483	339	354	317	571	511	391	231

資料來源：轉引自劉曾兆，〈清末民初的商務印書館——以編譯所為中心之研究（1902～1932）〉（臺北：國立政治大學歷史研究所碩士論文，民國八十六年九月），頁 93-94。

　　由表 1-1 得知，民國十六年至二十一年間，商務的出書量一直是三家書局中最高的。二十二年十二月至二十五年間，全國出版品數量大增，商務的表現更是可圈可點，除了當時的教育日益發達外，出版家的努力也是重大的因素，成就了商務的

〔註71〕詳見王雲五，《十年苦鬥記》（臺北：臺灣商務印書館，民國 55 年），頁 69～83。

第二個黃金時期。其中，商務在民國二十一年，遭受日本戰火投彈炸燬，但二十二年的出書量已見到其重生。足見王雲五確實成功的復興商務，在復興過程中，王雲五將原先被職工們反對的科學管理，再次成功運用在復業後的商務印書館上。

王雲五在復興商務後，認為責任已盡，應當急流勇退。但經張元濟慰留後而放棄初意，再留一年以為公司物色替人與靜觀發展。不料，民國二十六年七月中日戰爭爆發，王雲五只得繼續擔任總經理，領導商務渡過危機。

（二）戰火下的商務——從上海到重慶（民國二十六年至三十五年）

王雲五鑑於之前的經驗，因此打算先處理人事問題。決定萬一戰事波及上海，也要維持全體職工生計，第一步對於因戰事而停工者各給維持費；第二步在租界中區趕設臨時工廠，盡量安插停工者，並擴充原有之香港工廠，盡量將停工者移調；第三步在內地分設若干工廠，將上海臨時工廠與香港工廠之職工陸續移調內地。但真正實施時，許多職工移調內地意願低，因此長沙新工廠因員工調動速度太慢而被毀，僅少數機器內遷到重慶，其他如桂林和昆明兩廠也是如此。於是供應內地讀物的機構就以香港工廠為主。為適應戰時環境，王雲五提出總管理處暫行章程，除上海辦事處外，另設總管理處駐港辦事處。民國三十年十二月七日，日軍攻擊美國珍珠港，太平洋戰爭因此爆發，王雲五便在重慶設立駐渝辦事處〔註72〕，而商務董事會始終未遷出，仍由張元濟在上海主持。

民國三十年十二月八日迄三十五年四月，王雲五在重慶主持商務事務，他將這期間分為三期：第一是應變時期；第二是小康時期；第三是復員時期。應變時期的措施在財政方面，是由王雲五以個人資格擔保，由商務向四聯總處貸款，解決了商務的財政困難；在調劑貨物方面，先清理各分館存貨，將超過標準出版品轉撥其他分館銷售；在加強生產上，使用改善中文排字的辦法，使生產量增加；在推進營業上，加強營業人員服務態度，使讀者進入商務立刻有賓至如歸之感。

小康時期的財政已漸寬裕，每日出版新書一種，重要供應的書籍有教科書，參考上必需的工具書、大學叢書、中學文庫，而以中學文庫的出版達到高峰。並且顧及中小學生應具備戰時基本知識，另編中學及小學戰時補充教材，提供各校選擇補充之用。抗戰勝利後進入復員時期，王雲五與闊別多年的上海商務通信，並分遣要員盡速前往滬港，籌辦善後。

根據王雲五的記載，重慶商務的出版事業比上海商務更為蓬勃發展〔註73〕。這

〔註72〕抗戰以來，商務的總管理處已成流動性質，隨總經理駐在地而定。王雲五，《十年苦鬥記》，頁36。
〔註73〕詳見王雲五，《十年苦鬥記》，頁57～62。

是因為上海被日本佔領後，民國三十年十二月二十六日，商務遭日軍查封，直到次年的一月二十五日才啓封復業，但在出版上仍受日軍嚴密的控制〔註74〕。由此點就可瞭解到，上海商務的發展應該是不如重慶商務，甚至到了復員時期，上海商務所花的費用多是由重慶商務的盈餘所資助，可見王雲五在戰時經營重慶商務確有成功之處，可惜王雲五當時對參政抱持很大的興趣，乃辭商務總經理一職另推薦朱經農以自代，朱經農起初擔心自己因為「一向在教育文化界服務。辦學校，寫文章，都有經驗。對於青年們瞭解最深。所以即使是最複雜的學潮，也多半能妥善解決。但對於管理工人，卻無經驗。罷起工來，將不知如何處理。」王雲五卻勸道：「辦書局，最要緊的是能出好書。……至於管工人以及經理商務部份，您可以交給伯嘉（指裏理李伯嘉）。……〔註75〕」從這裡不難瞭解，商務的職工真的是不容易管理。不過，朱經農後來還是答允接任商務總經理一職。

王雲五推薦的朱經農雖然也是屬於商務的老資格，不過在經營管理上並沒有王雲五得力，張元濟就此致信胡適道：

> 吾知商業經農非所素諳，自云不能得門而入，亦是實話。自去夏以來，默察館事日非，且大局尤見危險。數十載之經營，不忍聽其傾覆，遂不得不插身此中，若況殆不堪為知我者道也〔註76〕。

其實，當時國內局勢緊張，內戰不斷加劇，和平恢復無望，朱經農在不穩定的時局中接掌了商務，經營定是困難。王雲五則對此認為是商務內部已發生一些變動，共產黨人已進入商務，朱經農因為是國民黨員，故對其施行措施頗加抑制，終在三十七年，朱經農以出席聯合國文教會議第三次大會為由，提出辭呈〔註77〕。

自王雲五接下商務編譯所所長開始到帶領商務渡過困難的總經理職位為止，王雲五在經營管理上所展現的能力與魄力，不得不讓人佩服，在1930年六月一日，美國具權威性的紐約時報（*New York Times*），即以半版的篇幅報導當時正在訪美的商務印書館總經理王雲五的新聞，標題是〈為苦難的中國提供書本而非子彈〉，內容除了介紹王雲五領導下的商務內部情形與編纂《萬有文庫》的工作外，同時也對商務在中國教育界所扮演的角色持肯定的態度，茲摘錄其中內容如下：

〔註74〕曹冰嚴，〈抗日戰爭期間日本帝國主義在上海統制中國出版事業的企圖和暴行〉，收錄：張靜廬編，《中國出版史料》補編（北京：中華書局，1957年），頁401、404。
〔註75〕朱文長，〈憶王雲五先生──聖賢百年皆有死，英雄千古半無名〉，《傳記文學》35卷6期（民國68年12月），頁125。
〔註76〕詳見吳方，《仁智的山水──張元濟傳》（臺北：業強出版社，民國86年），頁270。這是張元濟於民國38年8月1日致胡適的函。
〔註77〕王雲五，《談往事》（臺北：傳記文學出版社，民國70年5月），頁197。

當中國的軍閥以千百萬的民脂民膏從事於個人權力的維持與擴張的賭博時，一位卓具才華的中國老百姓卻以巨大的資財爲中國人民的教育普及而賭博。這位勇敢的人物就是王雲五先生。他是現任上海商務印書館的總經理。……王先生的大賭博已經贏定，它不是爲他個人增加分毫財富，而是出版了一部稱爲「萬有文庫」的巨著，……王先生拒絕討論中國的政治或中國內戰，但他說：「中國人民的的唯一希望在於教育的普及與交通的急速擴張，沒有教育，公路與鐵路，全國的統一是極困難的。」……王先生所領導的公司主要並不在牟利，而在使中國的教育的機會更容易，費用更低廉，這確是解決中國的重重災難的基本途徑〔註78〕。

所以，不論環境如何在變，王雲五都有辦法讓商務生生不息經營下去。商務與王雲五的關係就如同水與魚，王雲五復興商務值得稱讚，商務同樣的帶給王雲五在社會文化界上的名聲，使其能有機會以社會賢達的身份展開他的從政之路。王雲五這一次選擇參政而離開商務印書館，一直到了民國五十三年才重組臺灣商務印書館。平心而論，王雲五扮演過文化人與政治人的角色，兩者是各有各的表現，在絢爛歸於平淡後，王雲五又以文化人的角色爲世人所注意。

第三節　出版理念與科學管理

商務是以編譯教科書起家的，自張元濟主持編譯所之後，即從各方面網羅人才，並且順應潮流，使得原本以印刷實業爲主的商務進入文化出版家的商務。不過商務內部的問題也不少，張元濟一直想在商務的用人、財政與組織上做改革，在他於民國七年致高鳳池的信中，即曾特別強調，「公司成立以來，制度實未完備，且積習已深，不速改革，於公司前途甚有障礙〔註79〕。」但是因張元濟與高鳳池在經營理念上不同，前者做事不肯苟且，有開創迎新的思想；後者卻在經營上較保守、敷衍延宕作風，陳叔通稱之爲「商務內部的矛盾」，他對此情形描寫到：

> 商務的主要人物大體上可分爲教會派和非教會派兩派，最初創辦人全是同教會有關係的，夏瑞芳、鮑成昌、高翰卿等全是教會中人，張元濟是非教會的。開始時張與高衝突較少，我以爲高翰卿是個好人是顧全大局的，但脾氣很彆扭；而張元濟是不讓人的。……雙方的意見，起初都是一

〔註78〕內文詳見 Hallett Abebd, "Books For Troubled China In Place Of Bullets," New York Times, June 1,1930, p.4E.
〔註79〕轉引自吳方，《仁智的山水——張元濟傳》，頁134。

些小事，漸積漸多，……〔註80〕。

所以張元濟即使想改革，也無法完全放手去做。王雲五的進入商務並從事改革，而少受到高層的阻撓，原因除了當時的時代趨勢，商務不得不改革之外，張元濟與高夢旦的支援；而且王雲五與商務高層的「教會派」與「書生派」關係皆不錯，可泯兩派無謂的意見〔註81〕；再加上他本身的生意頭腦與經營管理能力確實很好，即使教會派的人對其改革有意見，可能會顧及雙方的交情，況且也無法否認王雲五在出版與管理上的成績，這方面由商務當時的歷年營業額即可得知（表 1-2）。王雲五到商務後於出版與管理上皆有所革新，出版上，王雲五開創商務的小叢書時代並且進行日出一書的出版計畫；管理上，讓人注意的是科學管理的提出。以下即分述此二點。

表 1-2　民國五年至十九年商務的營業總額

時　　間	營　業　額	時　　間	營　業　額
5 年	3,150,367	13 年	9,117,401
6 年	3,772,828	14 年	8,768,299
7 年	4,026,180	15 年	9,738,087
8 年	5,160,848	16 年	7,917,733
9 年	5,806,729	17 年	10,135,679
10 年	6,858,239	18 年	11,668,012
11 年	6,909,896	19 年	12,055,473
12 年	8,150,195		

資料來源：整理自王雲五，《商務印書館與新教育年譜》（臺北：臺灣商務印書館，民國62 年），頁 91-293。

如表 1-2 所列，自民國十年至十八年止，王雲五擔任編譯所所長的期間內，正是上海職工運動最盛時期，以民國十四年所發生的五卅事件為例，引起商務職工們

〔註 80〕陳叔通，〈回憶商務印書館〉，收錄：商務印書館編輯部，《商務印書館九十年》，頁137。

〔註 81〕鄭貞文，〈我所知道的商務印書館編譯所〉，《文史資料選輯》53 期（1981 年 10 月），頁 151。

罷工，商務營業額因此呈現小跌幅。十六年的營業額亦呈下跌的原因，恐怕與全年中，出版的新書明顯變少有關。但整體而言，商務在王雲五經營下，營業額大多是維持穩定的成長。

一、日出一書與叢書的出版

　　王雲五於民國十年進入商務的第一件事，就是在出書上進行重大的改革。除了繼續重視中、小學教科書的編印外，更將範圍擴大，和各大學與學術團體商訂出版合約，分別冠以各該機構之名為叢書名義，經商務覆審同意，在無違礙與不超過所訂合約每年出版進度者，即予以出版。商務與各大學及學術團體合作的計劃，在王雲五之前只有與三、四個學術機構合作，但在王雲五主持編譯所時，先後與其訂約的有三、四十個之多〔註82〕，王雲五打下了商務多門類、多品種出書的基礎〔註83〕，達到日出一書的目標，原本許多只有想法而未能進行的出書計劃，王雲五皆能使其付諸實施，王雲五擔任編譯所所長後，其出版的新書種類與冊數，從表 1-3 即可看出。雖然，王雲五不是理念的原創者，但卻是將這些出版理念實現的人。

表1-3　民國七年至十八年商務的出版新書種類與冊數

時　間	種　類	冊　數	時　間	種　類	冊　數
7 年	422	640	14 年	553	1,040
8 年	249	602	15 年	595	1,210
9 年	352	1,284	16 年	297	535
10 年	230	772	17 年	456	544
11 年	289	687	18 年	451	724
12 年	667	2,454	19 年	439	703
13 年	540	911			

資料來源：李澤彰，〈三十五年來中國之出版業（1987～1937）〉，收錄：張靜廬輯註，《中國現代出版史料》丁編下卷（北京：中華書局，1959 年），頁 392。

〔註82〕王雲五，《岫廬八十自述》，頁 84。
〔註83〕詳見林爾蔚，〈王雲五與商務印書館〉，《出版史料》4 期（1987 年 12 月），頁 83。

　　如表 1-3 所列，自他擔任編譯所長第三年（民國十二年），商務的出書種類就大幅度的增加，其中偶有數年出版新書較前一年減退，這恐怕是因戰事的影響；又或者較前一年反多，則是因大部頭叢書的預約書或大部頭叢書的單行本在該年度出版。不過，大體上，每年出版的新書數量與範圍，均有增進。

　　王雲五主持的編譯所，於二十年代開創了「文庫式小叢書」的特色〔註84〕。出版這些小叢書的目的又是為了日後《萬有文庫》的出版做準備。追究起來，《萬有文庫》的原創意並非來自於王雲五，而是由張元濟與高夢旦最先籌劃的。根據《張元濟年譜》中所載的，早在民國九年一月，張元濟與高夢旦即有打算籌編叢書。高夢旦建議編一種哲學、教育科學叢書，選西方名著，「託胡適之等人代辦主持」。張元濟同意「只以新思潮一類之書選十種八種」，另擬編每冊三、四萬字之小叢書。九年三月，梁啟超來館，張元濟、高夢旦、陳叔通與其晤談，商編小本新知識叢書等事，只是張元濟認為叢書題目範圍宜窄，如「過激主義」、「消費組合」等，要使讀者易於瞭解。梁啟超則認為叢書可「分兩種，一為此類，二是歷史類，每冊約十萬言」。這件事後來又商議過多次，如十年六月，商務董事會第二百六十三次會議，董事黃炎培就提出：「吾國教育未能遍及，故普遍常識多未通曉，深冀本館多編常識叢書，以助文化。」張元濟贊同黃炎培的建議，但「此事久與編譯同人等商，終因難得編輯人才，屢編屢輟〔註85〕。」

　　張元濟主持下的商務出書計劃向來是以學術性為重，其所校印善本古籍，輯印的《涵芬樓秘笈》十集、《四部叢刊三編》、《續古逸叢書》、《道藏》、《續藏經》以及《百衲本二十四史》，協助民國以來的學術研究可謂貢獻良多〔註86〕。但王雲五主編的叢書內容則偏向通俗化與商業化，能得以成功出版，除了商務高層的支援外，王雲五在編譯所任內所做的人事變動與更新以及他本身的辦事能力有關。

　　在提升文化知識方面，叢書的特色就是普及與平價，與四部叢刊比較，前者售價可謂物美價廉。民國十四年，圖書館運動發生，其主旨為保存文化與建設文化，在這個運動裡面首先是中華教育改進社圖書館教育委員會提議，將美國退還庚款三分之一建設圖書館八所，分佈中國各要地，為各該區域的圖書館模範〔註87〕。於是中國各地開始興建圖書館，叢書的出版正好可以充實圖書館的館藏。

〔註84〕吳方，《仁智的山水——張元濟傳》，頁 179。
〔註85〕吳芳，《仁智的山水——張元濟傳》，頁 180。
〔註86〕蘇精，《近代藏書三十家》（臺北：傳記文學出版社，民國 72 年），頁 58。
〔註87〕李澤彰，〈三十五年來中國之出版業〉，收錄：張靜廬輯註，《中國現代史料》丁編下卷，頁 388。

　　王雲五將大部頭叢書的出版方向，主要是鎖定圖書館的需要。以《萬有文庫》為例，此文庫印行的目的在於提供普通圖書館用書以貢獻於社會，並採用最經濟與適用之排印方法，使一、二千元所不能買的書，可以用三、四百元買到。在書脊上更刊有按中外圖書統一分類法分類的類號，每種又附書名片，依照四角號碼檢字法註明號碼〔註88〕。所以萬有文庫不但可充實圖書館的藏書也可節省購書經費，在管理上，也只要有認識四角號碼之一人管理即可，這對奠立圖書館的初基有很大的幫助。王雲五遂計劃集體預約辦法，分別按合購部數之多少，予以折扣，所以他分函各省教育廳或其他主管機關接洽〔註89〕，此舉使《萬有文庫》的預約成績意外成功，在預約限期內就預定了八千部左右，全國許多小型圖書館因此建立。

　　商務出版的大部叢書中，除了張元濟主編的《百衲本二十四史》對史學研究有貢獻外，尚有王雲五因鑑於當時外國學者所著的有關中國文化史書籍，內容多避難就易，而且側重藝術、政治、交通等科目，取材多有瑕疵，範圍也未能窺中國文化之全貌。因此王雲五參考了外國學者編纂中國文化史與英法兩國近年刊行文化史叢書之體例，並顧慮中國可獲得之史料，就中國文化全範圍，區分為八十科目，廣延學者專家從事編纂；其中亦有一、二本是譯自外國學者著作，成為《中國文化史叢書》〔註90〕，並於民國二十六年出版。這是王雲五出版有助於史學研究的代表性叢書，可瞭解到王雲五欲發揚中華文化的出版理念。

　　隨著戰爭環境的變化，出版品當然也要跟著做調整，民國三十一年三月，重慶商務恢復出版新書，並且日出新書一種，當時編審處人員不過十多人，最少時只有五、六人，既然館內編輯力量不足，王雲五乃善用館外編輯，依靠這些專家、學者及教授，就成了重慶商務擴大出版品的最好辦法，並且翻印了《大學叢書》三百多種，深受各大學的歡迎〔註91〕，對我國高等教育幫助良多。

　　王雲五並鑑於我國中等教育，在質的方面，往往不能使人滿意，其原因雖頗複雜，然漠視補充讀物實為主因之一。再加上抗戰以來，學校轉徙，藏書多散失，原擬編印之中學文庫更有其必要。於是將歷年商務所出版的優良著作千種中，選取最

〔註88〕王雲五，〈萬有文庫第一二集印行緣起──1929～1934年），收錄：張靜廬輯註，《中國現代出版史料》乙編（北京：中華書局，1957年），頁291。

〔註89〕王雲五，《岫廬八十自述》，頁113。

〔註90〕詳見王雲五，〈編纂中國文化史之研究〉，胡適、蔡元培、王雲五編，《張菊生先生七十生日紀念論文集》，收錄：上海書店編，《民國叢書》第二編綜合類98（上海：上海書店，1990年），頁647～648。

〔註91〕張毓黎，〈商務印書館總管理處遷渝時期的工作概況〉，收錄：商務印書館編輯部，《商務印書館九十五年》，頁357。

適於中學生程度四百種（在重慶新出版的書占多數三分之二），彙爲《中學文庫》，其內容各類皆備，儼然《萬有文庫》的雛形〔註92〕。於民國三十二年七月開始發行，只在半年的時間內就銷售了四千餘部，爲當時後方出版界最大規模的出版〔註93〕。

　　王雲五不只是注意叢書的出版，王雲五在任職編譯所所長後，於所中的事務部下增設美術股，開始景印歷代書畫〔註94〕，這是出版事業與藝術界互動的很好例子。另外，王雲五自四角號碼檢字法發明後就有志於辭典的編纂。在餘暇時間，時時搜羅資料，以供大規模辭書之編纂爲主。只可惜戰爭的發生，所搜集的資料佚失，只留下一字長編，後編爲《一字長編辭典》。戰時的商務，除了將《辭源合訂本》及《綜合英漢辭典》複印外，也印行適合中小學生的《小辭典》與介紹名詞來源的《新編王雲五新詞典》。當時後方對此類的工具書需要最多，商務能充分供應，這對讀書界之需要與商務之營業彼此均有利〔註95〕。

二、科學管理

　　科學管理法又稱做「實業合理化」（Rationalization），是由美國人泰羅（F. W. Taylor）提倡使勞資雙方皆獲利的方法。王雲五認爲以科學的方法依據客觀資料去研究和解決一切的即是科學管理〔註96〕。所謂科學管理，簡言之，就是「以一種研究精神，在最低疲勞與最高效率的兩條界線間，兼顧勞、資、社會三方面的利益，針對人、物、財、事四個對象；運用決策、設計、準備、執行、考核五個循環；按照分工、配合、標準化、權責分明、人盡其利、物盡其用六個原則；解答做什麼？怎樣做？用什麼做？需要多少錢？如何做？七個問題，是爲科學管理〔註97〕。」

　　王雲五在出版理念上，除了延續前人以出版家自居的使命與運用商人式的機敏得到成功外，他出國考察半年，回國上任後提出的科學管理的理念得到當時人褒貶不一的評價。民國十九年九月十一日，王雲五向商務董事會提出科學管理計畫，獲得一致通過。十三日，對館內重要職員宣佈採行科學管理法計畫，其中擬定了十二個原則爲日後進行方針，此十二個原則爲辦理預算、辦理成本會計、辦理統計、改

〔註92〕王雲五，《商務印書館新教育年譜》，頁 786～787。
〔註93〕張連生，〈王雲五先生與商務印書館之復興〉，《出版之友》4～5 期（民國 67 年 1 月），頁 22。
〔註94〕王雲五，〈精印歷代書畫珍品第一集序〉，《東方雜誌》復刊 6 卷 11 期（民國 62 年 5 月），頁 23。
〔註95〕王雲五，《商務印書館新教育年譜》，頁 784。
〔註96〕王壽南，《王雲五先生年譜初稿》第一冊，頁 215。
〔註97〕王雲五，《岫廬論管理》（臺北：華國出版社，民國 54 年），頁 14。

良設備、分析工作、改良工作方法、規定工作標準、標準化與簡單化、發展營業、改善行政、改善勞資關係、改良出品。自此之後的幾個月內，王雲五先後就實施科學管理計畫與商務印書館印刷所、發行所、總務處、編譯所職工會代表與工職四會全體總幹事組長聯繫會議、編譯所重要職員及職工會代表做講演。只不過即使事前溝通，也沒有讓王雲五的科學管理得以順利進行。

王雲五首先改組總務處，並改訂總務處章程，總務處原機要科改為秘書科；原人事股擴充為人事科。聘潘光迴、陶希聖為總經理室秘書、調劉聰強為總務處秘書，在經理室辦事。民國十九年十月，成立研究所，專門負責去研究改良工廠的一切事情，王雲五兼所長，聘朱懋澄為協理兼副所長、聘王雲五出國時期邀請的留美學生，孔士諤（推廣業務計劃），王士倬（機械管理改革），關錫琳（工商企業統計），周自安（印刷製版成本會計），林朗培（分館業務研究），殷明祿（工廠管理、工資獎勵制度），趙錫禹（人事管理制度），賴彥予（印刷工藝改革）等八人為研究員。研究所辦公室設在東方圖書館樓上，曾有研究員把研究成果與初步建議集中編印專刊一冊，於二十年十月出版，王雲五的科學管理法在全館各部門推行〔註98〕。

在對人的管理上，是根據合理動作所需要的時間確定生產指標，超額者受獎，無法完成者受罰，王雲五把這種辦法用得很廣泛，不僅在體力勞動上應用；在腦力勞動上，如翻譯、編輯、審稿，甚至事務工作，如收發、打字、抄字、登記等也不例外〔註99〕。規定編輯每天要寫多少字，寫不足就扣薪水；畫圖，先是要量尺寸，後來又提出圖中空白地方要扣除不計尺寸，不計報酬；校對上如果發現一個錯字，就要扣多少薪水〔註100〕，又將稿費報酬分八級（著作、翻譯同）。第一級千字六元，第二級五元，第三級四元，第四級三元五角，第五級三元，第六級二元五角，第七級二元五角，第八級二元。這與編譯所在元年、十一年的稿費報酬有很大的差別，當時員工們都罵王雲五苛刻〔註101〕。若以今日的眼光來看，王雲五所實行的是按件計酬的措施，對員工雖有諸多限制，卻可鞭策一些無所事事的編譯所同仁。只是當時正是職工意識擡頭的時候，而且職工們早已習慣以前安逸自由的工作規則，所以王雲五的科學管理發布之初即遭商務工會的反彈，王雲五雖然極力說明此為對資

〔註98〕唐錦泉，〈回憶王雲五在商務的二十五年〉，收錄：商務印書館編輯部，《商務印書館九十年》，頁257。

〔註99〕林爾蔚，〈王雲五與商務印書館〉，《出版史料》4期（1987年12月），頁84。

〔註100〕胡愈之，〈回憶商務印書館〉，收錄：商務印書館編輯部，《商務印書館九十五年》，頁125～126。

〔註101〕林熙，〈從「張元濟日記」談商務印書館〉，《大成》105期（民國71年8月），頁27。

方、勞方與社會三方面均有利的方案，終未獲得工會的諒解。王雲五在詳加考慮後，認爲：

> 　　科學管理，本有對人對物對財各方面，人原是最難應付的，我初時求治過急，想一下手便收效，所以全盤計畫實施，如果毅然把形式上的方案撤回，於對人方面暫行擱置，而不動聲色地從對物對財各方面著手，則物財向歸公司主持人掌握，實施自無阻力，經過相當時期，物財之管理已收效，然後於對人方面徐圖再度實施，彼時成績已彰，反對者自亦減少。我……自動宣佈撤回全方案，一時商務印書館內外對我此舉均覺奇特，……我半點不加辯護，祇是埋頭苦幹，於與人無忤之，對於物與財的管理不屈不撓的進行〔註102〕。

科學管理由於商務資方與職工勞方之間，對利益的觀念存在著根本矛盾，以及王雲五急於速成，所以在職工激烈的反對下，在人事管理的改革上，不得不中斷。不過，在財和物的管理上，如預算、成本會計、統計、廠房配合科學管理程式之應有佈置設計、機器二十四小時之運轉、出版版面設計和紙張規格的標準化、對生產和管理上某些薄弱環節的充實、通信業務（即郵購業務）的發展，以及經營上的一些便民措施，都得以推行並取得相當的成績〔註103〕。

之後兩次戰火的洗禮，縱然是給予商務的打擊，但卻是讓王雲五能將科學管理實行的轉機，我們可以看到戰火下的商務現有機器僅存從前的 50%、60%、工人亦不及從前之一半，而生產力確是從前的二倍半；以印刷工人爲例，其收入比一二八事變前增加至 42%，製造成本較前減少不少，正符合「較少的資本，較少的設備，卻得到較多的生產」的原則。因此，商務歷經戰爭之後還能以很快速度復興之因，王雲五所實施科學管理，確實有其助益與功勞。

王雲五是第一位將科學管理方法運用在中國企業管理的人，其顯現的就是效率，這或許正是商務印書館欲邁入企業化所需要的領導人。不過，因爲是中國企業中首先實行者，一定是會遭到職工們的反對，王雲五處於困難環境下仍秉持自己的信念與堅持而施行科學管理，並且在日後不管從政或是再回到出版事業，他也都是抱持著科學方法來做事或經營管理。

王雲五的出版理念與圖書館結合，經營企業上則利用科學管理的方法，其成果受到世人注目，進而成爲他參政的跳板。從政後的王雲五雖有強烈的愛國心與行事能力，但也不能解決日益嚴重的財政問題。發行金圓券的失敗沒有成爲他政治生命

〔註102〕王雲五，《岫廬論管理》，頁 73。
〔註103〕林爾蔚，〈王雲五與商務印書館〉，《出版史料》4 期（1987 年 12 月），頁 84。

的終點。王雲五所具備的文化背景，以及與蔣中正的友好關係，可能是其到臺灣後，再受到重用之因。

第二章　臺灣商務的早期發展

　　明鄭以前，出版事業在臺灣可說是沒有什麼發展，不但原住民無書可讀，就連漢人移民也無書可念。鄭成功來臺後，由於戎馬倥傯，未能積極從事文教建設即去世。其子鄭經接其位，局面漸趨安穩，有關人才培養的文教措施爲諮議參軍陳永華所重視。於是，建孔廟、立學校，臺灣的漢民族才有了正式的教育。但是清朝時台灣的讀書人雖漸增，多熱衷於舉業，所閱讀之書仍以傳統典籍爲主，書籍則大部份在福建刻印；道光以後，台灣本土文人著作增多，在本地刻印開始普遍；清光緒年間，臺南長老教會自西洋引進新式鉛字印刷機，創刊臺灣第一份期刊，這是臺灣新式出版品里程碑的開始〔註 1〕。日本殖民統治臺灣後，有關文化事業所出版的出版品在書店經售上分日文與中文兩類，著作出版概以日文爲主，至於中文撰著則少之又少，雖然出版品的量與清朝相比是增加許多，但是書籍要經日本政府刪改審查許可始得問世，前後公佈書籍出版的法令，對出版品又多所限制〔註 2〕。昭和元年（1926）開始，幾家重要中文書局，如文化書局、中央書局、雅堂書局、臺北國際書局、臺南興文齋等陸續創辦，提供臺灣人的精神食糧，可謂中文出版事業的極盛期。可惜因中日關係緊張，政治壓力轉劇，七七事變後，日本政府實行廢止中文政策，獎勵日語，中文書局當然日漸衰微〔註 3〕。

　　民國三十四年十月，臺灣光復，行政長官公署設於臺北市，其首要工作，實爲軍事、政治、經濟等之接收，而秩序之維持、工商復舊等，均百廢待舉，尚難顧及出版事業。直到次年四月，社會秩序多已復原，出版事業才漸發展，但是臺灣出版

〔註 1〕黃淵泉，〈明清時期的臺灣出版事業〉，《書卷》4 期（民國 82 年 12 月），頁 18。
〔註 2〕《臺北市志，卷八，文化志·文化事業篇》（臺北：臺北市文獻委員會，民國 77 年），頁 2。
〔註 3〕詳見吳興文，〈光復前臺灣出版事業概述〉，《出版界》52 期（民國 86 年 12 月），頁 42。

事業的發展在光復後又是如何？早期臺灣商務印書館處在這樣的出版環境下，其設立與發展又是如何？茲分論如下：

第一節　臺灣早期出版環境的限制

一、政府方面

　　臺灣早期的出版環境是指臺灣光復後，一直到民國五十六年爲止。這期間的出版環境是國府將文化由日本化漸轉型至中國化，經過查禁書刊、清除三害、文化自清等過程，一直到復興中華文化復興運動推行委員會正式成立。民國三十八年之後，在戒嚴的環境下，出版品當然是管制的。國府來臺初期爲配合戰時需要，還獎勵專科以上學校教員從事戡亂建國讀物之編譯與著述，並酌量增設臨時課程，如民族文學、抗共史料、國際共產主義之分析、戰時經濟、國防地理、戰時救護等類〔註4〕，對政府而言，出版只是反共宣傳與思想的工具。

（一）去日本化

　　民國三十四年十月五日，臺灣省行政長官公署設於臺北市，陳儀出任行政長官，主要的工作之一即是接收臺灣諸項事宜，一份中央宣傳部給行政公署長官陳儀的〈接管台灣文化宣傳事業計劃綱要〉中，除了載明如何接管當時日本殖民政府或私人留下的報社、通訊社、出版社、電影製片廠與廣播電臺之外，在第十條、十二條分別規定「在未恢復平時狀態前嚴格限制報社、通訊社、出版社、電影製片廠之設立，其限制辦法由中央另定之。」；「在未恢復平時狀態前，新聞、電影、雜誌刊物、通訊社稿均應施行檢查審查，由本部特派員協助政治部辦理之〔註5〕。

　　另外，屬於文教方面的措施，與出版事業較有關係的有：爲了推行三民主義教育、民族精神教育和國語教育而設立的「臺灣省編譯館」，計畫編印學校教材，尤其是中小學教科書，希望可改善國語與國文程度不及各省的本省學生；編輯屬於社會讀物類的光復文庫，以爲一般教育的輔助，同時爲社會民眾提供實用、優良的讀物，期以代替日文書籍；名著編著則包括學術專書及創造的作品，是給研究者入門工具，並設有臺灣研究組以編譯鈔校書目〔註6〕。對日語文的處理態度，則是規定報紙書

〔註4〕教育部來函〈檢呈教育行政檢討會會議議決各案提要一份〉，《蔣中正特交檔案》，學校教育及文化事業，002卷（6），（民國38年10月7日）。
〔註5〕《接收日人公私產業及其處理辦法》，國史館檔號450／459，（民國34年9月20日）。
〔註6〕臺灣新生報叢書編輯委員會，《臺灣年鑑》（臺北：臺灣新生報社，民國36年1月），

刊禁用日文，日治時代的書刊電影有詆毀本國、國民黨或曲解歷史者擬予銷毀。

　　民國三十五年四月二日，設立「臺灣省國語推行委員會」，訓練工作人員、輔導國語教學、編審國語書報、實驗研究設施等。其他尚有更改日式地名、街道名、年代、拆除日式建物、紀念碑、銅像，改革日式生活習俗，達到「去日本化」轉向「中國化」的目標〔註 7〕。過渡初期，為了政令宣傳，必要時官方仍會採用日文以告示大眾。

　　民國三十六年之前，因為政府與人民處於互相摸索階段，言論尚屬自由，出版事業的發展可謂百花齊放〔註 8〕，二二八事件發生後的鎮壓期間，國府執行的三項主要工作，第一為「解散非法組織」；第二為查封報社、學校與查扣「反動刊物」；第三為「叛亂首要人犯」之懲處。其中第二項，警總以「思想反動、言論荒謬、詆譭政府、煽動暴亂之主要力量」為由查禁報社與反動刊物〔註 9〕。由此可知，言論、出版等各方面均受到極大的限制。政策影響外，光復初期的通貨膨漲、印刷成本上揚等經濟問題也打擊著出版業的發展〔註 10〕。因此，在行政長官公署時期，臺灣出版事業的發展可以說呈現真空狀態。

　　民國三十五、六年間開始營業的出版社，較著名的為自新高堂書店改名的東方出版社、正氣出版社、南方書局、東華書局、三民書局、臺灣書店（臺灣省行政長官公署教育處所直營）、學友書店、文化協進會、新新月報社、臺灣青年月報社出版部、民權印書館暨香華書館等，其所出版的種類是配合著國語運動或教科書，如東方出版社的《國語大辭典》、國民學校用《國語課本》；三省堂的《華語自修書》、《華語學生字典》、《國語發音字典》；華美出版社《國語會話》；憲兵第四團諍友報社的《國語補習課本》等。也有通俗性的書籍，如東方出版社的《抗戰小說選集（1）》；臺灣新生報社總經銷重慶中外出版社的《戰時蘇聯遊記》、《天下一家》、《勇士們》；呢喃巢讀書會出版處的《今古奇觀》等。

　　此外，光復不久即來臺灣設立分支機構，並準備發展臺灣出版事業者，計有開

　　頁 K85。

〔註 7〕張勝彥等編著，《臺灣開發史》（臺北：國立空中大學，民國 85 年），頁 299。

〔註 8〕參見何義麟，〈戰後初期台灣出版事業發展之傳承與移植（1945～1950）——雜誌目錄初編後之考察〉，《台灣史料研究》10 號（民國 86 年 12 月），頁 3～15。

〔註 9〕賴澤涵總主筆，《「二二八事件」研究報告書》（臺北：時報文化出版企業股份有限公司，民國 83 年），頁 212。

〔註10〕何義麟，〈戰後初期台灣出版事業發展之傳承與移植（1945～1950）——雜誌目錄初編後之考察〉，《台灣史料研究》10 號（民國 86 年 12 月），頁 7。

明書局、正中書局、中華書局、商務印書館等〔註11〕，當時他們的出版品主要是由大陸運來，其內容主要為：舊書翻譯（即古籍的整理與重印）、新興科學書品、各科叢書之編製與翻譯、工具書、學術專書、教育用書、文學藝術類書、世界名著譯述〔註12〕。不過，若以書價來看，這些從上海運來的書籍價格偏高，一般人較難購得〔註13〕，這是因為加上了運費的關係。

迨中央政府來臺後，書局及出版社大量增加，有自大陸遷來者，亦有新創立者。此時由大陸來臺的出版業者有：世路、啓明、經緯、拔提、武學、世界書局；春明、東方兩書店及中國圖書公司；新創立的出版業者有：華國、復興、勝利三出版社；文光、新陸、文化、臺北、益國、讀者、第一等書店，及友信書房、藝文印書館、東南書報社、大德圖書公司、鴻儒堂、上海書報社等。各大書店此時的出版對象，以中學教科書之供應為主，奉教育部審定之新課程標準出書，照基本定價十二倍發售，同一之標準、同一之書價，中學教科書之出版，為各大書店、出版社等競爭之焦點〔註14〕。

當時小學教科書的供應則素由臺灣書店負責，而小學參考書則由東方出版社出版。該社為臺灣光復後，臺北市最早成立文化機構，其資本金有二百萬元，這也是臺灣人創辦規模最大的出版社〔註15〕。民國三十九年以後，物價漸趨於穩定但各項事業百廢待舉，出版業因礙於言論嚴格控制、民眾教育程度與閱讀習慣、以及本身資金的問題仍難以發展，臺灣商務在這樣外在環境下，經營上自然就有所困難。

（二）清除三害

國府來臺初期，因與美國交惡，導致美國艦隊未協防臺灣海峽的這段時期中，時局動盪人心不安，所以一些內幕刊物，曾如雨後春筍蓬勃發展，等到這一波風潮流行過後，出版業者又將目標轉至情色書刊的出版〔註16〕，而這些刊物銷路都不錯，國民黨鑑於不良書刊會影響政府與社會風氣很深，加上時值反共抗俄，因此有關黑色、黃色、赤色的書籍都不准出版。民國四十二年，國民黨中央第四組編列「報刊圖書審查標準表」（表 2-1），此表係根據出版法、臺灣省戒嚴期間新聞雜誌圖書管

〔註11〕《臺北市志，卷八，文化志・文化事業篇》，頁 23。
〔註12〕周旻樺，〈光復前後的臺灣出版文化〉，《書卷》4 期（民國 86 年 12 月），頁 22。
〔註13〕詳見江南秀，〈希望於臺灣的文化事業〉，《臺灣新生報》797 號，民國 38 年 1 月 1 日。
〔註14〕《臺北市志，卷八，文化志・文化事業篇》，頁 24。
〔註15〕臺南商工經濟新報社編，《臺灣商工經濟大鑑 1947》（臺南：臺南商工經濟新報社，民國 36 年）。
〔註16〕參見吳百川，〈取締黃色有聲無色〉，《新聞天地》544 期（民國 47 年 7 月 19 日），頁 8～9。

制辦法、戒嚴法、國家總動員法、修正懲治叛亂條例及中華民國憲法之規定辦理，是爲了經使辦人員的工作更加方便〔註17〕。

表 2-1　報刊圖書審查標準表

注 意 目 標	法 令 根 據	取 締 事 項	備註
違 反 主 義	（一）中華民國憲法第一章總綱第一條：「中華民國基於三民主義，爲民有民治民享之民主共和國」。 （二）臺灣省戒嚴時期新聞雜誌圖書管制辦法第二條：「凡詆毀政府或首長記載違背三民主義挑撥政府與人民感情散佈失敗投機之言論及失實之報導意圖淆亂人民視聽妨害戡亂軍事進行或誨盜之記載影響社會人心秩序者均查禁之。」 （三）修正懲治叛亂條例第七條：「以文字圖畫演說有利於叛徒之宣傳者處七年以上有期徒刑。」	（一）詆毀或曲解三民主義之理論。 （二）宣傳共產主義之理論。 （三）轉載或摘錄共匪及投匪份子之言論及蘇俄作家之一切作品而不加以批判者。 （四）有利於共匪及蘇俄之宣傳圖畫劇本詩歌音樂一切作品。	
危 害 政 府	（一）臺灣省戒嚴期間新聞雜誌圖書管制辦法第二條。（見前） （二）管制辦法第三條第七款：「詆毀政府或首長與政府行政措施足以淆亂人心影響國策者。」 （三）出版法第三十三條第一款：「觸犯或搧動他人觸犯內亂罪外患罪者。」 （四）出版法第三十五條：「戰時或遇有變亂或依憲法爲急速處分時得依中央政府命令之所定禁止或限制出版品關於軍事政治外交之機密或危害地方治安事項之記載。」	（一）詆毀元首之文字。 （二）詆毀政府與政府首長之文字足以淆亂人心影響國策者。 （三）陰謀傾覆政府之文字。 （四）違背反共抗俄國策之記載。 （五）洩露政治外交機密之記載。 （六）抹殺事實動搖人心之言論文字。 （七）危害地方治安之記載。 （八）妨害本國與外國邦交之文字。 （九）挑撥政府與人民感情之記載與言論。	

〔註17〕《中委會工作會議第十九次會議記錄》，黨史會檔號 7.4／19～24，民國 42 年 2 月 24 日。

| 洩露軍事秘密 | （一）出版法第三十五條。（見前）

（二）修正臺灣省戒嚴時間新聞雜誌圖書管制辦法第三條第八款：「刊載未經軍事新聞發佈機關正式公佈之消息」

（詳見下欄）

（三）戒嚴法第十一條：「取締言論講學新聞雜誌圖書告白標語及其他出版物之認為與軍事有防害者。」

（四）國家總動員法第二十二條：「政府必要時得對報館通訊社之設立報紙與通訊稿之記載加以限制停止或命令其為一定之記載」及同法第二十三條：「政府於必要時得對人民之言論出版者作通訊集會結社加以限制。」 | （一）國軍（包括海陸空軍及保安部隊地方團隊）之兵種編製裝備番號駐防地點作戰地點集中調動日期地點。

（二）國軍最高當局或高級指揮官行動及其軍事報告或計劃照片。

（三）國軍秘密會議內容作戰計劃及命令。

（四）國軍作戰之戰略或損失情形補充情況。

（五）國軍所用之武器之種類名稱性能。

（六）國軍軍用航站要塞保壘軍艦營房倉庫兵工廠造船廠測量局發電場自來水廠重要鐵路橋樑碼頭及其他據滲建築物或封鎖及防禦工事之所在地等設備情形。

（七）國軍軍備與友邦關係。

（八）國軍軍械輕重供應給養交通線後方防空設備地點與內容。

（九）國軍教育訓練（包括整訓調訓部隊軍事學校各種班所）之實施後方訓練基地之詳細情形，

（十）匪俘含有秘密性之口供。

（十一）為經政府公佈之軍事文件。

（十二）當地最高軍事機關認為足資共匪利用之有關軍事資料文件。 | |
| 防害社會風氣 | （一）出版法第三十三條三款：「觸犯或煽動他人觸犯褻瀆祀典罪或妨害風化罪。」

（二）管制辦法第二條。（見前） | （一）誨謠誨盜之記載。

（二）迷信怪談之記載。

（三）妨害他人名譽及信用之記載。

（四）妨害善良風俗之記載。 | |

資料來源：《中委會工作會議第十九次會議記錄》（附錄），黨史會檔號 7.4／19-24，民國42 年 2 月 24 日。

　　從表 2-1 觀之，可以知道取締重點其實是不利國民黨領導的赤色與黑色言論，至於黃色書刊的取締則只佔一小部份，雖說是取締不良書刊，其實比較接近於肅清共產思想與不利於政府的言論。

　　查禁圖書在國民黨已不是首見，在大陸統治時期，曾於民國二十三年四月，正式成立了「中國國民黨中央宣傳委員會圖書雜誌審查委員會」，查禁宣傳馬列、社會、共產主義與建立新中國的圖書、雜誌、報紙以及共黨籍作家著作，該組織直到次年八月，因為得罪了日本而撤銷，不過圖書的查禁還是繼續進行〔註 18〕。到了臺灣，國民黨仍視出版事業為思想文化及宣傳作戰統治上很重要的部份，故採取一面檢肅反動書刊；一面發展新的文化事業，也就是宣傳黨的政策及反共戰鬥的英雄故事〔註19〕。檢查不良書刊在此時只是政府的工作，但是次年，就被擴大成了一種社會運動。

　　到了民國四十三年八月，中國文藝協會與文化界人士因鑑於社會風氣日壞，故發起「文化清潔運動」，清潔的對象是赤害、黃害與黑害。赤害包括共匪宣傳品，關於「賊寇朱毛匪幫」的文化，以矇蔽欺騙偽裝等手法達到匪共侵略目的，例如赤色影片；黃害關於淫亂猥褻色情事件的書刊，描寫豔屍、姦淫、亂倫等寡廉鮮恥的文字，擴大偽造和一切傷風敗俗的事件與以色情為號召的藝術品；黑害是指專門刊佈捕風捉影、顛倒是非黑白、造謠毀謗、揭人隱私的內幕新聞〔註20〕。「文化清潔運動」發起後，各界紛紛響應，內政部並下令將中國新聞、新聞觀察、世界評論、自由亞洲、新聞評論、聯合新聞、婦女生活、新希望、影劇雜誌等雜誌，分別予以定期停刊處分外〔註21〕，另由中央第四組通知各報社及文化界發動輿論，支持此一行動〔註22〕。這是將管制出版品的工作擴大到整個社會文化界，針對市面上出版發行的書刊為主，成為一種全民運動。「文化清潔運動」表面上雖然各界響應，實際上，在日後卻被評為「虎頭蛇尾」，尤其在取締黃色書刊方面〔註23〕。連國民黨內部也

〔註18〕有關國民黨在大陸時期查禁圖書的研究可詳見倪墨炎，〈圖書雜誌審查委員會從產生到消亡〉，《出版史料》1 期（1989 年 3 月），頁 91～98；張釗，〈抗戰期間國民黨政府圖書審查機關簡介〉，《出版史料》4 期（1985 年 12 月），頁 134～137。

〔註19〕〈黨員社會調查重要問題處理情形報告表〉，《中國國民黨中央委員會工作會議第 22 次會議記錄》，黨史會檔號 7.4／19～24（民國 42 年 3 月 17 日）。

〔註20〕〈新竹縣黨部八月份自編小組討論題綱——如何清除文化三害〉，《審檢內容書刊不妥案》，黨史會文工會檔案 1062～1072（民國 43 年 8 月 15～9 月 30 日）。

〔註21〕張錦郎，〈中國近七十年出版事業大事記（七）〉，《出版之友》28～29 期（民國 73 年 3 月），頁 53。

〔註22〕〈審檢內容書刊不妥案〉，黨史會文工會檔案 1060～1072（民國 43 年 9 月 1 日）。

〔註23〕詳見吳百川，〈取締黃色有聲無色〉，《新聞天地》544 期（民國 47 年 7 月 19 日），頁 9。

認爲在黃色書刊的查禁上不甚成功〔註24〕。

除此之外，在公家機關方面，各縣市政府在民國四十四年雖已建立書刊檢查小組，不過爲避免有遺漏之處，國民黨於是在省級以上各機關學校之圖書館室進行了圖書檢查工作。

（三）文化自清

民國四十四年四月，國民黨內部實行了「圖書自清檢查」。所謂「圖書自清檢查」，即是清查國民黨各地方黨部與中央各機關、地方政府、學校的圖書室或圖書館的藏書有無反動書刊，也就是「匪」及「附匪份子」所編、所著、所譯的書籍，均在查禁之列，國民黨發給各機關及學校圖書館一份自清檢查要點公文中，內容爲：

一、此次舉行自清檢查之圖書館（室）暫以省立與省級以上所立之各學校及各機關所屬圖書館（室）爲限。

二、所謂反動書刊係指台灣省戒嚴期間新聞紙雜誌圖書管制辦法第二條中第三、四、五、六、七等五款所規定之書刊。換言之，凡（一）詆毀三民主義之理論（二）曲解三民主義之理論（三）宣傳共產主義之反動理論（四）共匪及其附匪份子之一切言論（五）俄帝作家一切作品均屬反動書刊（附匪份子作者名單乙份）。凡經清查認爲反動書刊應暫時封存停止借閱並登記其名稱著者出版年月日出版機構及予以取締之原因。上項登記之反動書刊目錄（包括著者姓名出版年月出版機構及與以取締之原因等）分別抄送中央第四組、台灣省保安司令部書刊聯審小組各乙份備查，至反動書刊之處理俟保安司令部通知後再行辦理。

三、各機關圖書館（室）因業務關係所需參考使用之匪僞書刊已由各該機關負責保管不在自清檢查之列〔註25〕。

被查禁的「反動書刊」必須封存，等候處理，並且規定要在六月上旬以前將情形具報。於是各地方報上來的禁書，包括商務、中華、世界、開明、正中等幾家當時較有名的出版書局。表 2-2 即以商務印書館所出版而被禁的書籍爲例，從表中可以瞭解到當時被禁的是何種書籍。

〔註24〕蔡其昌，〈戰後（1945～1959）台灣文學發展與國家角色〉（臺中：私立東海大學歷史研究所碩士論文，民國85年1月），頁99。

〔註25〕〈各機關社團及學校圖書館（室）自清檢查要點〉，《圖書自清檢查》，黨史會文工會檔案1129，民國44年4月28日。

表 2-2　商務出版被查禁的書籍

作　者	書　名	出版日期	取　締　原　因	備　註
丁壽白	唐五代四大名家詞	民國三十九年	編著譯者附匪	
王了一譯	生意經	民國三十六年	附匪份子著	
王力	巴斯特傳	民國二十三年	附匪份子著	
王力	中國語文概論	民國二十八年	附匪份子著	
王力	中國音韻學	民國二十三年	附匪份子著	
王力	中國現代語法	民國三十六年	附匪份子著	
王之單等	航空攝影測量學	不詳	編著譯者附匪	
王世杰 錢端升	比較憲法上下冊	民國三十七年	作者之一的錢端升附匪	
王世杰 錢端升	比較憲法	不詳	作者之一的錢端升附匪	
王芸生	六十年來中國與日本	民國二十二年	作者附匪	
王雲五譯	蘇聯工農業管理	民國三十六年	查禁有案	
王學文	高中綜合英語讀本	民國三十五年	作者附匪	
王檢	近代國家觀念	不詳	編著者附匪譯者附匪	
白桃	青年氣象學大綱	民國二十六年	附匪份子著	
伍美鍔	建設地理新論	民國三十六年	編著譯者附匪	
仲光然	代數	民國二十七年	作者附匪	
冰心	超人	不詳	附匪份子著	
朱自清 葉紹鈞	國文教學	民國三十三年	著者係附匪作家	重慶商務
何永結	為中國謀國際和平	民國三十四年	作者附匪	
吳承洛	釀造	民國三十六年	附匪份子著	
吳耕民	果樹園藝學	民國三十六年	編著譯者附匪	
吳耕民	果樹園藝學	民國三十七年	編著譯者附匪	

吳耕民	菜園經營法	民國二十三年	編著譯者附匪	
吳耕民	菜圃經管法	民國二十八年	編著譯者附匪	
吳清友	蘇聯史地	民國三十六年	附匪份子著	
吳清友	蘇聯政制	民國三十五年	附匪份子著	
吳澤炎	邱吉爾二次大戰回憶錄	不詳	附匪份子著	
吳澤炎譯	國際公法的將來	民國三十六年	附匪份子著	
呂叔湘	中國文法要略上中下冊	民國三十六年	編著譯者附匪	
呂叔湘	人類學	不詳	編著譯者附匪	
呂叔湘	筆記文選讀	民國三十五年	編著譯者附匪	
李四光	中國地勢變遷小史	不詳	編著譯者附匪	
李四光	地球的年齡	民國十八年	編著譯者附匪	
李季	中國政治思想史	民國三十五年	附匪份子著	
李健吾	福樓拜短篇小說集	民國三十六年	附匪份子著	
李達 陳家瓚	土地經濟論	民國二十二年	編著譯者附匪	
李鴻壽	會計數學	民國二十四年	編著譯者附匪	
李儼	中國算學小史	民國二十四年	附匪份子著	
沈子善	露天學校	民國二十三年	作者附匪	
周子同	中國學校制服	民國二十年	附匪份子著	
周予同	朱熹	民國三十六年	附匪份子著	
周予同	群經概論	民國三十六年	附匪份子著	
周穀城	世界通史一～三冊	民國三十八年	編著譯者附匪	
周尚	性教育	民國三十六年	內容淫穢	
周建人	動物圖說	民國二十八年	附匪份子著	
周建人	動物學上下	民國二十七年	附匪份子著	
周建人	吸血節足腳動物	民國二十四年	附匪份子著	
周憲文	抗戰與財政金融	不詳	附匪份子著	

周鯁生	國際法大綱	民國二十二年	附匪份子著	
易鼎新	有線電報	民國三十六年	附匪份子著	
竺可楨	氣象學	民國三十六年	附匪份子著	
金兆心（梓）	法國現代史	民國二十二年	附匪份子	
金兆梓	法國現代史	民國十八年	作者附匪	
金兆梓	俄國革命史	民國二十三年	作者附匪	
金兆梓	現代中國外交史	民國二十一年	作者附匪	
金岳霖	邏輯	民國三十七年	編著者附匪譯者附匪	
金毓黻	宋遼金史	民國二十五年	編著譯者附匪	
施蟄存	波蘭短篇小說集	民國二十四年	作者附匪	
施蟄存	魏琪爾	不詳	作者附匪	
胡煥庸	氣象學名詞	民國二十六年	附匪份子著	
夏堅白	應用天文學	民國四十年	編著譯者附匪	
夏堅白等	測量平差法	1943 年	編著譯者附匪	
孫光遠 孫叔平	微積分學	民國三十八年	編著譯者附匪	
徐炳昶譯	你往何處去	民國三十六年	附匪份子著	
祝慈壽等	中國經濟史綱	民國三十六年	附匪份子著	
翁文灝	地震	不詳	編著譯者附匪	
馬堅	回教眞相	民國三十五年	編著者附匪譯者附匪	
馬堅	回教教育史	民國三十五年	編著者附匪譯者附匪	
馬寅初	經濟學概論	民國三十六年	附匪份子著	
馬寅初	中國國外匯兌	民國二十二年	附匪份子著	
馬寅初	通貨新論	民國三十六年	附匪份子著	
張永懋	各國地方政府	不詳	編著者附匪譯者附匪	
張克忠	無機工業化學	民國三十五年	作者附匪	
張含英	水力學	民國三十七年	編著譯者附匪	

張含英	土壤之沖刷與控制	民國三十八年	編著譯者附匪	
張庚	戲劇概論	民國二十五年	編著者附匪譯者附匪	
張東蓀	思想與社會	民國三十六年	編著譯者附匪	
張恨水	傲霜花	不詳	編著譯者附匪	
張悉若	主權論	民國二十二年	作者附匪	
張鈺哲	光學之研究	民國二十三年	編著譯者附匪	
曹末風	蘇聯的遠東關係	民國三十七年	查禁有案	
曹靖華譯	三姐妹	不詳	附匪份子著	
梁實秋 田漢譯	威尼斯商人	民國三十八年	作者附匪	
梅脫靈	青島	民國三十六年	作者附匪	
許崇清譯	蘇俄之教育	民國二十一年	作者附匪	
郭紹虞	中國文學批評上下冊	民國三十七年	編著譯者附匪	
郭紹虞	中國文藝批評史	民國二十四年	編著譯者附匪	
郭鼎堂	塔	不詳	查禁有案	
郭鼎堂	異端	民國三十六年	查禁有案	
郭壽鐸 楊竟芳	小鬼病家療護法	民國三十七年	編著譯者附匪	
郭壽鐸	無線電計演算法	民國三十五年	編著譯者附匪	
陳世仁	算尺原理及用法	不詳	作者附匪	
陳時偉 左宗杞	化學戰劑上中下冊	民國三十五年	編著譯者附匪	
陳楨	生物學	不詳	作者附匪	
陳鶴琴	兒童心理之研究上下冊	民國三十六年	作者附匪	
陸志韋	心理學	民國二十一年	作者附匪	
陸志韋	普通心理學名詞	民國二十八年	作者附匪	
章錫琛	文史通義	民國三十六年	附匪份子著	
傅東華	國文	民國二十五年	附匪份子著	

傅東華	李白與杜甫	不詳	附匪份子著	
游國恩	讀騷論微初集	民國三十六年	附匪份子著	
游國恩	先秦文學	民國二十四年	附匪份子著	
費孝通	社會變遷	不詳	附匪份子著	
費孝通譯	文化論	民國三十六年	附匪份子著	
馮友蘭	新事論	民國三十年	編著者附匪譯者附匪	
馮友蘭	中國哲學史上下冊	民國三十年	編著者附匪譯者附匪	
馮友蘭	新知書	民國三十七年	編著者附匪譯者附匪	
馮友蘭	新原道	民國三十六年	編著者附匪譯者附匪	
馮友蘭	中國哲學小史	民國三十六年	編著者附匪譯者附匪	
楊肇鐮	電學原理上下冊	民國三十六年	編著譯者附匪	
楊鐘健	自然論略	民國三十六年	附匪份子著	
葉紹鈞	荀子	不詳	附匪份子著	
葉紹鈞	禮記	民國三十六年	附匪份子著	
葉紹鈞	未厭集	民國三十六年	附匪份子著	
葉紹鈞、悉若譯	天方夜譚上下	民國三十六年	附匪份子著	
葉紹鈞等著	精讀指導舉隅	民國三十六年	附匪份子著	
葉紹鈞等著	略讀指導舉隅	民國三十五年	附匪份子著	
葉聖陶	未集	民國三十六年	作者附匪	
葛綏成	新編高中本國地理上中下	民國二十六年	附匪份子著	
葛綏成譯	拉丁亞美利加史	民國二十二年	附匪份子著	
端木奇	蘇聯概觀	民國三十五年	查禁有案	
趙景琛	彈詞選	民國二十六年	作者附匪	
劉仙舟	經驗計劃	民國二十四年	編著譯者附匪	
劉仙舟	機械學	不詳	編著譯者附匪	
劉仙洲	經驗計畫	民國三十八年	編著譯者附匪	

劉仙洲	機械原理上下冊	民國三十七年	編著譯者附匪	
劉仙洲	熱機學上下冊	民國三十八年	編著譯者附匪	
劉仙洲	內燃機	民國三十六年	編著譯者附匪	
劉仙洲	機械工程名詞	民國三十六年	編著譯者附匪	
劉虎如	史通	民國三十六年	附匪份子著	
劉虎如	徐霞客遊記	民國三十六年	附匪份子著	
潘光旦	性心理學	民國三十五年	附匪份子翻譯	
潘光旦譯	赫胥黎自由教育論	民國三十五年	作者附匪	
鄭伯華	喀爾巴阡山狂想曲	民國三十一年	作者附匪	
鄭振鐸譯	飛鳥集	民國三十六年	附匪份子著	
黎錦熙	國語文法綱要六講	民國二十七年	編著譯者附匪	
黎錦熙	注音漢字	民國三十五年	編著譯者附匪	
盧鋈	天氣預告學	1943 年	編著譯者附匪	
盧鋈	天氣預告學	1950 年	編著譯者附匪	
盧鋈	天氣預告學	民國三十六年	編著譯者附匪	
穆木天	從妹貝德上下冊	民國三十六年	附匪份子著	
錢端升	民國政制史上下冊	民國三十五年	編著者附匪譯者附匪	
錢端升	德國的政府	民國三十六年	編著者附匪譯者附匪	
錢端升	戰後世界之改造	民國二十三年	編著者附匪譯者附匪	
錢端升	法國的政治組織	民國十九年	編著者附匪譯者附匪	
羅爾綱	太平天國史綱	民國二十六年	附匪份子著	
羅爾綱	稔軍的運動	民國二十八年	附匪份子著	
嚴濟慈	理論力學綱要	民國三十六年	編著譯者附匪	
顧執中	西行記	民國二十九年	附匪份子著	
顧執中	到青海去	不詳	附匪份子著	

資料來源：《圖書自清檢查》，文工會檔案 1129，民國四十四年。所謂「查禁有案」係指在圖書自清之前就是禁書，多是與蘇聯或共產黨有關的書刊。

　　從表 2-2 得知，被查禁者幾乎為學術性的書籍，而且不乏當時知名學者的重要著作，如馮友蘭的《中國哲學史》、《新事論》；羅爾綱的《太平天國史綱》；竺可楨的《氣象學》等，介紹蘇聯的書籍想當然也是在被禁之列，舉例來說：王雲五所譯《蘇聯工農業管理》的內容如同其名，內容只是單純介紹蘇聯的工農業管理方法，但政府反共抗俄立場使然，所以被查禁。

　　圖書自清本是政府針對本身內部圖書館（室）的查封禁書運動，但是消息外漏，而引起社會一些反對的聲音，於是有人針對此運動，認為「禁書要禁得合理，因為查禁反動書刊，應該查禁真正屬於反動的書籍，目前臺灣文化學術界未能大量出版供應各學科書籍以前，暫緩查禁這些與反共抗俄大業無礙的書籍，如自然科學類、中外語文學類、文學名著譯本（赤色作品除外）、辭海之類的辭典〔註26〕。」

　　不僅如此，學校方面，如省立農學院圖書館也開始反應，若是「將在附匪份子作者所編所著所譯之普通物理學、水力學、實用化學、自然地理、國語文法以及歐美文學名家，如莎士比亞、巴爾札克、大仲馬等名著譯本、乃至辭海之類查禁，則學校師生無同類書籍足以參考，頗多不便，故建議將這類書籍之編者、譯者匪徒或附匪份子之姓名用紙封貼，或將封底重新改裝照舊出借，以供閱讀和參考〔註27〕。」國民黨臺北縣委員會也提出相同意見，內容大致為：

　　　　自清檢查在肅清反動書刊，是以附匪著、譯、編者的名字為準，而非以內容為主，舊書查禁，新書所出版又較少的情形下，會造成無書可讀的現象，所以建議中央純屬自然科學、社會科學、文史哲學或與三民主義思想無關的書籍，甚至被共匪指為反動落伍的書籍可擇令書商及圖書館塗銷著編人姓名或改裝封底、封面及版權頁後發售流通〔註28〕。

中央黨部因此在八月十八日召開會議研討查禁書刊事宜，決定了「匪」及「附匪」名單的編訂、報刊雜誌不可刊登「附匪份子」文字與補充查禁標準，其修正後標準為：

（一）原（一）項建議修正為：匪首為匪幹作品、翻譯以及匪幹機關、書店出版社發佈與出版之書刊不論內容如何，一律查禁。

（二）原（二）項建議修正為：附匪及陷匪份子卅七年以前出版之作品與

〔註26〕王少南，〈禁書要禁得合理〉，《自由中國》12 卷 11 期（民國 44 年 6 月），頁 375。
〔註27〕見〈（四四）教機黨宣第 463 號函及附件〉，《圖書自清檢查》，黨史會文工會檔案 1129，民國 44 年 6 月 20 日。
〔註28〕〈對於查禁書刊之意見與建議〉，《圖書自清檢查》，黨史會文工會檔案 1129，民國 44 年 7 月 26 日。

翻譯，經過審查內容無問題且有參考價值者可將作者姓名塗去或重
行改裝。

（三）卅七年以前出版之工具書籍，其為編輯者如屬委員會形式，其名單
中有附匪或陷匪份子者，可不必塗去其姓名〔註29〕。

由公佈的新辦法可知，查禁的標準雖已經放寬，但被列入查禁名單的作者們，
其著作仍無法光明正大的出版，因此出現這些作者的名字遭出版社刪改或由出版社
編輯委員會掛名作者才能出版的奇特情形。例如：臺灣商務重版馮友蘭的《新事論》、
《新原道》，作者即以「本館編審部編著」代之、劉仙洲的《機械原理》亦是以「本
館編審部編著」代之才得以出版。

政府一面在禁書；另一方面為配合反共抗俄及發揚自由民主精神的國策，政府
也委託幾家出版書局，如世界、正中、華國三家，分別出版審查及翻譯作品，其所
選擇之書籍以兩類居多，一為報導共黨暴行陰謀之作品而又具有文藝價值者，如《獄
中記》、《孤軍流亡記》、《躍向自由》等；一為研究共黨反蘇俄內情之作品而又具有
批評價值者，如《蘇聯真相》、《美國共產黨的剖視》、《大退卻》等書〔註30〕，這些
書同時呼應民國四十四年春，總統蔣中正繼文化清潔運動後所提出的「戰鬥文藝」，
也就是具有戰鬥性、團結性、積極性、創造性，能啟發愛國思想和增強戰鬥精神和
堅定反共意志的作品皆屬之〔註31〕，所以民國四、五十年代的查禁圖書與反共文學
的創作是互有關聯，兩者皆限制了出版業者於圖書出版上多元化的發展。

除此之外，出版法的修正更是對臺灣出版業者的另一種規範。民國四十三年，
內政部依據出版法第三十五條規定，制定〈戰時出版品禁止或限制登載事項〉九條，
引起新聞界一致反對，行政院於同月九日決定，因該禁例內容尚欠明確具體，為免
發生疑義，決再行研議，暫緩實施〔註32〕。不過，四十七年六月二十三日，立法院
仍三讀通過了出版法修正案，此法尤其對報業影響最大，等於是限制新聞自由，在
解嚴之前，政府並沒有賦予出版業者一個自由的出版環境。憲法第十一條雖然規定，
人民有言論、講學、著作及出版自由。但在戒嚴時期，戒嚴法第十一條，第一項中

〔註29〕〈圖書審查小組第一次會議〉，《圖書自清檢查》，黨史會文工會檔案 1129，民國 44 年
　　　　8 月 18 日。
〔註30〕〈國立編譯館致中央委員會函〉，《圖書自清檢查》，黨史會文工會檔案 1129，民國 44
　　　　年 5 月 13 日。
〔註31〕中國文藝年鑑編輯委員會編，《一九六六中國文藝年鑑》（臺北：平原出版社，民國 55
　　　　年），頁 46～47。
〔註32〕餘光，〈臺灣光復三十年出版大事記要〉，《出版家》44 期（民國 64 年 11 月），頁 10。

最高司令官得取締言論、講學、新聞、雜誌、圖書、告白、標語、暨其他出版物。五十九年，國防部所發布的〈臺灣地區戒嚴時期出版物管制辦法〉第三條第七款、第八款即分別條列出版物如係「挑撥政府與人民情感者」、「內容猥褻有悖公序良俗或搧動他人犯罪者」，即可加以查禁〔註33〕。此外，五十年，政府為協助輔導造紙業而實行的紙張聯營統購統銷使得紙價大漲，也影響了出版業的發展〔註34〕。

　　總之，民國五十與六十年代出版文化的主導性是在於政府，一直以提倡中華傳統文化為主。在清除三害、文化自清之後，會有中華文化復興運動的展開只是因應局勢而大力推行。查禁圖書只是一種消極的控制手段，直到民國六十五年，行政院新聞局創設「金鼎獎」，才是積極鼓勵優良出版事業與出版品的方式。

二、出版界方面

　　政府雖然對待出版業是限制多於獎勵，但是出版界本身也是有·些問題發生。文化建設中，出版事業是一個關鍵的部門，因為絕大部份的文化建設，都要以書籍的流傳作為工具。而臺灣的出版社與出版數量多是維持著成長的趨勢（見表2-3）。

表2-3　民國四十一年至六十八年出版社與出版數量統計（單位：種）

年　　度	出　版　社	增　長　率（％）	種　　數	增　長　率（％）
41 年	——	——	427	——
42 年	138	——	892	108.9
43 年	184	33.3	1,380	54.7
44 年	242	31.5	958	−30.5
45 年	333	37.6	2,763	188.4
46 年	403	21.0	1,549	−43.9
47 年	460	14.1	1,283	−17.2
48 年	492	6.9	1,472	14.7
49 年	564	14.6	1,496	1.6
50 年	587	4.0	761	−49.1
51 年	518	−11.8	2,404	215.9

〔註33〕陳明通，《派系政治與臺灣政治變遷》（臺北：月旦出版社，民國84年），頁90～91。
〔註34〕〈欲使沙漠出現綠洲先要確立出版政策——楊家駱談出版業者困境〉，《大華晚報》（民國50年1月28日），第三版。

52 年	627	21.0	2,601	8.2
53 年	726	15.8	3,095	19.0
54 年	805	10.9	1,104	−64.3
55 年	919	14.2	2,199	99.2
56 年	1,036	12.7	2,252	2.4
57 年	1,151	11.1	3,950	75.4
58 年	1,226	6.5	22,556	471.0
59 年	1,351	10.2	8,714	−61.4
60 年	1,395	3.2	8,504	−2.4
61 年	1,534	10.0	8,216	−3.4
62 年	1,618	5.5	8,547	4.0
63 年	1,567	−3.2	8,799	2.9
64 年	1,345	−14.2	8,921	1.4
65 年	1,485	10.4	9,109	2.1
66 年	1,618	9.0	9,304	2.1
67 年	1,800	11.2	9,416	1.2
68 年	1,858	3.2	9,520	1.1

資料來源：臺灣省文獻會編，《臺灣近代史》〈文化篇〉（南投：臺灣省文獻會，民國八十六年），頁 312。

　　由上表所列，民國四十一年後，臺灣出版社大致呈現穩定增加，圖書出版數量也是如此，其中五十年、六十三年下降的原因，前者可能為政府以輔導造紙業為名，實則藉此控制出版事業而形成的紙張統購統銷，造成紙價上漲，增加出版業的困難；後者則是受到六十二年底到六十三年初的世界性能源危機，紙張供需失衡，物價大幅波動等因素而下降。至於民國五十八年，出版數量突然大幅增加，可能是因為去年九年國民教育的實施，教科書的需求量變大導致。

　　其實，臺灣的出版界不乏有理想的青年或是作家所創辦的出版社，例如創辦文星書店的蕭孟能，畢業於金陵大學經濟系，卻由於對文化出版方面的興趣而投入〔註35〕；失學的流亡學生劉振強創辦的三民書局，以慎選書籍、服務讀者兩個原則經營

〔註35〕蕭孟能，《出版原野的開拓》（臺北：文星書店，民國 54 年），頁 2～3。

書店〔註36〕；柏楊創辦的平原出版社等等〔註37〕。雖然如此，出版社經營不善發生倒閉的情形也是所在多有，臺灣出版界的問題很多，盜印、翻印層出不窮，書籍銷量與市場又不穩定，出書又沒有一套具體規劃，常常是趕流行出書。因此產生市場供需不協調，造成惡性循環，許多出版社速起速落〔註38〕。尤其是盜印，一直是臺灣出版界的頭痛問題，只要是暢銷書，過不了多久盜印本就會出現，反而使得正規出版社的生存受到威脅。

另外，臺灣出版業者翻印國外的書籍甚至還變成「國際問題」，臺灣翻印西書原只屬於小規模的數量，僅供大學所用的教科書和參考書，但漸漸變質，範圍愈來愈廣、印刷數量愈來愈多、銷行愈來愈大，甚至反銷回美國本土與原版市場競爭，引起美國出版業憤怒的抗議〔註39〕，一直到民國七十四年，才因為修訂的著作權法而強迫西書翻印業者轉型，以及規定翻印西書必須先得到原出版社的授權才能翻印，西書翻印時代才算結束。翻印問題雖然攸關業者本身經營道德問題，但當國內正需要學術類書籍時，政府不但沒有獎勵出版的實際行動，反而頒布諸多限制出版的法令，也是造成的原因之一。

尚需注意的還有圖書發行的問題，以往出版業者一方面從事出書，一方面卻須顧及出書後之銷路問題，按理經營一家出版社，發行的業務需要有專人負責，但是臺灣的出版業者經營方式多屬小資本，常常是一人身兼數職。民國六十年代就有人想設立一個建全的書刊發行機構，欲解決出版界書刊發行的困擾，想以嶄新的現代企業經營從事「出版者」、「書商」、「讀者」間的橋樑〔註40〕，只是這個構想後來並未成功。

臺灣商務印書館與中華、開明、世界、正中書局的出版走向類似，是以教科書、古籍與學術叢書為主，礙於法令的限制，這些書局少有新書出版計畫，對讀書人來說，也限制了其研究學問的範圍，李敖即在其回憶錄中寫到：

〔註36〕游淑靜，〈三民書局〉，收錄：游淑靜等著，《出版社傳奇》（臺北：爾雅出版社，民國70年），頁9～10。三民書局創辦於民國42年7月。

〔註37〕游淑靜，〈平原出版社〉，收錄：游淑靜等著，《出版社傳奇》，頁13。平原出版社創辦於民國53年3月，民國57年，柏楊因一幅漫畫入獄，平原所出版的書籍被查禁，平原乃隨之沒落。

〔註38〕詳見陳達宏，〈出版界須自求多福〉，收錄：游淑靜等著，《出版社傳奇》（臺北：爾雅出版社，民國70年），頁195。

〔註39〕〈美出版界將組團來華談西書翻印問題〉，《徵信新聞報》，民國54年2月15日，第二版。

〔註40〕《「臺灣書業開發公司」籌組計劃（簡要）》，黨史會文工會檔案104～147，民國63年5月4日。內容為環宇出版社負責人陳達宏欲籌備書業開發中心。

　　……到臺灣後，由於國民黨統治思想、管制書刊，進步和左派的舊書
都查禁了，新書一本也看不到了，我的許多時間都花在研究古典上面，……
〔註41〕。

　　不難瞭解到臺灣早期的文化環境，被外國人笑稱爲「文化沙漠」的緣故。自大
陸來臺五家書局中，正中書局因爲是黨營事業，在經營上得到國民黨的補助，遭遇
的困難相對較少。臺灣商務與其他書局面對的即是紙張價格太高，造成書籍出版的
困難、讀者市場待開拓、內部同業的糾紛等問題，因此臺灣商務早期的經營並不順
利。

第二節　臺灣商務早期發展

　　位於上海的商務印書館，最鼎盛時期在全國各地設有三十七個分、支館，臺灣
因爲在日本統治之下，所以並沒有分館的設立。民國三十四年八月，對日抗戰勝利，
臺灣重回中華民國版圖，大陸上著名的出版業者紛紛開始來臺灣籌設分支機構。最
先成立的是開明書店，因爲與開明關係密切的范壽康當時擔任臺灣行政長官公署教
育處處長，因利乘便，開明乃拔得頭籌；其後相繼來臺的是正中書局與中華書局；
民國三十六年，商務始踵續其後，是第四家來臺的書局〔註42〕。

一、設立緣由

　　民國三十六年，上海商務當局原擬就近命福州、廈門分館以及梅縣支館指派五人
來台，初意只是籌設現批處，指派福州分館經理葉友楳渡海來臺籌設，其規模不僅小
於分館，抑且不如支館。但同年五月十五日，臺灣省政府成立，因此上海總管理處指
示，因爲臺灣已改制建省，應提高層次，於是決定改設分館，乃另聘戰前曾任總管理
處會計科科長的趙叔誠爲經理，並與會計陳貽成自上海來臺籌設商務臺灣分館。

　　當時臺灣分館的組織與職員，從民國二十五年二月八日，商務印書館改定的分
館章程中可窺知一二，其中第十八條、二十條分別規定「分館設經理一人，主持分
館業務。分館得必要時，設副經理一人或二人，協助經理處理分館一切事務。分館
設會計主任一人，掌管一切帳務及銀錢出納之事，並協助主任處理支館事務，其他
職員人數視需要定之」、「分館設下列三組。（甲）會計組：掌帳務出納（包括收銀櫃）

〔註41〕李敖，《李敖回憶錄》（臺北：商業周刊出版股份有限公司，民國86年），頁93。
〔註42〕張連生，〈臺灣商務印書館四十四年述略〉，收錄：商務印書館編輯部，《商務印書館九
　　　十五年》（北京：商務印書館，1992年），頁504。

催帳軋銷等事。（乙）營業組：掌門市櫃及批發函購貨棧等事。（丙）事務組：掌文書、收發、庶務、交際、運輸、稽查等事〔註43〕。」

籌備之初，館址設在臺北市許昌街。趙叔誠經理到任後，另外購置距離許昌街百餘公尺之重慶南路的館舍，花費數月修繕，於民國三十七年一月五日臺灣商務印書館分館正式開幕〔註44〕，並在一月六日遷入重慶南路一段三十七號營業，販賣由上海運來的圖書〔註45〕。此臺灣分館，在商務海內外三十七、八家分支館中（包括九江、梅縣、南寧、南陽四家現批處），不僅資歷最淺，規模也最小，其所出版的圖書是靠上海商務所供應，數量、種類皆不多，此對臺灣商務印書館往後的經營有所影響〔註46〕。現今之臺灣商務副董事長張連生回憶道：當時全館同人不超過十一人，其中還包括經理趙叔誠、副經理葉友楳、會計陳貽成三人〔註47〕。

二、登記獨立

民國三十八年十二月七日，中央政府遷設臺北，國府來臺初期的一年裡，對一些留在大陸作家的作品尚能准許發售，但到了三十九年夏，國民黨鑒於這些書籍讓其流傳，容易產生流弊，於是經商同各主管機關後決定逐漸查禁〔註48〕。同年十月，行政院又頒布了〈淪陷區工商業企業總機構在臺原設分支機構管理辦法〉，經臺灣省政府公告，其詳細內容為：

第一條　本辦法依國家總動員法第十八條訂定之。（國家總動員法第十八條原文：本法實施後政府於必要時得對銀行公司工廠及其他團體行號之設立合併增加資本變更目的蒐集股款分配紅利履行債務及其資金運用加以限制）

第二條　淪陷區工商企業總機構在臺灣設分支機構依本辦法管理之。

第三條　本辦法所稱分支機構包括公司組織之分公司非公司組織之分廠

〔註43〕王雲五，《商務印書館與新教育年譜》（臺北：臺灣商務印書館，民國62年3月），頁555。

〔註44〕王雲五，《商務印書館與新教育年譜》，頁555。

〔註45〕〈商務印書館臺灣分館遷移啟事〉，《台灣新生報》第800號，民國38年1月6日。

〔註46〕張連生，〈臺灣商務印書館四十四年述略〉，收錄：商務印書館編輯部，《商務印書館九十五年》，頁505。

〔註47〕韓錦勤訪問、記錄，張連生先生口述，民國87年10月9日於臺灣商務印書館。「……至於其他的職員，則因職員名錄資料恐不易尋找，故無法詳細說明。」訪問內容詳見附錄一。

〔註48〕陳紀瀅，《文化反攻與書刊出口》（未刊稿，民國45年），黨史會檔號557／117。

分店分行與其他具有分支機構之性質者。

第四條　分支機構應一律改爲獨立機構取消分支字樣冠以臺灣一字自本
　　　　辦法施行日起限一個月內完成第六條規定之手續並重行登記逾
　　　　期並予以停業並公告撤銷其原設立登記。

第五條　分支機構改爲獨立機構其資產業務及工作人員應與原總機構脫
　　　　離關係由主管官署嚴加監督如查有違背者依法（妨害國家總動員
　　　　懲罰暫行條例）懲處。

第六條　分支機構由原負責人或經理人就該分支機構在臺之資產及本身
　　　　負債負責清理撤銷原登記並造其清理表冊三份連同原館執造向
　　　　主管官署（臺灣省建設廳）重行登記。

第七條　分支機構改爲獨立重請設立登記時由主管官署驗資並檢查原分
　　　　支機構之營業情形。

第八條　分支機構改爲獨立機構經核准登記後給以與一般已登記之工商
　　　　企業同業待遇。

第九條　分支機構在淪陷區之股東其股權由該機構實行保留俟查明有無
　　　　投匪或附匪情事再行分別處理。

第十條　分支機構之總機構在港澳而有投匪或附匪之情事者非用本辦法
　　　　之規定。

第十一條　本辦法由經濟部呈請行政院核准後施行〔註49〕。

　　以上條款的內容就是政府欲斷絕海峽兩岸關係企業人、財的往來而訂定，於是
商務印書館臺灣分館乃以資本額新臺幣二十萬重新登記，改稱爲臺灣商務印書館股
份有限公司，由原任經理趙叔誠獨立經營。從外表名稱上看來，原來僅需負責經銷
總館出版圖書之商務臺灣分館，自是演變而爲兼編輯與印刷的機構，一切需自立更
生；但從內部組織來看仍是沒有改變〔註50〕。其所依靠的仍是過去上海商務所出版
的書，將其擇優重版，不需要編輯，這對尚缺乏編輯人才的臺灣商務，至少不會面
對無書可出的困境。同年冬，臺灣商務印書館委託律師登報公告，開始辦理商務在
臺股東之股權登記，初步登記之結果，在臺股份約佔全公司股份總額的2％〔註51〕。

〔註49〕事由見臺灣省秘書處編，《臺灣省政府公報》冬字第6期（南投：臺灣省政府秘書處，
　　　　民國39年10月7日），條文內容見《中央日報》，民國39年10月7日，第四版。
〔註50〕韓錦勤訪問、記錄，張連生先生口述，民國87年10月9日於臺灣商務印書館。
〔註51〕王雲五，《商務印書館與新教育年譜》，頁841。

〈淪陷區工商業企業總機構在臺分支機構管理辦法〉為一種臨時命令，況且各分支機構的在臺股東無一超過半數，依法不能召集股東會議選舉董事，以資主持，可見規定欠完密。

王雲五此時為臺灣商務的股東，民國四十年一月，王雲五由香港抵臺北定居後，經理趙叔誠偶爾會就出版上的一些問題請教他，只因王雲五在商務中已非擔任要職，也無實質上的幫助。為了彌補無法召開董事會的權宜之計（當時商務董事中無人來臺灣），經理趙叔誠遇事無商量的對象。民國四十二年二月，由趙叔誠邀集在臺股東座談，成立了業務計劃委員會，王雲五經推定為主任委員，訂立七條規則：

一、在臺本公司股東選舉九人為業務委員組織委員會，並由委員互推一人為主任委員。

二、業務計劃委員會每兩月召開一次，遇有必要得開臨時會，均由主任委員召集之。

三、業務計劃委員會計劃之事項如下：
　（甲）關於公司營業事項之計劃（為參考起見，應由公司負責人每月將營業情況表抄送一次）。
　（乙）關於編輯事項之計劃（為參考起見，應由公司負責人將每月新出版物及重版書抄送報告表一次）。遇有編輯計劃以外書稿之購入或約編應遵造委員會決議辦理。
　（丙）關於出版事項之計劃（為參考起見，應由公司負責人每月將未印及在印中之出版物分別抄送報告一次）。
　（丁）關於收集已出版樣書之計劃。
　（戊）關於規復舊業之計劃。
　（己）關於計劃股東會之開會，並報告股東會之事項。

四、本委員會之開會須得過半數委員之出席，其決議案須得出席委員過半數同意。

五、委員會之決議事項交由經理執行，其有關本規則第三條（戊）項者，須提請在臺股東會議決定之。

六、委員會遇有必要時得請股東及職員到會徵詢意見。

七、本規則之訂定及修改經在臺股東會議決定之〔註52〕。

〔註52〕王雲五，《商務印書館與新教育年譜》，頁851～852。

　　由以上的成立規則可知，委員會決議的計劃交由經理執行，經理仍是有主導是否實行的權力，所謂的業務計劃委員會充其量只是提供意見的顧問團而非監督經理人的權力機構，效果有限。

三、出版業務

　　大陸未淪陷時商務印書館臺灣分館，循例不自行出版圖書，業務以發行總館派發之出版物及文具儀器爲主，售出貨物之資金，除支應開支以外，悉數撥解總館，當時的營業項目可分爲五大類：（一）學校課本；（二）參考圖書；（三）辭書字典；（四）藝術印品；（五）文具儀器〔註53〕，圖書大致爲抗戰勝利復員後的滬版書刊，種類約三、四百種，每種一、二十冊至近百冊不等。

　　民國三十六年十一月至三十八年五月，商務上海總館對臺灣分館停止發貨的十八個月內，時值臺省光復初期，市間圖書寥寥無幾，雖物力維艱，需要則甚孔急，銷路故均順暢。另外，因當時臺灣普遍推行國語運動，所以教育部中國大辭典編纂處所編的《國語辭典》四厚冊，以及趙元任製作的注音符號留聲片附讀本，則因地、時之利，銷量亦佳。貨源中斷之初，曾自香港分館少量補貨，爲數二、三次，旋即完全不繼〔註54〕。

　　經理趙叔誠的個性忠厚，凡事寧人負我而我不負人。光復初期，臺灣人民的消費能力低，中文閱讀能力也較差，人口又少，所以趙氏獨立經營臺灣商務，因限於環境的關係，一直是慘淡經營，此外同業間競爭手段每況愈下，臺灣商務則不以營利爲唯一目標而仍堅持一貫傳統原則，再加上同人之間未盡融洽，事端屢起〔註55〕，益令其意志消沈，業務也日趨萎縮〔註56〕。民國三十九年夏，政府開始禁止大陸作家所著的出版品在市面流通，這對臺灣商務的書籍出版造成影響。不過，商務除了出版一般書籍與參考書外，另外也出版教科書，這多少對臺灣商務的營業額有所彌補。以下就分別對臺灣商務早期的出版品做介紹。

（一）教科書

　　光復初期，因省教育局自行編印不及，而大陸各書局又未來臺設分館，所以臺

〔註53〕〈商務印書館臺灣分館遷移啓事〉，《台灣新生報》第800號，民國38年1月6日。
〔註54〕《商務印書館100週年／在臺50年》（臺北：臺灣商務印書館，民國87年），頁59。
〔註55〕有關臺館內部同人間的糾紛，筆者曾請教臺灣商務副董事長張連生先生，但因張先生限於某些因素，所以並未言明。
〔註56〕張連生，〈追隨雲五先生十一年〉，收錄：王壽南編，《我所認識的王雲五先生》（臺北：臺灣商務印書館，民國65年），頁133。

灣當局決定先採用最初來臺之開明、正中兩書局之教科書〔註57〕。商務來臺未久，民國三十八年，國民政府亦播遷來臺，時局動盪不定之際，有關教科書的編印無暇兼顧，於是通知在臺灣各個書局依照新課程標準重行編印教科書，送經審定後自由發行〔註58〕。但因正中書局率先依照三十七年十二月頒定的課程標準編著教科書，普及率因此較佔優勢，世界書局出版的教科書次之，臺灣商務反不如前二者〔註59〕。當時臺灣商務所發行各科教科書中，以初中物理為例，內容編定是遵照二十五年教育部修正的初級中學物理課程標準〔註60〕，即使加以重編後能配合三十年的課程標準，亦無法符合三十七年教育部新頒布的課程標準。

　　民國四十年開始，臺灣商務開始出版中學教科書，陸續出版了初中地理、算術、代數、理化、理化實驗、生理衛生、高中代數、平面幾何、三角、物理、物理實驗、化學、化學實驗、生物，以及高職物理、化工實習，師範教材與教學法、測驗及統計、教育心理學等約二十種，四十餘冊〔註61〕。若以初中理化看來，內容則依照民國三十七年十二月，教育部公佈的修訂初級中學課程標準所編定〔註62〕。

　　民國四十一年四月，教育部遵照總統蔣中正的指示，加強民族精神教育、勞動生產教育、文武合一教育，而頒布〈戡亂時期高中以上學校學生精神軍事體格及技能訓練綱要〉，以為實施依據〔註63〕。因此，中學教科書中的國文、公民與歷史、地理，由於關係民族精神教育，所以編輯印行權，一直是由教育部緊緊掌握，這四本書稱為標準本。民國四十二年至五十二年之間，國文、公民、歷史、地理教科書一直由教育部編輯，興台印刷廠印刷，臺灣書店發行。

〔註57〕〈各中學廿二日起放寒假課本仍用開明正中兩級〉，《台灣新生報》第802號，民國38年1月8日。

〔註58〕蔣紀周，〈中小學教科書的編印〉，《出版家》39～40期（民國64年4月），頁10。

〔註59〕詳見《臺北市志，卷八，文化志‧文化事業篇》，頁24。

〔註60〕見譚勤餘重編，〈編輯大意〉，《初中物理》上冊（上海：商務印書館，民國38年7月修訂本第一版）。在《初中化學》的例言中也提及：「本書係韋鏡權、柳大綱二君依照民國二十二及二十五年教育部頒布之課程標準所編，其後雖略有修改，然與三十年修正的課程標準仍不甚符，今特遵照新修正之標準完全重編，供初級中學化學科教學之用。」舒重則重編，〈重編本例言〉，《初中化學》上冊（上海：商務印書館，民國38年7月修訂本第一版）。

〔註61〕《商務印書館100週年／在臺50年》，頁74。

〔註62〕詳見王成椿、潘璞、程詳榮、黃開繩編，〈編輯大意〉，《初中理化》第一冊（臺北：臺灣商務印書館，民國40年8月臺初版）。此外，沙學浚編著的《初中地理》亦是遵照教育部於民國38年7月修正的課程標準所編訂。見沙學浚編，〈編輯要旨〉，《初中地理》第一冊（臺北：臺灣商務印書館，民國41年3月臺三版）。

〔註63〕詳見教育部年鑑編纂委員會編，《第三次中國教育年鑑》（臺北：正中書局，民國46年），頁15。

到了民國五十三年，黃季陸擔任教育部長時，便將這四本教科書的銷售權與發行權做有限度的開放，並選定了當時十四家規模大且編輯態度謹慎的書店，並將發行權完全交託。當時印行或發行教科書的書局有正中、臺灣、商務、中華、世界、遠東、環球、大中、反攻、啓明、勝利、開明及華國等書局，組成了「聯合印行處」，由於教育日漸普及、學生人數增多，所以教科書的經營是個很穩定的市場，是這些書局主要的利潤來源〔註64〕，只是教科書以聯營發行的問題與爭論頗多。

五十七年，政府將國民教育延長至九年，因此規定國民中學教科書一律由國立編譯館編輯，國文、公民、歷史、地理四科仍交由「聯合印行處」辦理印行，其他各科則交由教育部甄選正中書局等七十一家書局印行，並組成「國民中學國公史地以外各科教科書印行處」〔註65〕。雖然發行教科書是早期臺灣商務的主要經營業務，但隨著王雲五重主臺灣商務印書館後，臺灣商務的經營重心乃逐漸轉移。

（二）一般出版品

民國三十七年，在臺灣發行較著者，約爲《新小學文庫》第一集一百三十種，二百冊；《新中學文庫》四百十三種，四百六十三冊，以及專供小學教師閱讀之《國民教育文庫》第一集九十八種，一百冊，銷路好的原因，除了書籍本身的口碑與實用性外，也可能是因爲商務印書館臺灣分館與省教育廳合作推廣，由臺灣省教育廳於三十七年五月七日，代電通知各縣市的小學，電文如下：

> 竊唯國民教育爲整個教育之基礎，敝館爲補助國民教育之推進，除供應教科用書外，近於師生雙方應用之整套參考書，復擬具有系統之編印計劃，其專供兒童閱讀者，曾編印「新小學文庫」二百冊，現已出齊，並仰賴鈞廳彙購六百數十部，分發各國民學校，使各學校咸能適宜之課外補充讀物，其專供教師閱讀者，最近復編成「國民教育文庫」一百冊，分爲進修、補習、教育狀況、行政訓導、教材、教法、鄉村教育、成人教育等組，已出四十八冊，餘書於五月內出齊。「國民教育文庫」之執筆者，或爲當代教育名家，或爲各地輔導專員，或爲實際從事教學之優良教師所著，各書均能發揮正確之理論，表現宏富之經驗，戰後最新資料亦多已採入，俾讀者可在進修行政施教各方面獲得切實之裨助，該文庫現正發售，特價照原價七五折計算，每部計售臺幣四萬零五百元。茲爲優待彙購起見，凡一次購滿全集一百部者，得照特價再打九折，即每部僅實收臺幣三萬六千四

〔註64〕楊尚強，〈爭印教科書鬥法無已〉，《新聞天地》1053期（民國57年4月20日），頁15。

〔註65〕餘光，〈臺灣光復三十年出版大事記要〉，《出版家》44期（民國64年11月），頁12。

百五十元。隨文附呈該文庫目錄樣本二十份，敬懇鈞廳俯賜宏獎，迅予彙購分發全省各國民學校，或通飭各校聯合彙購，使各校教師均有優良讀物可資進修，提高師資水準，即所以提高教學水準，國民教育之推進，將於此獲致實效，不僅敝館感幸已也〔註66〕。

這兩部書當然對於補助學生與教師的課外知識，會有所助益。不過，當時臺灣的學校因限於經費，學校購書風氣低迷，由上文可看出，商務爲了增加「新小學文庫」與「國民教育文庫」的買氣，以打折後再優待出售。

早期商務臺灣分館只是負責銷售，不自行編輯出版。因此等到兩岸商務斷絕來往後，臺灣商務的書可謂是賣一本就少一本的，民國三十九年，臺灣商務所刊登廣告中，所列的書幾乎爲重版書，包括匯集各科專家譯著而成三百餘種的大學叢書〔註67〕。由這則廣告看來，此時未隨國民黨來臺作家的無關政治、唯物主義與共黨意識型態等敏感內容的著作仍可公開販售，如王世杰與錢端升合著《比較憲法》；錢端升等著《民國政制史》；張含英著《水力學》；孫光遠與孫叔平合著《微積分學》；楊肇鏮譯的《電學原理》。

但到民國四十四年，這些都屬違禁之列，查禁原因是「作者附匪」，因此臺灣商務只能礙於種種限制下重版大陸時期舊書，其中銷路很好的重版書有：《實務高級英文法》、《日用英語會話》、《說文解字詁林》、《國語辭典》等工具書。期間亦有少量新書出版，自民國三十九年起，至五十二年止爲期十四年間，共出新書及臺一版書七一八冊，平均每年四十一冊，其中較重要者爲《美國全史》、《清代通史》、《國音字典》。其營業總額爲二千零二十四萬零一百四十八元臺幣，平均每年只有一百五十八萬八千五百八十二元臺幣。甚至在四十四年、四十五年發生營業額虧損的情形。

追究其營業額偏低的原因有四，其一爲臺灣人口少，市場狹窄，受經濟學上供需法則之限制；其二爲此一時期的館務，雖有業務計劃委員會之設置，但就公司法而言，此一委員會究非法定權力組織，實際主持館務者爲經理趙叔誠，其出身商業會計人員，性情保守持重有餘，開展進取則似有不足〔註68〕；其三爲臺灣商務內部同仁間的爭端；其四爲政府對出版品的種種管制，使得臺灣商務早期在重版書籍的選擇上有所顧忌，這些可能對館務發展有所影響。

〔註66〕臺灣省政府秘書處編，《臺灣省政府公報》夏字第35期（南投：臺灣省政府秘書處，民國38年5月11日）頁510。
〔註67〕廣告登在臺灣新生報編，《新生的臺灣》（臺北：臺灣新生報社，民國39年10月）。
〔註68〕徐有守，〈王雲五先生與商務印書館〉，收錄：王壽南編，《我所認識的王雲五先生》，頁84〜85。

　　綜上所述，解嚴前的臺灣出版文化是受政治力量支配與干預的。有關臺灣的政治力量，蕭新煌認爲，「如果我們把過去的四十年的光景和社會三大力量的消長態勢來分析，不難發現在最初的二十年幾乎全是『政治掛帥』的時代，經濟力和社會力根本沒有能力與政治力相比擬，一切都在政治考慮下進行，即使是資本主義化，也是在政治力的掌握下進行〔註69〕。」在這樣的政治環境下，對臺灣商務早期的發展確實有些阻礙。另外，光復初期，民眾的生活、知識水準低落，亦限制一般書籍的市場，教科書、學校成爲最主要市場。因此，臺灣商務早期對教育確實有其貢獻，但對於傳播新知、新思想方面，相比之下就較爲欠缺。

〔註69〕轉引自張樹倫，《台灣地區社會變遷與文化建設》（臺北：國立師範大學三民主義研究所碩士論文，民國87年），頁141。

第三章　王雲五重主臺灣商務

　　民國三十七年，商務董事會主席張元濟受到左傾份子的影響，而當時的王雲五正擔任國民政府的財政部長，忙於財政改革之事，自然就與張元濟疏遠。同年十一月，王雲五因金圓券辭職回廣州從事著述。十二月二十四日，王雲五接到張元濟自上海的來信，函內云：「商務印書館本屆股東年會甫於本月十九日舉行，與同人相酌，謂公此時正宜韜晦，不敢復以董事相溷〔註1〕。」自此之後，王雲五則成爲商務一名股東而已。民國四十二年，中共欲接收香港商務與中華書局的印刷機器與銷毀其紙型存書，國民黨雖覺得事關中華文化保存之重要，但卻礙於與英國無外交關係，因此希望藉由商務內部首要員工出面表明支援國府的態度以影響香港政府〔註2〕。此時王雲五雖居住在香港，但因只具有股東身份而無法將香港商務的財產轉到臺灣來〔註3〕。

　　王雲五在離開商務之後的期間內，一直無法忘情出版業，民國三十八年甚至獲得總統蔣中正的資助，開始籌設華國出版社兩合公司，十二月二十五日於臺港兩地同時開業，以反共與國際知識的出版方針爲主，當時有人將王雲五創辦的華國出版社視爲是第二個商務印書館〔註4〕。民國五十三年，王雲五重主臺灣商務，王雲五開始發揮一貫經營長才，將臺灣商務經營的有聲有色，他在重主臺灣商務後進行哪些改革呢？「出版人才」是一項重大的資本，必須有相當的學養、良好的發行能力。其中，編輯人員可說是出版業的靈魂，要有教育社會的創意，甚至要能建立出版單

〔註1〕張元濟原函收入《岫盧已故知交百家手箚》（臺北：臺灣商務印書館）；轉引自王雲五，《商務印書館與新教育年譜》，頁839。
〔註2〕《關於香港商務中華兩館局爭取問題座談會記錄》，黨史會文工會檔案0957，民國42年4月15日。
〔註3〕王壽南，《王雲五先生年譜初稿》第三冊，頁1367。
〔註4〕此乃香港《天文臺日報》在民國40年1月12日的報導；轉引自王壽南，《王雲五先生年譜初稿》第二冊，頁745。

位獨特風格〔註 5〕。王雲五對人才一直很重視，因此他任用了哪些人才？主編哪幾種出版品以及其特色爲何？茲述論如下：

第一節　整頓與改革

民國三十九年十月六日，〈淪陷區工商企業總機構在臺灣原設分支機構管理辦法〉的頒布，使得各個公司在臺分支機構的資金與人員不需要和大陸往來，但因爲許多在臺公司的股權皆不超過 50％，所以無法召開股東會議，臺灣商務印書館也是如此，於是王雲五在任職行政院副院長期間（民國四十七年七月至五十二年十二月），主張制定法律予以解決，就經濟部呈送此條例草案，加以修正，然後送立法院完成其立法，於是有後來〈淪陷區在臺股東股權行使條例〉的產生〔註 6〕。民國五十二年，行政院院長陳誠辭職後，任職副院長的王雲五也以年事漸高，身體精神漸不耐煩劇的理由請辭獲得核准，同年十二月七日，蔣中正聘王雲五爲總統府資政。卸任後，王雲五決定專心從事教書與學問的研究。

民國五十三年四月二十三日，總統蔣中正公佈〈戡亂時期在臺公司陷區股東股權行使條例〉，該條例全文如下：

第一條　本條例所稱之在臺公司，係指在臺設置公司之股份有限公司，或在臺原分支機構，經政府核准改爲獨立機構之股份有限公司。

第二條　本條例所稱之陷區股東，係指在臺公司淪陷匪區，持有記名股票，不能行使股權之股東。

第三條　在臺公司陷區股東之股份，在其未離匪區恢復自由，或其股份已在臺依法沒收有案前，均爲各該公司之保留股。

第四條　前條保留股，由各該公司之事業主管機關爲其受註人，代理出席股東會行使表決權及選舉權；但保留股之股額超過股份總額百分之五十時，除不得當選爲董事或監察人之外，對於選舉之董事及監察人及應依公司法第二百四十六題及第二百六十四題爲決議之事項，並應得在臺股東持有股份總額三分之二以上同意。

第五條　保留股之股利或其他收益，以保留股專戶存儲於各該公司，俟公

〔註 5〕陳達弘，〈突破困難〉，《出版之友》4～5 期（民國 67 年 1 月），頁 33。

〔註 6〕〈近代學人風範系列——一代奇人王雲五（下）〉，《中央日報》，民國 87 年 7 月 20 日，第 17 版。

司增資時,轉作增資股款。保留股股東在臺居住之配偶或直系血統,得就前項該保留股股東自己名下專戶存款之款項內,向各該公司支取百分之三十作為生活費。公司原有資產有百分之五十以上淪陷區者,得將第一項保留股存儲款項百分之三十金額,由在臺股東按其股份比例承借,以其股份為擔保,於收復大陸時,與大陸資產股東應得部份,合併清算處理。

第六條 在臺公司負責人應於本條例施行之日起,一個月內召集股東會。
在臺公司負責人違反前項規定時,得各科五百元以上三千元以下之罰鍰,並得由事業主管機關召集股東會。

第七條 其他種類公司准用本條例第四條至第六條之規定。

第八條 本條例自公佈日施行〔註7〕。

此新條例一出,其內容明白規定原負責人於一個月內召集股東會之責任,否則得以科五百至三千元不等的罰金。同年六月十四日,商務印書館股東會因此召開。當時臺灣商務留臺股東占股權不及 4％,其留在大陸上股東所持有之保留股總額占96％,這 96％股權,便由當時主管機關之內政部部長熊鈍生代表,按照該條例第四條之規定,對於所選舉之董事監察人,應得在臺股東持有總額三分之二以上之同意。因此,熊鈍生所投之選票需預先參照商務在臺多數股東的決定。當時王雲五已脫離政府,得享有商務公司股東完整權利,經股東會的表決,王雲五以最高票當選為董事,隨後又由董事會全體票選為董事長〔註8〕,於是王雲五在離開商務十七年後又重主臺灣商務印書館,並且進行內部組織、制度、人事的整頓與改革。

王雲五上任後,發現臺灣商務自從獨立經營以來,資本額由原先的二十萬元股本增資至一百萬元,完全因為館屋的地價升值,與盈餘無關。而所有館屋地產皆已向銀行抵押貸款,以應開支。館中同仁的薪水特別高,往往營業收入不敷發薪,致不得不向銀行貸款,至偶有較大規模的刊物,工料開支無法支付,亦只有向銀行貸款。除向銀行抵押貸款外,並收受同仁與外人存款,支付鉅額利息〔註9〕。

王雲五認為臺灣商務內部產生了開支大、營業小、沒有制度三病象。開支大主要是因為客戶欠帳、人事費等的會計政策有所欠缺,並且無預算而導致;營業小則是因之前以教科書為主,故應該向各地搜集樣書,精選審核後,分別修訂翻印,因

〔註7〕王雲五,《岫廬八十自述》,頁 1015～1016。
〔註8〕王雲五,《岫廬八十自述》,頁 1016。
〔註9〕王雲五,《商務印書館與新教育年譜》,頁 902。

為商務本身的書籍常被盜印，所以商務應以更主動的態度翻印本版書；沒有制度是臺灣商務係草創，所以大陸原有的規則多未利用，經理以上又無人秉承，導致若干事未能按原有制度辦理。王雲五因此認為必須要以節流、開源、制度化三個方針，針對以上的三個方針提出五種辦法解決：一、薪津調整辦法。二、同仁進退服務獎懲及福利金支給辦法。三、採購辦法。四、營繕修理辦法。五、同仁服務規則〔註10〕。

其中重要且變動較大的是同仁薪津的調整，原因是館中同仁的薪水非常高，同仁的學歷大多是初高中程度，但待遇多超過一位最高級簡任官。公司中原有最高薪金連伙食費在內每月有六千餘元，中級職員的薪金連伙食費在內每月有二千五百元，於是取消向來以基薪乘倍數的辦法，改訂統一薪津。高級職員減薪並取消伙食費，中級職員取消伙食費，低級職員則略予加薪，使其所得不少於原來伙食費合併之數字，如此每年在人事上可節省八、九萬元。若在財務支出上又節省五、六萬元，修理費三、四萬元，則每年至少可多出十六萬元的盈餘。假設營業總額有增加，而開支不再增多，年盈餘大量增加則同仁可分到獎勵金，例如有五十萬元的盈餘，則同仁獎勵金可達八萬元，平均每人可再加發兩個多月的薪津，足以抵補減去的伙食費。如果每年有一百萬元的盈餘，則同仁獎勵金可達十八萬元之多，更是一筆可觀的數字〔註11〕。雖然原本的薪水減少了，但是卻多了獎勵金的發放，這固然是一種鼓勵方式，不過同時表示職員們必須努力工作共創佳績才能得到。

一開始減薪辦法提出時，並沒有得到股東完全的贊同。例如當時股東兼中華書局總經理的李叔明獲悉，曾力勸王雲五要慎重，以免引起同仁反感。王雲五則表示願負一切責任，若有同仁不明事理而不滿者，他會毅然處置。其實，王雲五主持臺灣商務期間，同仁的薪津自民國五十八年六月訂定以來，分別在六十二、六十三、六十四、六十五年、六十六年因應當時國民生活水準而調整一次〔註12〕，可見得王雲五對員工薪津發給並不會吝嗇。

當時臺灣商務有職員三十九人，王雲五一一與之面談後，再依其個人專長予以調動及拔擢，調動後高級人員職位如下：經理趙叔誠、副經理葉友楳、襄理兼營業主任陳貽成、會計主任張連生、總務主任張學訓〔註13〕。至於主管變動之後的做事成效為何？王雲五認為職位調動後各主管的做事成效皆很顯著〔註14〕！

〔註10〕詳見王壽南，《王雲五先生年譜初稿》第三冊，頁1367～1369。
〔註11〕王壽南，《王雲五先生年譜初稿》第三冊，頁1369。
〔註12〕王雲五，《岫廬最後十年自述》，頁1015～1017。
〔註13〕王壽南，《王雲五先生年譜初稿》第三冊，頁1379。
〔註14〕王雲五，《商務印書館與新教育年譜》，頁903。

　　而在拔擢人才方面，是將原外調擔任「部編本中學教科書聯合印製處」會計一職的張連生，擢任其爲商務會計主任〔註15〕。除了原本人事的變動外，王雲五也在經理趙叔誠辭職後，將他的學生們一一網羅進臺灣商務擔任要職，並且在管理上分別於民國五十六年、五十八年訂定了〈分科分層權責制辦法〉與新訂〈總理處章程〉，這方面的內容因與經營模式有關，之後再予以討論。

　　商務臺灣分館籌設之初，館址原是位於許昌街，但是許昌街的環境並不十分理想，街道甚爲狹窄，且商務只有房屋產權，地基則是承租的。靠著經理趙叔誠獨力奔走，多方設法折衝而購得位於重慶南路一段與漢口街交會處的館屋，這一座三層樓的建築，雖非新建，但在當年建築物大都是屬於日式矮房的臺北市，也是頗爲壯觀的。重慶南路街道寬闊，爲一條位於火車站前的南北向要道，日後成爲一條書店街。這是經理趙叔誠的獨到眼光及對臺灣商務最大的貢獻〔註16〕。

　　經過十幾年後，王雲五認爲重慶南路館屋已陳舊，且甚迫狹，不敷應用，於是提議趁公司現在尚有餘款，擬翻造四層鋼骨水泥樓房。這個提議在民國五十六年四月舉行的股東常會中獲得各股東的贊同，經一致通過。至於需要二百多萬元的經費問題，王雲五自信尚能負擔，婉謝銀行的貸款。翌年落成，因爲股東們念王雲五二、三年來使臺灣商務起死回生，所以將新建之大樓命名爲「雲五大樓」〔註17〕。

　　王雲五重主臺灣商務印書館之後，其擔任的董事長是爲商務免費服務，就是因爲本身與商務有長久歷史關係，而產生道義責任感之故〔註18〕。上任一開始即展開連串的整頓與改革。歸究其成功之因，可能除了〈戡亂時期在臺公司陷區股東股權行使條例〉的頒布，使得臺灣商務擺脫分館的陰霾下，正式成爲臺灣商務總館緣故之外，王雲五本身的經營魄力也是主因，他本身具有的號召力使股東們選舉他擔任董事長，希冀王雲五能領導臺灣商務進入新的局面，當然由日後王雲五的作爲看來，也果然是不負眾望。

〔註15〕詳見張連生，〈追隨雲五先生十一年〉，收錄：王壽南主編，《我所認識的王雲五先生》，頁34。

〔註16〕詳見張連生，〈臺灣商務印書館四十四年述略〉，收錄：商務印書館編輯部，《商務印書館九十五年》，頁506。

〔註17〕王雲五，《商務印書館與新教育年譜》，頁950。

〔註18〕徐有守，〈王雲五先生與商務印書館〉，收錄：王壽南主編，《我所認識的王雲五先生》，頁108。

第二節　經營模式

王雲五除了就原有的職員職位做調動外，他也運用一些科學方法的概念，如職工管理、營業管理、改良組織在經營臺灣商務上面，在其經營模式上可以發現，王雲五在管理辦法上的變動，亦往往跟隨著經理或總編輯的人事變動。

一、人才的網羅——從徐有守至馬起華

臺灣商務依據新法規，建立了合法健全的總公司，召集了股東會，成立了董事會，而十多年來未設的編輯部也設立了〔註19〕。在民國五十四年二月一日，王雲五即聘徐有守為商務印書館總編輯。徐有守畢業於政大政治研究所碩士班，王雲五為其論文指導教授。其畢業後，自民國四十六年起，在總統府行政改革委員會任秘書，王雲五轉任行政院副院長時，以政院參議的名義任王雲五辦公室助理，之後又在經濟動員計劃委員會、故宮藝術品赴美展覽委員會中追隨王雲五〔註20〕，徐有守的辦事能力得到王雲五的欣賞，於是要他辭卸公職，至臺灣商務擔任總編輯。

民國五十四年四月，臺灣商務印書館經理趙叔誠辭職，王雲五念其苦撐臺灣商務的辛勞，且聞其兼營外業，虧累不堪，乃特向董事會提議一次贈與特別退職金新臺幣十萬元，並聘其為顧問一年。但一年後，其病故於赴香港的船中〔註21〕。於是，徐有守在總編輯外又兼任經理一職，在董事長王雲五的信任與督導下負責全館經營與編務。只是臺灣商務的事情很多，徐有守因為健康不佳的因素終在民國五十六年七月，因奉派任職國家安全會議，並且覺得來臺灣商館工作二年餘的經驗，仍以從政為終身事業為適宜，因此堅辭總編輯與經理職位，經王雲五慰留沒有結果之後，也不便強阻徐有守的進展，乃答允他辭職，並改聘其為東方雜誌特約編輯一年，嗣又續聘一年。

徐有守辭職後，王雲五本來有意聘請在政大教書的金耀基接任，不過金耀基則以自身條件不足與美國夏威夷大學東西文化中心給予獎學金留學、並且無法擺脫政大教職的理由婉拒，但是答應在其赴美之前，應可為民國五十五年在臺復刊的《東方雜誌》擔任編輯工作〔註22〕。據金耀基日後的回憶文章所提及，他實際只主編兩

〔註19〕劉壽椿，〈揚國粹，輸新知——祝岫老壽誕談岫老成就〉，《微信新聞報》，民國56年7月9日，第二版。

〔註20〕徐有守，〈悼岫廬我師〉，《中央日報》，民國68年9月4日，第十版。

〔註21〕王雲五，《商務印書館與新教育年譜》，頁912。

〔註22〕〈金耀基致王雲五函〉，收錄：王壽南，《王雲五先生年譜初稿》第四冊，頁1452～1454。

期就啓程赴美了〔註23〕，但仍然擔任編輯一職，直到民國五十九年六月。與金耀基同時擔任《東方雜誌》主編的尚有政大博士傅宗懋與曹伯一。前者自民國五十六年七月至五十七年十一月；後者自民國五十七年十二月至五十九年六月〔註24〕。這期間能源危機正值巔峰，紙價大漲對出版業的衝擊很大，王雲五乃親自到館主持館務，這因與出版方針關係較密切，因此在此不待贅述。

在阮毅成仍擔任中央日報社長時，王雲五即先以臺灣商務股票贈與阮毅成，並且提名他為臺灣商務董事，王雲五此舉讓阮毅成萬分感動。民國五十八年，阮毅成自公職退休，王雲五就面約其到臺灣商務主編《東方雜誌》，但阮毅成未敢冒然接受。民國五十九年，王雲五再重申前議，阮毅成無法再辭乃答允擔任主編一年，在六月一日正式開始辦公，就這樣年復一年，其主編《東方雜誌》十一年，直到民國七十年才因身體不佳辭主編一職，但仍被聘為《東方雜誌》的顧問〔註25〕。

民國五十七年七月，王雲五聘任原在中國文化學院教務長兼政治系主任的周道濟為臺灣商務的總經理兼總編輯，同時其仍兼文化學院政治系主任。周道濟擔任此職位一直到民國六十三年六月，王雲五並准其在二月起先行請假。王雲五旋在二月一日起特聘楊樹人為總編輯；原任經理張連生代理總經理〔註26〕。由此開始，總經理與總編輯分別由二個人擔任，前者審核來稿及洽編新稿；後者則在營業方面努力推進，即使這樣大的改變，臺灣商務在能源危機的環境下營業額仍能大幅增加〔註27〕，不能不說是王雲五在經營與識人上的成功。

民國六十五年十一月，總編輯楊樹人赴美後因病請求辭職，王雲五仍多次強力挽留，同時並商請政大中文研究所主任王夢鷗於次年自政大退休後，來臺灣商務擔任編審委員會副主任委員，以輔佐王雲五（董事長兼任編審委員會主任委員），若王雲五因事不能親自主持編審任務時，可由副主任委員代行其職權。次年六月，王夢鷗則因海外之行而不願接受臺灣商務的待遇。在楊樹人赴美的期間內，總編輯的職務由王雲五代理。

〔註23〕金耀基，〈我所認識的王雲五先生〉，收錄：王壽南主編，《我所認識的王雲五先生》，頁 420。

〔註24〕金耀基、傅宗懋與金耀基、曹伯一先後擔任《東方雜誌》主編的資料來源，係根據《東方雜誌》中所掛名的編者為主，與《商務印書館 100 週年／50》中所記載的內容有些許不同。

〔註25〕詳見阮毅成，《八十自述》下冊（臺北：著者出版，民國 73 年），頁 675～676。

〔註26〕王雲五，《岫廬最後十年自述》，頁 791。

〔註27〕王雲五在臺灣商務 64 年股東常會中報告去年業務情形的內容。見王壽南，《王雲五先生年譜初稿》第四冊，頁 1623～1625。

　　民國六十六年一月，王雲五聘請曾任政大政治研究所主任的浦薛鳳教授回臺接任其多年來以董事長自兼之總編輯一職，且讓其先「試工」一年。浦薛鳳回臺任職後，即收到王雲五贈送的臺灣商務股票二十一股以及提名其為董事。之後，總經理張連生願退居副總經理而推浦薛鳳兼任總經理一職，但浦薛鳳拒絕，乃由王雲五暫兼總經理一職〔註28〕，只是浦薛鳳仍不願居此位，因此張連生恢復總經理職位。

　　民國六十七年十二月底，浦薛鳳請假赴美，王雲五乃趁政大教授馬起華休假一年的時間，原聘請他暫時代理總編輯一職至次年三月浦薛鳳回來為止。同年四月初，浦薛鳳確定不回臺灣商務後，王雲五希望馬起華就此做下去，但其僅答應做到九月為止，只是馬起華還差一個月就可卸任，王雲五卻已經離開人世了。

　　王雲五曾經提出人才應具備的條件，必須是：

一、具深遠眼光，知教育大體及各種學術梗概，而能規劃大綱者。

二、具一科之專門學識者。

三、於編輯營業具豐富之經驗，並深悉本館歷史及教育狀況者。

四、深明教育原理，或於中小學校教科書富有經驗，能知生徒之需求及教
　　科書之實際情形者。

五、長於國文國語，能以短速時間，成活潑之文稿者。

六、精外國文字，能著作或翻譯者。

七、具普通知識，能搜羅資料而編輯之者。

八、能與知識界聯絡者。

九、考成公正，能監視勤惰，稽核成績者。

十、幹練而能守秩序，善辦行政事務者。

十一、勤慎精密，善於校對者。

十二、善於正草各體字，能任錄事者。

〔註28〕有關張總經理退居副位一事，浦薛鳳記述：「第三者向予透露：雲老授意總經理張君，
　　　　盼其退任副位而推予兼任，予堅決表示反對。……伊（雲老）遂改『總』為副而由
　　　　雲老董事長自兼總經理。其意一若予或不願取之於張君，而可接之於雲老。予辛不
　　　　肯。董事長給假一月，囑張君休息。最後，經予力勸雙方，仍恢復原任總經理。……」
　　　　詳見浦薛鳳，〈追憶王雲五先生——記念雲老逝世五周年〉，《傳記文學》45卷5期（民
　　　　國3年11月），頁86。〈臺灣商務六十七年股東常會會議記錄〉，內容為張總經理鑑
　　　　於浦總編輯學識經驗均臻上乘，自請退居副總經理，俾使浦總編輯得兼總經理一職，
　　　　辦事方便有效率，一維本公司從民國十九年至今，均由兄弟（王雲五）兼任二職的
　　　　方式。…因見張副總經理很辛苦，身體不適，給他三個月休假，……。詳見王壽南，
　　　　《王雲五先生年譜初稿》第四冊，頁1847。

十三、能作地圖及各種繪畫者。

以上第一項宜於主持全局，第二項宜於主持一部，第三項宜於任編輯顧問及普通審查，第四項宜於決擇及審查編輯資料與形式，第五項宜於撰著書稿，第六項宜於譯書稿或著作外國文書稿，第七項宜爲編譯各種書籍之助手及保管舊有資料者，第八項宜於蒐羅外稿及徵求所外專家之意見，第九項宜於考核成績，第十項宜辦理事務，第十一項宜任校對，第十二項宜充繕寫，第十三項宜任繪圖事項〔註29〕。因此，被王雲五網羅到臺灣商務的學者或多或少正是符合以上的特質。

二、新組織章程的制定

一個良好的企業必須要具備完整的組織架構。王雲五主持臺灣商務後，先找出臺灣商務的問題，再一一予以解決。於是可以看到他先對內部實施開源節流的措施；對外部訂定重版計畫，又聘請自己的門生故舊進入臺灣商務擔任要職，只是這些都必須與良好的制度互相搭配才能達到最好的效果。因此，我們可以看到下列的組織辦法相繼爲王雲五所訂定，以符合本身或其所網羅人才的職權。茲將王雲五所制定較重要的組織章程做介紹。

（一）分科分層權責制辦法

王雲五因經理徐有守的辭職，名義上以副經理葉友楳爲代經理，對外及訂約等事需經他核准後，才以代經理名義行之。在另一方面，爲了對職權有更明確的規定，於是訂定董事長代行經理職權辦法，規定哪些事項是各主管人須直接向董事長請示，哪些事項須先經董事長核定，始由代經理辦理，在這個〈臺灣商務印書館股份公司試行分科分層權責制辦法〉中，第一條即明白指出：「爲適應今後需要，本公司董事長在事實上兼行使總經理職權；惟對外仍用董事長名義，亦不支任何薪津。」條文共十一條，雖然各職位職權規定明白，不過大權仍在董事長手上，因爲第十條的內文是「本辦法未盡事宜，由董事長隨時核定之〔註30〕。」

（二）新總管理處辦法

民國五十八年五月，王雲五認爲周道濟已到職，故代行經理職權的責任應交卸，但因周道濟初到館，對於營業人事與業務尙未熟練，所以制定新的總管理處辦法，並廢止原訂〈臺灣商務印書館股份公司試行分科分層權責制辦法〉。這新制定的

〔註29〕王雲五，〈改進編譯所意見書〉，收錄：王壽南，《王雲五先生年譜初稿》第一冊，頁114～115。
〔註30〕王雲五，《商務印書館與新教育年譜》，頁953～954。

總管理處辦法可以說是更完整的組織章程，包括了〈總管理處暫行章程〉、〈編審委員會暫行辦事規則〉、〈秘書處暫行辦事規則〉、〈營業處暫行辦事規則〉、〈供應處暫行辦事規則〉、〈會計處暫行辦事規則〉、〈檢核處暫行辦事規則〉。

　　王雲五擔任的董事長一職仍是臺灣商務的主導者，雖然民國五十七年，新制定的總管理辦法中，已將各主管所應負責的事務規定清楚。不過，其中在〈總管理處暫行辦事規則〉第一條與第二條的內容分別是為，「總經理在本公司董事長督導下，主持總管理處一切事務。經理、副經理、襄理輔助之。」「本公司董事長除主持編審委員會外，督導總管理處所屬各處範圍，在未經變更以前，暫定為營業、檢核二處，其對會計處之督導限於有關每年結帳，半年預估盈餘及人事事項。除前項列舉各事項外，所有其他事項概由總經理負責主持〔註31〕。」由上述得知，總經理雖然在職權上是主持總管理處的人，但是他仍然必須受董事長的督導。

　　這次的總管理處辦法制定，亦代表臺灣商務的組織擴充編製，以檢核處為例，雖然類似商務在大陸時所設立的審核部，但在臺灣，這等於是一個新的機構，原本臺灣商務在民國五十三年就已制定了懲戒辦法，但並沒有一個特定部門掌管之，直到民國五十八年檢核處的設立，掌管貨物、款項、服務之檢查考核及其相關之事。籌設人是閔劍梅，王雲五任職行政院副院長時，他曾擔任其幕僚。閔劍梅在從行政院退休後即被王雲五網羅，檢核工作是發現別人有何缺失的地方，等於是挑人毛病，這本來就是吃力不討好的工作，但是因得到王雲五的全力支援，使得執行工作時遇到較小的阻力〔註32〕。

　　再從王雲五親自主持編審委員會，可見他對編輯與出版事務的重視。而且在〈編審委員會暫行辦事規則〉中，看出王雲五對編輯資格的要求與地位的看重，除了第二條中明確指出由董事長兼任編審委員會的主任委員外，在第四、五、六、七條對編審、編譯、副編譯、及助理編譯的地位等同何種職位也有詳細說明，其說明如下：

> 第四條　編審的地位，在學術上視同大學教授，在本公司職級上，視同經理或副經理。
>
> 第五條　編譯之地位，在學術上視同大學副教授，在本公司職級上，視同副經理或襄理。
>
> 第六條　副編譯之地位，在學術上視同大學講師，在本公司職級上，視同

〔註31〕王雲五，《商務印書館與新教育年譜》，頁982。

〔註32〕詳見閔劍梅，〈追隨雲老十二年〉，收錄：王壽南主編，《我所認識的王雲五先生》，頁260～261。

副科長或股長。

第七條　助理編譯之地位，在學術上視同大學助教，在本公司職級上，視

同副股長或甲等辦事員〔註33〕。

這同樣也顯現出王雲五提高了編輯在出版中的地位，雖然一本書的內容好與壞有關於原著者，但是編輯是作者與讀者的仲介，既要對作者負責，更要對讀者負責，一個好的編輯可使作品更精益求精〔註34〕，所以編輯本身的程度絕對不能太低。由另一個角度看，臺灣商務的出版方向以學術性書籍為主，即使對編輯的資格要求高，但同樣也很禮遇他們。

（三）特約編審委員會

民國六十五年，王雲五因為臺灣商務印書館總編輯楊樹人赴美，無人擔任書稿審查，特遴聘特約編審委員會十四人分科審查書稿，第一屆的編審委員初期名單：屈萬里──國學；高思謙──哲學；傅宗懋──政治學及行政學；耿雲卿──法律；林孟工──經濟及國際關係；陳水逢──一般社會學及黨政關係；鄧靜華──算學；朱樹恭──化學；林爾康──物理；李亮恭──生物；盛慶珠──工程；葉曙──醫學；徐有守──文藝；王壽南──史地。並制定辦事章程，明白規定委員會性質與委員們的任務，其詳細條文如下：

第一條　商務印書館編審委員會，設特約編審委員十至十五人。

第二條　特約編審委員以商討編審計劃及審查書稿為其任務。

第三條　特約編審委員無須到館辦公。

第四條　特約編審委員每半年集會一次，由商務印書館董事長召集之，董

事長未能召集時由總編輯代為召集。

第五條　特約編審委員平時以受託審查及推薦書稿為任務。

第六條　特約編審委員會為無給職，每人每月致送審查費壹千圓。其於一

月中審查書稿超過三部或一百萬字者，由董事長或總編輯酌量加

送審查費若干。

第七條　每次會議時，除住居外地者加送川資及膳宿費外，每人致送出席

費五百圓。

第八條　商務印書館每月出版新書，各贈與特約編審委員一部，但大部預

〔註33〕王雲五，《商務印書館與新教育年譜》，頁 983。
〔註34〕詳見李海崑，《出版編輯散論》（濟南：山東教育出版社，1993 年），頁 183～184。

約書每人得按預約價以六折購買一部。

第九條　特約編審委員會受託起草一種編輯計劃時，得由董事長或總編輯
　　　　酌量致送計劃報酬若干。

第十條　特約編審委員之任期以二年爲一屆，續聘得連任一屆〔註35〕。

　　由制定〈商務印書館特約編審委員辦事章程〉來看，委員們雖是無給職，但有審查費、出席費以及贈與臺灣商務出版的新書，又隸屬於董事長之下，應該是受到很大的重視程度，應聘的委員又皆是一時之選，特約編審委員會的成立更是王雲五對書籍審查的態度更專業，也是對書籍品質的再提升。

　　綜上所述，在聘用總編輯上，自王雲五聘請徐有守爲總編輯開始，其聘用總編輯與總經理的原則正符合「編輯學者化」的走向，爾後主編《東方雜誌》的金耀基、傅宗懋、曹伯一、阮毅成等人皆是符合「編輯學者化」的原則。所謂「編輯學者化」即是指出版社中的編輯都能像學者那樣，具有豐富的知識及專業的背景，這樣才能做到把關的工作，否則如果編輯沒擁有這樣的能力，怎能去審查高學歷作者的著作〔註36〕？商務印書館在大陸時期就是對人才的重視等於重視資金，此一觀念對企業的經營關係至大，如此來看，就不難瞭解王雲五除了欲提拔自己學生的這個原因之外，爲何還要任用其學生進入臺灣商務的目的。在民國五十年代，一般民眾學歷皆普遍不高時，王雲五在聘用總編輯或經理上即已朝高學歷的方向，從另外一方面來看，這也是臺灣商務對其出版書籍的品質保證。

　　值得一提的是，王雲五在拉攏人才的方式非常積極，只要是王雲五欣賞的人才，王雲五會不斷的邀請其至臺灣商務任職；另外則是仿傚著商務前人的作法，即是先贈予公司股票，再招攬進入公司擔任董事職位，早先的張元濟對蔡元培已是如此〔註37〕，王雲五對阮毅成、浦薛鳳亦是如此。這些學者擔任總編輯或主編使得臺灣商務的出版走向具有學術性，曾主編《東方雜誌》達十一年的阮毅成就回憶道：

　　　　我對雲五先生說明我的編輯方式，是要維持並提高東方雜誌的學術性
　　的水準，及其在國際出版界的地位，雲五先生表示贊同〔註38〕。

　　也正因爲這些學者編輯運用本身在學術界擁有的人脈與號召力，所以在稿源上就不會有缺乏的問題，學者擔任編輯可說是將其在學術上的影響力擴大到了圖書出

〔註35〕王雲五，《岫盧最後十年自述》，頁991。
〔註36〕孟樊，《台灣出版文化讀本》（臺北：唐山出版社，民國86年），頁65。
〔註37〕張榮華，《張元濟評傳》（南昌：百花洲文藝出版社，1997年），頁122。
〔註38〕阮毅成，《八十憶述》下冊，頁676。

版。臺灣商務在王雲五這樣的經營模式下，任用學有專長的總編輯，應用符合科學管理的〈分科分層職責辦法〉，使得商務出版業務蒸蒸日上。不過，在王雲五的主導諸事與親力親爲下，總經理做重大決定前需要與王雲五商討；編輯事務也需要向王雲五負責，馬起華即回憶道：

> 浦師（浦薛鳳）在商務整整一年。他住在新生南路王師住宅對面的雲五圖書館內，每天早上和王師見面一次，商討編務。我家住木柵，如果也這樣做，會不方便。王師便容許我有要緊事才來面報面商，不必天天來。可是四月以後，編輯事務多起來了，我便自動的每兩天定時向他簡報一次，每次五至十分鐘，習以爲常〔註39〕。

不過，這些學者多數更在回憶文章中提及王雲五對他們的信託，是他們得以便宜行事的原因〔註40〕，而且若碰到問題可向王雲五請益。他們進入臺灣商務擔任總經理或編輯職務的時間大多並不長〔註41〕，除了臺灣商務內部事務實在太過繁忙外〔註42〕，他們本身另外還擔任著大學教職、政府公職，或是身體狀況不佳等因素，使其無法久任，所以新舊總經理或總編輯交替之間的管理重擔即由王雲五接下。民國六十三年，王雲五因爲體力衰弱，擬增設副董事長以協助其處理館務〔註43〕，即便如此，在管理臺灣商務上，他仍是最具影響力的人，不管王雲五是否有獨攬大權工作至上的情形，至少其認眞負責任的做事態度以及欲恢復過去上海商務規模的使命感，是使一個出版事業能再發展的原因。

第三節　出版計劃

〔註39〕馬起華，〈此之謂不朽——補憶王雲五老師〉，收錄：王壽南主編，《王雲五先生哀思錄》（臺北：臺灣商務印書館，民國 69 年），頁 233。

〔註40〕馬起華，〈國喪大老‧我失良師——風雨憶王師〉，《中央日報》，民國 68 年 8 月 16 日，第三版。

〔註41〕浦薛鳳欲辭職商務總編輯時，王雲五曾希望浦薛鳳考慮留任，否則外界將謂王雲五用人不長。見浦薛鳳，〈追憶王雲五先生——記念雲老逝世五周年〉，《傳記文學》45卷 5 期（民國 73 年 11 月），頁 86。

〔註42〕徐有守文章中記述每天工作從早上八點至晚上十一時，見徐有守，〈王雲五先生與商務印書館〉，收錄：王壽南主編，《我所認識的王雲五先生》，頁 114。浦薛鳳也記載到館開始工作後，才知星期六亦仍全日工作。

〔註43〕王雲五主持臺灣商務六十三年股東常會中的說明事項，副董事長的人選，王雲五擬請董事劉發克擔任。見王壽南，《王雲五先生年譜初稿》第四冊，頁 1607。

一、叢書與工具書的重版

　　早期，在趙叔誠獨力經營臺灣商務時，已有重印古籍的計劃，只是可能礙於市場環境與其本身作風保守之故，因而在重印商務原有出版物的計劃上太過於愼重。在民國四十四年間，本有籌劃重印《四部叢刊初編》縮本，但當時館方爲了估計大概銷售量，乃先向各方徵求預約登記，也就是僅登記姓名和地址，表示將來願意購買，並不需要先付訂金。登記結果，共計八十四部。當時主事的趙叔誠考慮再三，以八十幾部之基本數，爲免虧累，不敢冒然重印。重印計劃一直就處於研究的狀態中〔註44〕。

　　王雲五在重返臺灣商務後，除了就內部的人事、組織與財務做一些改變外，亦針對出版方向做改革。王雲五認爲臺灣商務之前的十餘年來，因迫於情勢，書籍的出版是寥寥無幾，幾乎停頓，因此他願意以餘生數年爲臺灣商務印書館盡義務，並希望恢復臺灣商務對出版的貢獻。大體上來說，一本新書出版至少需要作者版稅或稿費、排版等費用等，而重印或再版書籍可省下這幾筆支出，所以成爲出版業者獲得利潤的主要來源〔註45〕。因此王雲五在出版理念上，雖然認爲必須擴大出版，才可以增進營業與利潤。但是新編圖書，需要的時間較久，花費的成本也較多，於是擬定在接掌最初二年，先救其所急，就大陸上歷年出版之新舊名著，擇優整理重印。二年以後，再逐步推行新的出版計劃〔註46〕。

　　王雲五重印古籍叢書的計劃尚未實施前，當時出版同業間以藝文印書館影印古版書較爲著名，且已佔有固定市場，只是其影印之書，多爲商務印書館在大陸曾經發行者〔註47〕。因此在時效上，王雲五重主臺灣商務後，馬上即訂出以重版爲主的出版計劃，整理商務以往所出版足以發揚中華文化及適合時代需要的著作予以重印，然後在報紙或商務發行的《出版月刊》及繼之的《東方雜誌》上刊登發售預約的廣告。

（一）叢　書

　　上海商務印書館於光緒二十八年（1902）成立編譯所後，即開始大量出版學術書籍與著名的《辭源》、《中國人名大辭典》等大批工具書。之後又有《四部叢刊》

〔註44〕徐有守，〈從四部叢刊的行將售罄談到臺灣出版物的市場──也算是一個給讀者的報告〉，《出版月刊》7 期（民國 54 年 12 月），頁 37。

〔註45〕〈他山之石──他們如何經營專業書刊的出版〉，《出版家文摘》1 期（1987 年 11 月），頁 148。

〔註46〕詳見王雲五，〈四部叢刊初編序〉，《出版月刊》2 期（民國 54 年 7 月），頁 3。

〔註47〕馬和，〈商務藝文大動干戈〉，《新聞天地》1100 期（民國 58 年 3 月 15 日），頁 25。

之編印，使我國善本與孤本書得以大眾化與普遍化；《大學叢書》之編印，我國始有可用而夠水準之大學教本；萬有文庫之編印，促使全國各地成立新圖書館二千有餘；《漢譯世界名著》則大量介紹世界新知識於學術界；其他如《百科小叢書》、《國學小叢書》、《學生國學叢書》、《新時代史地叢書》、與各種農、工、商、師範、算學、醫學、體育等《各科小叢書》。經過統計，上海商務所出版書籍總數在民國二十五年間，佔居全國出版數的 52％強〔註48〕。

　　正因如此，臺灣商務若意欲重版在大陸時期所出版的書籍，它的條件原本是比其他同性質出版社（自大陸來臺的書局）佔優勢。此外，上海商務所出版的書籍，尤其是大部叢書一類的多是在王雲五主持該館之二十五年期間所出版（即從民國十年迄三十五年），由於這類書籍多為王雲五主持編印，對於其中較重要的著作，以及撰者背景與編輯經過，王雲五比較瞭解其內容大概輪廓，因此在選書上更得方便許多。雖是如此，臺灣商務在重版舊著上，也不是開始就一帆風順的，其中最大的困難在於臺灣商務因為原本只是上海商務所設立的一個分館，對於上海商務印書館歷年所出版的書籍多未存備，近年來雖有向香港訪購，但所得仍不多。因此在製訂整理重版計劃時，王雲五便派人至各大圖書館調查所藏上海商務印書館昔日所出版的重要書籍，並向各圖書館借出影印〔註49〕。

　　為了彌補各圖書館仍有藏書不足之處，臺灣商務於民國五十五年刊登〈徵求本館大陸時期出版書籍啟事〉，其中內容說明了王雲五自重主臺灣商務後，成立編輯部，計劃以兩年時間重印舊日出版的著作，已先後重印了《萬有文庫薈要》、《四部叢刊初編》、《叢書集成簡編》三種巨部叢書，以及《中國文化史叢書》、《國學基本知識叢書》、《大學叢書》及一般參考書數百種之多。所徵求的書目共計有以下幾種：一、萬有文庫第二集（全套）；二、四部叢刊續編及三編（全套）；三、續古逸叢書（全套）；四、小學生文庫（全套）；五、幼童文庫（全套）；六、中學生文庫（全套）；七、新中學文庫（全套）；八、本館所出版之其他各種書籍（例如大學叢書、漢譯教育名著等為本館現尚缺存者），希望海內外各公私藏書家能將上述各書惠借或惠讓〔註50〕。隨著舊版書籍漸漸的搜尋完整，臺灣商務所刊登徵求的書目種類也就愈來

〔註48〕徐有守，〈為學術文化界服務的出版月刊——本刊創辦旨趣〉，《出版月刊》創刊號（民國54年6月），頁29。

〔註49〕王雲五，《商務印書館與新教育年譜》，頁910〜911。

〔註50〕臺灣商務所徵求的書目每次互有出入，分別參見〈臺灣商務印書館啟事——徵求本館大陸時期出版書籍〉，《出版月刊》5期（民國54年10月），頁2；〈臺灣商務印書館啟事——徵求本館大陸時期出版書籍〉，《出版月刊》9期（民國55年2月），頁59。

愈少〔註51〕。

在此必須提及的是，有些叢書原本應該成套出售，不過臺灣民眾個人生活還尚未達到有餘力承擔精神食糧的消費程度，何況是動輒上萬的叢書。因此臺灣商務因應各方讀者要求，乃將叢書拆散零售。《萬有文庫薈要》就是如此，是部書原是根據王雲五過去主編的萬有文庫第一、二集，每集二千冊，共四千冊中精選一千二百冊所組成，分四期出書，每期三百冊，一套特價是一萬二千元整〔註52〕。

當然也並不是所有叢書皆是如此，譬如之後出版的《漢譯世界名著甲編》就是整套出售。《漢譯世界名著甲編》係根據王雲五在大陸時期主編的《漢譯世界名著》、《漢譯文學名著》與漢譯本《大學叢書》、《史地叢書》等叢書中精選所得，比照萬有文庫及叢書集成的版式，計二百種、訂為六百冊〔註53〕。王雲五重返臺灣商務的前幾年所重版的巨部叢書使得臺灣商務轉虧為盈，也讓編輯新書的計劃因有了預算而得以實現。表 3-1 即是王雲五主持臺灣商務印書館的歷年出版計畫。

表 3-1　王雲五主持臺灣商務重要的出版計畫（民國五十三至六十七年）

出　版　年　月	出　版　書　籍　名　稱	備　　　　　註
民國五十三年十一月	英文習語大全	重版
民國五十三年十一月	輯印萬有文庫薈要	擇優選印，分售
民國五十四年五月	四部叢刊初編縮本	重印，縮印本，以版本見長
民國五十四年五月	重編英漢模範字典	
民國五十四年六月	發行出版月刊	
民國五十四年九月	叢書集成簡編	擇優選印，搜羅廣博
民國五十五年二月	漢譯世界名著甲編	擇優重印
民國五十五年四月	資治通鑑今注	初版，共一種十五冊，與教育部合作

〔註51〕〈徵求本館大陸時期出版書籍〉，《出版月刊》11 期（民國 55 年 4 月），頁 74。在這則廣告中所徵求的書目只剩下續古逸叢書（全套）、新中學文庫（全套）、中學生文庫（全套）、商務印書館所出版之其他各種書籍（例如大學叢書、漢譯教育名著等為商務現尚缺存者）。
〔註52〕〈「萬有文庫薈要」各書內容述要——附零售價目〉，《出版月刊》創刊號（民國 54 年 6 月），頁 31。
〔註53〕〈「漢譯世界名著甲編」各書內容述要〉，《出版月刊》10 期（民國 55 年 3 月），頁 59。

民國五十五年七月	發行人人文庫	新舊各半，分單、複冊、特號三種
民國五十五年六月	輯印四部叢刊續編	重加編選，以版本見長
民國五十五年七月	計劃編印各科研究小叢書	新版
民國五十五年九月	小學生文庫	重行編製，新書佔全部28%
民國五十五年十一月	佩文韻府（附索引一冊）	重印，便利參考
民國五十五年十二月	索引本嘉慶重修一統志	重印，放大版式，內頁縮印，便利參考
民國五十六年四月	百衲本二十四史	重印，放大版式，內頁縮印，以版本見長
民國五十六年七月	東方雜誌復刊	
民國五十六年九月	韻史（字書）	重印，配合中華文化復興運動的推行（孤本）
民國五十六年九月	彙刊涵芬樓秘笈	重新精選並分類排比（孤本）
民國五十六年十月	經部今註今譯叢書第一集十種	全書今註今譯，首創
民國五十六年十一月	宋蜀太平御覽（類書）	重印，放大版式，內頁縮印，以版本見長
民國五十七年一月	國學基本叢書四百種	全部重版
民國五十七年春	計畫編纂古籍今註今譯	與中華文化復興運動推行委員會合作
民國五十八年一月	四庫全書珍本初集	與故宮合作，選印《四庫全書》中罕傳之本
民國五十八年二月	宋元明善本叢書十種	重印，分售
民國五十八年四月	清代道咸同光四朝奏議	初版，共一種十二冊，自道光元年迄光緒十年，向故宮商借，供研究政事與史實者所需
民國五十八年五月	說文解字詁林	重印，臺三版
民國五十八年十月	新科學文庫	新舊版書皆有，延攬李熙謀、易希陶兩位博士，分別就物理科學與生命科學慎選專家從事譯校，同時組織新科學文庫委員會，第一期擬以六十種為譯印目標
民國五十九年	印行雲五科學大辭典	初版
民國五十九年八月	景印儒函數類（類書）	初版，王雲五舊藏，後為國防研究院圖書館藏，向其借印。海內外孤本，原式景印
民國五十九年八月	景印罕傳本紺珠集	王雲五所藏，委託臺灣商務總經銷，原式景印
民國五十九年多	國語大辭典、中國醫學大辭典	重印，銷量可觀

民國六十年一月	景印《四庫全書》珍本二集	初版，原式景印
民國六十年二月	續修四庫全書提要	初版，與日本京都大學人文科學研究所合作
民國六十年五月	合印《四庫全書》總目提要及四庫未收書目禁燬書目	
民國六十年八月	景印四部善本叢刊第一輯	善本，原式景印
民國六十年十二月	舊刊東方雜誌五十卷	重印
民國六十年十二月	中國之科學與文明第一冊出版	初版，與中華文化復興運動推行委員會合作
民國六十一年	計畫編印中山自然科學大辭典	新編初版，與中山基金會合作
民國六十一年一月	景印《四庫全書》珍本第三集	初版，原式景印
民國六十一年七月	增訂法律大辭書	增訂重印
民國六十一年八月	景印雍正格致鏡原（類書）	初版，王雲五所藏，原式景印
民國六十一年九月	景印涵芬樓說郛（集五經眾說之書）	重印，原本景印
民國六十一年十二月	道咸同光名人手箚	重印
民國六十二年一月	景印《四庫全書》珍本第四集	原式景印
民國六十二年一月	明代名人手箚	原式景印
民國六十二年一月	精選人人文庫甲乙輯序	擇優選印八百種為甲輯，供應中等學校圖書館為主；再由甲輯中選四百種為乙輯，供應家庭藏書為主
民國六十二年三月	乾嘉名人手箚	原為王世杰所藏《乾嘉聞人書翰》，臺灣商務向其借印後改名出版
民國六十二年四月	精印歷代書畫珍品第一集	景印，共二十六種
民國六十二年	清代三大日記	新舊版皆有
民國六十二年八月	景印岫廬現藏罕傳善本叢刊	初版，為雲五圖書館整理圖書籌備編目時發現
民國六十二年十二月	景印《四庫全書》珍本第五集	初版，原定為印行四庫全書珍本最後一集
民國六十三年二月	暫停人人文庫新書印行	因為能源危機發生而暫停發行
民國六十三年三月	景印國粹學報舊刊全集	初版，光緒三十一年正月至宣統三年八月，王雲五所藏但有缺，賴王雲五日本友人平崗武夫教授之助得以補全

民國六十三年五月	人人文庫復刊	
民國六十三年十二月	景印《四庫全書》珍本別輯	四庫全書輯自永樂大典諸佚書
民國六十四年二月	彙印小說印證	
民國六十四年二月	景印四部叢刊三編	特函沈仲濤借印所藏善本書若干種
民國六十四年九月	景印教育雜誌舊刊全部	委託胡述兆在美國蒐集舊刊全套
民國六十四年十二月	景印《四庫全書》珍本第六集	初版，慎選在臺已失傳、在大陸不可復得者繼續印行
民國六十五年三月	四部叢刊續編	縮印，擴大版式
民國六十五年四月	計畫徹底增修辭源	請政大教授王夢鷗主持，擬以一年時間修正增補。實際上，至六十七年七月始出版
民國六十五年七月	計畫增訂日用百科全書三冊	王雲五致函委託政大教授馬起華主持
民國六十五年九月	訂定編印科學技術大學叢書綱要	
民國六十五年十月	擬定國民醫藥衛生叢書編輯綱要	約定李璵燊教授主編
民國六十五年十月	擬編印社會科學及人文科學大辭典撰寫綱要	
民國六十五年十二月	景印《四庫全書》珍本第七集	初版，原式影印
民國六十六年六月	岫廬文庫	其知交門生為王雲五九十歲生日，每人一書祝賀，以出版新書為主
民國六十六年十月	孤本元明雜劇	由雲五圖書館自日本山本書店購藏，再由臺灣商務依原式重版
民國六十六年十一月	景印《四庫全書》珍本第八集	初版，原式影印
民國六十六年十一月	中國歷代思想家	與中華文化復興運動委員會合作
民國六十七年三月	新編中國名人年譜集成附詳盡索引	版式視原書字體訂之，由雲五圖書館藏書整理出來，後又向各界徵求年譜
民國六十七年六月	中正科技大辭典	與中山學術文化基金會合作
民國六十七年十一月	景印《四庫全書》珍本第九集	初版，原式影印

資料來源：王雲五，《商務印書館與新教育年譜》；王壽南，《王雲五先生年譜初稿》第三、四冊；《東方雜誌》復刊 1 卷 1 期-13 期（民國五十六年七月至民國六十八年九月）。以上出版年月包括發售預約以及王雲五為書撰序文的日期。

　　表 3-1 大概看出，王雲五主持臺灣商務期間內重要叢書的出版計畫，每年皆有古籍的出版計畫，王雲五甚至親自擬定工具書的編輯綱要。民國五十五年以後，所重版較重要的叢書計有：為了補充國民學校圖書館藏書與供應兒童課外讀物而增訂的《小學生文庫》〔註 54〕；王雲五自藏《索引本佩文韻府》交付臺灣商務影印出版。不僅如此，王雲五與其他機構合作出版計畫，如與教育部合作的《古籍今註今釋》、與故宮合作的《四庫全書珍本》、以及與日本京都大學合作的《續修四庫全書提要》等。民國五十六年之後，因配合中華文化復興運動的推行，使得古籍印行有良好的環境支援，於是出版孤本古籍成為主流，正與臺灣商務的歷年出版方向一致。

（二）工具書

　　工欲善其事，必先利其器，今日各業日趨專門，而學問之道尤在專精，工具書是知識的鑰匙，只要掌握了工具書則能解難釋疑。王雲五重主臺灣商務後，開始將過去商務所出版的工具書加以修訂以符合現代知識潮流。主要重版或增訂常用的工具書大概有，《王雲五新辭典》、《中國古今地名大辭典》、《英文習語大全》、《中國人名大辭典》、《實用英漢字典》、《哲學辭典》、《英漢模範字典》、《綜合英漢大辭典》、《模範法華字典》、《中西對照歷代紀年圖表》、《辭源》、《國語辭典》、《國音字典》、《中國醫學大辭典》、《教育大辭典》、《算學辭典》、《歷代名人年里碑傳總表》、《詞詮》、《近世中西史日對照表》、《法相大辭典》（二冊）、《說文解字詁林及補遺》（十二冊）、《佩文韻府》（七冊）、《重編英漢字典》、《韻史》（十四冊）、《華英法德詞典》、《漢英新辭典》等二十五種〔註 55〕。這些工具書中以《英漢模範字典》最為暢銷，於大陸時期曾創印行九十八版的記錄〔註 56〕。

　　在一篇〈國學工具書舉要〉的文章中，作者提及商務所出版的《辭源》、《國語辭典》、《圖書學大辭典》、《中國人名大辭典》、《歷代名人年里碑傳總表》、《中國古今地名大辭典》、《職官分紀》、《太平御覽》、《佩文韻府》、《事物紀原》、《格致鏡原》等十一種，在國學研究上是具有代表性，實用性，可為一般研究中國文學系學生、中國文學系研究所研究生，或一般研究中國學術的學者，都能適用〔註 57〕。以上多是商務早期出版，具有代表性的工具書。後期，臺灣商務的《中山自然科學大辭典》、

〔註 54〕詳見王雲五，〈增訂小學生文庫序〉，《出版月刊》17 期（民國 55 年 10 月），頁 5。
〔註 55〕〈常用工具書二十五種〉，《東方雜誌》復刊 1 卷 11 期（民國 57 年 5 月），頁 16。
〔註 56〕〈常用工具書十三種〉，《出版月刊》4 期（民國 54 年 9 月），頁 4。
〔註 57〕王熙元，〈國學工具書舉要〉，《出版與研究》2 期（臺北：出版與研究雜誌社，民國 66 年 9 月 1 日），第三版。

《雲五社會科學大辭典》均暢銷於市〔註58〕，亦頗受好評。

二、新版文庫、叢書

在出版重版書漸漸上了軌道後，王雲五也開始籌劃出版新書。以王雲五善長主編的文庫、叢書爲例，民國五十五年，他實踐諾言，開始編印新書，其計劃有兩種，一爲新舊書籍參錯，但亦盡量蒐羅當代海外新著，稱爲人人文庫，於七月開始發行。二爲全新編著的各科研究小叢書，擬以短小篇幅，作精要之選述，每書敘述一門學科，分概論、小史與研究方法三部份，深入淺出，期能引導青年學子對現代世界學術獲一鳥瞰的印象，並略知研究途徑，進而激發其專精縱深之探討〔註59〕，此叢書於八月開始約人編著。新工具書方面，其中較爲著名的是《雲五社會科學大辭典》、《中山自然大辭典》的編纂。此二書的編纂經費以外界捐贈爲主，動員各科學者專家編纂，此乃王雲五的個人號召力使然。

從上述看來，重版叢書與古籍似佔主要部份，但這是因外在環境，使得古籍印行爲當時主流，臺灣商務本身其實也出版許多新書，例如爲了促進民族健康、轉移社會風氣與增進國民體育知識的「國民體育叢書」，其中包括《怎樣舉辦田徑運動會》、《怎樣舉辦球類比賽》、《怎樣舉辦體育表演會》、《跑車測量與劃線》、《田徑場地與設備》、《運動器材與設備》等初版的新書〔註60〕。

新書中以梁敬錞所著《史迪威事件》最爲暢銷，是書出版三個月即已印行七版，爲當時臺灣商務最暢銷者〔註61〕。王雲五本身也是多產的作者，民國五十三年以後，其著作幾乎交由臺灣商務出版，如《岫廬論學》、《先秦政治思想史》、《先秦教學思想史》等一系列的書，因著作之多，使得在民國六十三年，命名爲《岫廬論叢》。

三、雜誌復刊

商務印書館在大陸時期所出版的雜誌期刊種類非常多，自光緒二十九年（1903）以來，編譯所至少創辦了二十七種以上，例如《外交報》、《繡像小說》、《東方雜誌》、《教育雜誌》、《小說月報》、《少年雜誌》、《法政雜誌》、《出版界》、《學生雜誌》、《婦

〔註58〕蔣紀周，〈我國圖書出版事業之發展與現況〉，《中華民國出版年鑑》（臺北：中國出版公司，民國65年），頁37。
〔註59〕王雲五，〈各科研究小叢書序〉，《出版月刊》15期（民國55年8月），頁5。
〔註60〕〈獻給大眾的國民體育叢書〉，《出版月刊》7期（民國54年12月），頁41～42。
〔註61〕王雲五，《商務印書館與新教育年譜》，頁1051。英文本後由美國紐約聖若望大學出版。

女雜誌》、《英文雜誌》、《農學雜誌》、《兒童畫報》、《兒童世界》、《出版周刊》、《自然界》、《美育雜誌》等，可說是含蓋了各種學科〔註62〕。

　　商務來臺灣後，初期的營業項目中並沒有發行雜誌。王雲五重主臺灣商務後，大家對其寄予厚望，民國五十四年，臺灣文化出版界就盼望《東方雜誌》能夠復刊，且認為此事若能實現，可為文化出版界之一大事〔註63〕。王雲五因為礙於臺灣商務編譯人才並不如過去編譯所時期的眾多，因此無法將以往商務所發行的雜誌一一復刊，於是只能依照實際能力與需要，先後將《出版月刊》、《東方雜誌》復刊，並又將大陸時期刊行的舊版《東方雜誌》與《教育雜誌》先後於民國五十六年、六十四年重印，此兩種雜誌的內容，記載許多中國近現代的史料，《東方雜誌》因此被譽為是研究近現代史的資料庫〔註64〕。

四、教科書

　　在讀書風氣不盛行的年代，佔出版業的最大市場應首推教科書。臺灣商務雖然是教科書聯營書局之一，不過已和過去在大陸時獨霸市場的情形不同，教科書對臺灣商務來說已不是主要利潤來源。民國五十七年，國民中小學教科書由教育部統編。出版業者雖然仍可編定高中高職教科書，但必須經由教育部審定後才可發行。出版審定本教科書的業者只有七八十家，且利潤微薄，因為教育部核定高中教科書的售價時有所限制，高職教科書雖沒有這樣的限制，但是有一些如高農、家事、水產、護理等職校較少，編寫此教科書的專門人才又不多〔註65〕，這些原因使得出版業者不樂意投資編著審定本教科書。

　　王雲五瞭解在臺灣經營出版業，終因讀者人數少而維持不易〔註66〕。但是他仍然冒著虧損的風險出版優良教科書，只因為這對教育發展是有關係的。民國六十一年，王雲五主持臺灣商務內部舉行月會的報告中即可以得知：

　　　　我們（臺灣商務印書館）的營業以預約書較為賺錢，教科書最為吃

〔註62〕商務編譯所出版的各種雜誌名稱原見戴仁著，李桐實譯，《上海商務印書館（1897～1949）》；轉引自劉曾兆，《清末民初的商務印書館——以編譯所為中心之研究（1902～1932）》（臺北：國立政治大學歷史研究所碩士論文，民國86年），頁100～102。
〔註63〕〈東方雜誌復刊之說〉，《微信新聞報》，民國54年2月25日，第二版。
〔註64〕陳江，〈《東方雜誌》——近現代史的資料庫〉，收入：《商務印書館一百年》（北京：商務印書館，1998年），頁358。
〔註65〕詳見蕭光邦，〈審定本教科書的出版〉，《出版之友》4～5期（民國67年1月），頁25～26。
〔註66〕王雲五，〈抗戰前十年間的中國出版事業〉，《出版月刊》創刊號（民國54年6月），頁3。

虧。……本館編印教科書可算全國首創。在民國初年，也佔半數，後來就
逐漸減少。到了公司改組以前，我們的教科書簡直沒有生意。前幾年，還
曾經停止編印。這次教育部新訂標準，邀我們參加編印。我（王雲五）以
本館各種書籍都齊備，不能只缺教科書，所以決定請一流的專家編著成
套。這套教科書，由於約定的撰著人都是最優秀的，所以稿費較高，成本
上吃了虧。銷路則因我們不肯追隨陋習，致受影響，不能與其他書店競爭。
出書後，虧本的可能性很大。不過為了保持我們的原則，就是明知虧本，
還是要做〔註67〕。

　　臺灣商務所出版的書籍中並非本本暢銷，雖然遇到紙價驟漲的難關，也能安全
渡過。證明了一個能自立的出版家，就能對社會有貢獻，節省成本，多編印有益於
文化的書，即使知道難免虧本也是要出版。王雲五的出版計畫是介於商人與文化人、
賺錢與理念之中取得平衡。

　　從出版古籍這方面來看，當時同樣有出版古籍的書局也是不少，如中華、世界、
開明、藝文印書館、文星書店，藝文與文星所翻印出版的古籍有些是王雲五任職商
務印書館時即已著手搜集〔註68〕，但因古籍並沒有著作權的限制，欲影印古籍者必
須搶得先機。因此，王雲五具有一些藏書家的特質，恐怕就是他不同於其他人的地
方，其交由臺灣商務影印出版的古籍，以自家所藏的海內孤本居多，或許古籍的藏
書量不如過去的張元濟，但至少在孤本的流傳上，盡了出版家該有的責任。

　　與同時代出版社相比，其他出版社大多以出版文學性質書籍、並且有文學家的
支援，例如林海音之於「純文學」；李敖之於「文星」、「四季」；白先勇之於「仙人
掌」；王鼎鈞、葉慶炳、夏元瑜等之於「九歌」。王雲五與學術界及文化機構的關係
良好，讓他得以掌握學術界以及故宮、文復會等資源，讓臺灣商務因為有了學者們
的支援，而在出版上得以方便行事。

　　綜合上述，王雲五的科學管理改革，使得臺灣商務印書館成為有制度的出版企
業。臺灣商務發揚中華傳統文化上的努力是有目共睹，古籍的印行也確實是對學術
研究上有所貢獻。而且，王雲五的出版計畫不只限於重版古籍上面，所擬訂的計畫
同時顧及學術界以及社會大眾的需要。於是在重版工具書與古籍叢書之餘，亦新出
了以提倡讀書風氣的《人人文庫》、具有啟發青年學子及具學術性的《各科研究小叢

〔註67〕阮毅成，《八十憶述》下冊，頁678～679。
〔註68〕民國53年文星書店影印出版的《古今圖書集成》謂為臺灣當時出版界大事，其實早
　　　在民國二十三年，商務印書館與中華書局各搜集一套《古今圖書集成》，相繼籌備影
　　　印，後王雲五覺得同業競爭過烈，難免兩敗俱傷，因此讓與中華書局影印出版。

書》。另外，《大學叢書》也提供許多專業參考性書籍給求學中的大專青年。但是，學術性爲主的出版方針與古籍的印行，皆屬於中規中矩的出版計畫，因此，讓人感到王雲五主持臺灣商務，其保守的一面。

第四章　王雲五與臺灣商務
對社會大衆之影響

　　民國五十五年（1966），中共發動文化大革命，之後的臺灣亦於民國五十七年順勢發起中華文化復興運動。同時，王雲五主持的臺灣商務延續過去上海商務的文化出版使命，其詳細的情形以及臺灣商務與中華文化復興運動的關係是如何？這問題經由臺灣商務與其他的文化機構的互動即可得知。

　　一個國家實現教育全民化所需要的三個基本條件是：第一、學校系統。第二、圖書館系統。第三、全國範圍的發行系統和低價圖書。其實，對於許多人來說，圖書館和低價書是對學校教育的補充，因爲總有一些人不能繼續到學校念書〔註 1〕。因此圖書發行不僅僅是商業行爲，它必須兼顧到利潤追求與教育功能。賺了錢的出版商才有資金擴大經營，也才有可能冒風險出版值得但賺不了錢的書，營利最多、根基穩固的企業常常也就是最願意出版一定會賠錢的學術性作品〔註 2〕。因此出版好書的出版社，其成就不下一所大學〔註 3〕，那麼臺灣商務對社會大衆有何種的關係與影響力？王雲五在臺灣商務有無樹立規模？期望能藉著第二節、第三節的描述予以瞭解。

〔註 1〕達塔斯‧史密思（Datus C. Smith, Jr.）著，彭松達、趙學苑譯，《圖書出版的藝術與實務》（臺北：周知文化出版，民國 84 年），頁 204。

〔註 2〕小赫伯特‧S‧貝利著，郭茂生、潘建國、郭瑞紅譯，《書籍出版的藝術與實務》（臺北：淑馨出版社，民國 81 年），頁 7。

〔註 3〕此爲中研院院長李遠哲出席臺灣商務舉辦「商務印書館創立一百周年及在臺五十周年慶祝酒會時所說。見〈商務大喜五地經營者寶島齊聚〉，《中國時報》，民國 87 年 2 月 18 日，第 23 版。

第一節　與其他文化機構的互動

一、以復興中華文化為主的時代環境

中國大陸發生「文化大革命」，就性質來說是政治鬥爭、權力鬥爭，也是一場文化鬥爭、思想鬥爭。除了四人幫的奪權鬥爭和政治整肅外，尚包括所謂的教育革命、史學革命、文藝整風以及文學革命等。中共於「關於文化大革命的決定」中所提出「教育方針」內容主要有兩點，茲分別概略介紹之。

一、以「一鬥、二批、三改」和「破四舊」為文化大革命的主要目的。「一鬥」即是鬥垮走資本主義路線的當權派；「二批」即是批判資產階級的反動學術權威、批判資產階級和一切剝削階級的意識型態。在教育方針第十一條規定：「要組織對那些有代表性的、混進黨內資產階級代表人物和資產階級的反動學術權威進行批判，其中包括對哲學、歷史學、政治經濟學、教育學、文藝作品、文藝理論、自然科學理論等戰線上的各種反動觀點的批判」；「三改」即是改革教育、改革文藝、改革一切不適應社會主義經濟基礎的上層建築。「破四舊」即是破舊思想、破舊文化、破舊風俗、破舊習慣。

二、以四項「教學改革」為文化大革命的主要任務。（一）改革舊的教育制度、改革舊的教學方針和方法，是這一場無產階級文化大革命的一個極其重要的任務。（二）在這場文化大革命中，必須徹底改變資產階級知識份子統治我們學校的現象。（三）在各類學校中，必須貫徹執行毛澤東同志提出的教育為無產階級政治服務，教育與生產勞動相結合的方針，使受教育者在德育、智育、體育幾方面都能得到發展，成為有社會主義覺悟的、有文化的勞動者。（四）學制要縮短、課程設置要精簡、教材要徹底改革，有的首先刪繁就簡。學生以學習為主，兼學別樣，也就是不但要學文，也要學工、學農、學軍，也要隨參加批判資產階級的文化大革命鬥爭〔註4〕。

文化大革命之初，造反派聲稱砸毀商務印書館，並且以「東方紅出版社」的名義相繼出版俄文本《毛主席語錄》、英漢對照本《毛主席語錄》。民國五十七年，軍宣隊、工宣隊進駐商務印書館，次年，商務印書館內全體幹部到湖北咸寧參加文化部五七幹校，商務印書館翠微路辦公樓和全部宿舍由當時主事者無條件移交北京市。民國六十年，雖然商務印書館復業，但是仍與中華書局合營，其主要出版方針被中共國家出版局確認為翻譯出版外國學術著作和編印中外語文詞典等工具書。直

〔註4〕見施志輝，《「中華文化復興運動」之研究（1966～1991）》（臺北：國立師範大學歷史研究所碩士論文，民國84年6月），頁13～15。

至民國六十八年八月，商務印書館才恢復獨立建制〔註5〕。

文化大革命在國際社會造成震驚，十年的文化大革命造成中國古物被焚毀、歷史文物被清算、古典文學被批判、中國文字被改革、出版書局被砸毀等事實，是與國民黨所注重的孔孟儒家思想有所違背，爲了對抗中共的摧毀一切儒家傳統文化的舉動，於是以民國五十六年正式成立的「中華文化復興運動推行委員會」爲領導機構，進行復興中華文化的工作，希望將中國文化去蕪存菁，使國人認識中國文化的優點，進而接受並且發揚中國文化的長處，促進對中國文化的再認識，使其激發起對自己民族的自覺與國家的自強〔註6〕。由文復會中的主席團推舉蔣中正總統兼任會長〔註7〕，並由其選聘三位副會長，分別由孫科、王雲五、陳立夫擔任。

二、臺灣商務與中華文化復興運動推行委員會

民國五十八年九月，成立中國之科學與文明編輯委員會，主要是翻譯李約瑟（Joseph Needham）所著的《中國之科學與文明》叢書，目的在闡揚我國固有的科學成就，希冀此叢書能讓國人對祖先的科學發明有所瞭解，澄清科學來自西方之錯誤觀念，以增加民族自信心〔註8〕。但由於翻譯及印行經費可觀，該會在成立之前先由文復會的兩位副會長陳立夫、王雲五負責籌措，陳立夫募得翻譯經費五萬美元（當時約合臺幣二百萬元），王雲五則讓臺灣商務印書館負責全部的印刷費用。王氏本身還擔任編輯顧問委員會的召集人〔註9〕，書成之後交由臺灣商務發行。

另外，文復會初期成立「基金委員會」、「國民生活輔導委員會」、「教育改革促進委員會」、「文藝研究促進委員會」、「學術研究出版促進委員會」〔註10〕五個專門性委員會中，王雲五擔任「學術研究出版促進委員會」的召集人，也是唯一不屬於國民黨高層負責的委員會〔註11〕。

文復會從學術研究出版方面推動復興中華文化主要工作有下列幾項：第一，

〔註5〕有關內容詳見《商務印書館百年大事記》（北京：商務印書館，1997年），1966～1979年。

〔註6〕秦孝儀主編，《中華民國文化發展史》第四冊（臺北：近代中國出版社，民國70年），頁2163。

〔註7〕主席名單爲孫科、王雲五、錢穆、于文武、左舜生、陳啓天、王世憲、林語堂、錢思亮、曾寶蓀、謝東閔等十一人，並推請孫科爲主席團主席。

〔註8〕陳立夫，〈中國科學技術的發展及其西傳〉，《東方雜誌》復刊6卷8期（民國62年2月），頁5。

〔註9〕轉引自施志輝，〈「中華文化復興運動」之研究（1966～1991）〉，頁61。

〔註10〕秦孝儀主編，《中華民國文化發展史》第四冊，頁2169。

〔註11〕見施志輝，〈「中華文化復興運動」之研究（1966～1991）〉，頁32～33。

整理古籍，編譯古籍今註今譯，由儒家學說到百家思想，合乎時代需求者一律予以今譯；第二，提倡學術通俗化，主要是研究我國思想家及其思想，希望能對社會大眾與一般學生有所影響；第三，鼓勵出版有關中國文化研究的書籍，遂鼓勵公私立出版機構，努力出版有關中國文化研究的書籍，曾主動編印了不少這類書籍，主要有《中華文化概述》、《中國文獻西譯書目》、《中國史學論文選集》、《中華文化復興論叢》、《中國之科學與文明》等書，並出版《中華文化復興月刊》；第四，學術的推廣，即大力舉辦「文化講座」；第五，提倡學術研究，希望提高學術研究水準〔註12〕。

因為王雲五的關係，初期的一些出版工作是交由臺灣商務印書館負責出版，其為文復會所出版的書籍主要有：《古籍今註今譯》、《中國歷代思想家叢書》、《中國文獻西譯書目》、《中國文化研究論文目錄》等〔註13〕。《古籍今註今譯》是學術研究出版促進委員會初期的重點，將文義晦澀的古籍予以詳細註譯，嘉惠當代青年學生〔註14〕；《中國歷代思想家叢書》於民國六十四年進行編輯，介紹一百位中國歷代重要貢獻的思想家的生平、思想和影響，希望藉這份整理傳統文化的工作對中華文化復興運動有所助益〔註15〕；《中國文獻西譯書目》請王爾敏編輯，收錄達三千四百餘種書目；《中國文化研究論文目錄》則收錄民國三十八年至六十九年，在雜誌、報紙上有關中華研究的論文，先後出版《國父與先總統蔣公研究、文化與學術、哲學、經學、圖書目錄學》、《傳記類》兩冊〔註16〕。

三、臺灣商務與故宮博物院

故宮博物院藏品豐富，尤其是圖書與文獻方面的收藏，數量驚人，其中不乏學林所需求的資料。僅憑故宮博物院的力量，實無法滿足各界的需要。於是故宮的若干圖書文獻即委託民間印刷出版發行，在與民間合作出版中，最具規模、影響學術界又最深遠的莫勝於影印出版《文淵閣四庫全書珍本》〔註17〕。

《四庫全書》是我國一部震驚世界的大書，此書是經過二十年編輯完竣，計收

〔註12〕秦孝儀主編，《中華民國文化發展史》第四冊，頁 2176～2177。
〔註13〕見施志輝，〈「中華文化復興運動」之研究（1966～1991）〉，頁 131～134。
〔註14〕詳見王雲五，《商務印書館與新教育年譜》，頁 968～969。
〔註15〕王壽南，〈中國歷代思想家序〉，《東方雜誌》復刊 11 卷 6 期（民國 66 年 12 月），頁 22。
〔註16〕見施志輝，〈「中華文化復興運動」之研究（1966～1991）〉，頁 133～134。
〔註17〕蔣復璁，〈王雲五先生與國立故宮博物院〉，收錄：王壽南、陳水逢編，《王雲五先生與近代中國》，頁 17～18。

書三千四百餘種，裝成三萬六千多冊。此書先後抄繕七部，分置南北各地。放置北平圓明園的文源閣毀於英法聯軍之役、揚州的文匯閣、鎮江的文宗閣毀於洪秀全之手，放置杭州的文瀾閣毀去大半，存者僅有北平故宮的文淵閣、瀋陽的文溯閣及由熱河避暑山莊移存北平圖書館的文津閣，九一八事變發生，文溯閣又淪入日人之手，這三部當中以第一部抄成的文淵閣版本為最好。

　　影印《四庫全書》之議，始倡於葉恭綽、金梁，民國八年法國巴黎大學創設中國學院，欲以《四庫全書》為教材教授中國學術，溝通中西文化。民國九年，法國總理班樂衛應邀來華，亦向北洋政府建議退還庚子賠款，印行《四庫全書》，獲得贊同，由大總統徐世昌任命朱啓鈐為監印《四庫全書》總裁，籌備其事，計畫擬就文津閣本原式大小，影印百部，分贈各國。只是所需費用甚鉅，初原委託上海商務印書館承辦，而為該館婉辭；雖有自行設機構負責影印，終以費用拮据而影印計畫無以成功。

　　民國十三年，商務印書館為慶祝開館三十周年，希望影印《四庫全書》以為紀念，撰文發起其事，獲得海內外學者之贊佩與期望。商務認為若按照原式影印所需費用甚鉅，銷售不易，乃計畫根據文淵閣本縮小影印，分為三種裝式，共印四百部，獲政府及清室同意，允將《四庫全書》運到上海以利攝照工作，一切籌畫就緒，《文淵閣四庫全書》已經點驗完畢裝箱，擬定其影印。但因曹錕的親信李彥青索賄六萬元未遂，乃以總統府為名義發一公函藉故制止庫書裝運出京，影印一事因此半途而廢。次年夏，教育部長章士釗，交通部長葉恭綽在國務會議中提出影印《四庫》之議，以當時移存於京師圖書館之文津閣本委商務印書館承辦，但是因江浙戰事發生，交通受阻，且章士釗去職，第三次影印計畫又不了了之。

　　中央政府既無法完成影印《四庫》之事業，地方政府乃興影印之議，民國十七年秋，東三省長官張學良、楊宇霆等通電海內外，宣佈著手影印《文溯閣四庫全書》，但因主持人楊宇霆被刺，影印計畫停擺。民國二十二年，為紀念中央圖書館設立而影印《四庫》，藉以自藏、準備與國外圖書館交換藏書之用。當時教育部長王世杰委託中央圖書館籌備處主任蔣復璁赴滬與商務總經理王雲五商洽合作，終自《四庫全書》中選印罕傳之書二百三十一種、一千九百六十冊，名曰《四庫全書珍本初集》。之後因抗戰發生而無法賡續選印〔註18〕。民國二十一年，上海商務遭一二八戰火波及，損失嚴重，政府仍屬意其擔下此項重任，再一次證明王雲五復興商務的成果是受到外界注目與肯定的。

〔註18〕詳見蔣復璁，〈影印文淵閣四庫全書珍本後序〉，收錄：蔣復璁，《中華文化復興運動與國立故宮博物院》（臺北：臺灣商務印書館，民國 66 年），頁 282～288。

　　民國四十一年七月，王雲五擔任國立故宮、中央博物院共同理事會第二屆理事長，兩年一任，蟬聯到第七任。民國五十四年八月，改組爲故宮博物院管理委員會，王雲五繼續擔任主任委員，與故宮之間關係良好，因此在與故宮合作影印《四庫全書》這方面佔有優勢。王雲五思及《四庫全書》之影印是商務四十年以來所不斷努力的目標，雖然幾次經歷大的劫難，影印《四庫》的志向仍然堅定，若有餘力，則繼續景印二、三集《四庫全書珍本》〔註19〕。

　　五十八年一月，王雲五爲臺灣商務印書館與故宮常務委員會洽商，由臺灣商務重印《四庫珍本初集》，條件與民國二十二年，商務與中央圖書館籌備處所訂的合約相同，就是印本十分之一贈送故宮博物院，即使印數不滿三百部者，亦會贈送故宮三十部。自從王雲五決定景印《四庫》開始，他爲臺灣商務印行《四庫全書珍本》總共達九集之多，幾乎維持著一年景印一部的速度。

　　初集影印出版後，因爲繳交政府百部，對豐富國內外圖書館藏書有所幫助，可惜出版期間經同業翻印零售，導致臺灣商務所出的《四庫全書珍本》銷售情形反而不如預期，因此出現王雲五考慮是否繼續影印的問題，但適逢政府有紀念開國六十年之計畫，臺灣商務乃責無旁貸、不計盈虧地繼續影印《四庫全書》，期望對國家文化能有所貢獻〔註20〕。臺灣商務與故宮的合作不僅限於《四庫全書》的出版，例如又向故宮商印的《道咸同光四朝奏議》。影印《四庫全書》可是當時出版界的大事，不僅可以保存古籍，也可以嘉惠學人與學術界，只不過影印的工程過於浩大，故宮也無法獨力完成，因此臺灣商務成爲故宮合作的對象，除了本身良好的形象以及願意不計成本外，王雲五與故宮之間良好密切的關係也是主要因素。

四、參與基金會的運作

　　王雲五認爲「樂善好施」是中國人性格重要的一面，如私人興學、建路造橋、散財濟困等嘉行懿德，但是這大都出自於一種善心慈懷的宗教意識，較少是基於一種社會文化的理念，他認爲中國沒有發展類似「基金會」的組織或制度爲一種遺憾，因此中國的慈善、文化事業無法長久綿延下去，於是我們需要學習建立西方社會的「基金會制度」，讓人類社會的福祉能繼續被鼓舞與支援，而個人對社會也應該有高度的熱忱與責任感〔註21〕。王雲五秉持這種信念支援基金會的運作，計其所參與的

〔註19〕詳見王雲五，《商務印書館與新教育年譜》，頁976。

〔註20〕王雲五，〈景印《四庫全書》珍本二集序〉，《東方雜誌》復刊4卷7期（民國60年1月），頁81。

〔註21〕王雲五，〈基金會與社會文化〉，收錄：王雲五，《岫廬論學》（臺北：臺灣商務印書

基金會非常多，但與出版文化較有關聯的有：民國四十九年開始發給的嘉新獎學金；民國五十年成立的財團法人全知少年文庫董事會；民國五十二年嘉新文化基金會成立後，原嘉新獎學金因此併入基金會的工作項目；民國五十四年正式登記的中山學術文化基金董事會等。由王雲五參與這些基金會的過程可以想見他對社會服務、回饋的理念。

（一）全知少年文庫

　　王雲五認為時下高小及初中學生，應於課餘之暇及假期中閱讀有益身心之課外書籍，俾於學識、品格能有所增進，庶幾不致在外闖蕩，或偶因交遊不慎，而誤入歧途，用心至為良苦。就在此時，味全食品公司董事長黃烈火因感其幼年失學，於是願意投下百萬巨資，刊行少年優良讀物，以嘉惠學子。兩人的建議不謀而合，因此決定邀約羅家倫、楊亮功、李熙謀、劉發寶、劉真、王嵐僧及蔡謀啓等人，籌組財團法人全知少年文庫董事會，並成立編輯部，以王雲五及其政大學生劉佑知擔任編輯職務〔註 22〕，王雲五並邀請劉真與楊亮功為編輯委員，每二星期開會一次〔註23〕。民國五十一年，臺灣商務開始出書，並委託華國出版社總經銷，臺灣商務則為特約經銷門市。此文庫內容配合國民學校五、六年級及初級中學一、二年級之教科程度，希望能以活潑的文字、豐富的插圖與精美的印刷贏得青少年朋友的青睞，能增進其知識與德性，因此價格上是採取廉價供應〔註 24〕。

（二）嘉新優良著作獎、研究論文獎助出版

　　民國五十二年，「嘉新文化基金會」成立之後，王雲五親自起草各項獎助辦法，為了表揚文化工作者的卓越成就、鼓舞其工作情緒，親自訂立〈優良著作獎助辦法〉與〈嘉新研究論文獎助出版辦法〉。前者就國內每年新出版物，選定最優良著作若干種，分別以現金獎勵，獎金最初分為六萬元、四萬元、二萬元三種，其後經次數增加，現今為每種獎金十五萬元，並贈予獎狀壹張，以資紀念。

　　每年由基金會蒐集或相關學術團體推薦或自行申請之新出版物中，分別聘請專家學者審查，提供審查結論，在提議經董事會無記名投票後，過半數可得之，其獎勵標準為：著作在國際上發生作用，對我國學術地位或其他利益有增進者；著作在

　　　　館，民國 64 年），頁 493。

〔註22〕柳寅銘，〈雲五先生與全知少年文庫〉，《出版月刊》5 期（民國 54 年 10 月），頁 21。

〔註23〕胡國台訪問、郭瑋瑋紀錄，《劉真先生訪問錄》（臺北：中央研究院近代史研究所，民國 82 年），頁 313。

〔註24〕〈全知少年文庫基金會運用計畫〉，收錄：王壽南，《王雲五先生年譜初稿》第三冊，頁 1136。

國內發生重大影響，對於學術社會人心有裨益者；著作對國內重要工商企業有啓發作用，且有具體貢獻者；文藝著作流行甚廣，技術優美而內容純正者；大規模著作，多耗時力，卒底於成而內容精當者；其他卓越著作有獨創心得而有利於學術與社會者。

　　而〈嘉新研究論文獎助出版辦法〉的訂定，是因王雲五感於研究所畢業的學生有印行論文出書的困難，銷路有限導致出版業者少願意接受印行，王氏鑑於此種現象乃決定就國內大學博碩士論文，擇優出資代爲印刷。這項研究論文編列爲嘉新水泥公司文化基金會叢書，出版後除致贈論文著作人外，並向國內外各大學圖書館及學術機構推廣，提供了國內外研究成果的推廣〔註25〕。

（三）中山學術基金會所譯世界名著、中山自然科學大辭典

　　民國五十四年，籌備國父百年誕辰籌備委員會在九月二十五日第三次籌備委員會議中，決定成立中山學術文化基金會。此籌備委員會乃國民黨邀請全國各政黨、政府、國軍、社會賢達、學術文化、新聞文藝、社會團體、邊疆民族、婦女、宗教以及工商金融各界人士作爲發起人所正式組成的委員會，並且由王雲五擔任主席。之後辦理財團法人登記時，依規定設置董事，於是管理委員改爲董事，主任委員、副主任委員分別改爲董事長、副董事長，因此原擔任主任委員的王雲五即成爲中山學術基金會的第一屆董事長，同時兼任獎學金及專題研究獎助審議委員會召集人。

　　民國五十五年，「中山學術基金會」成立名著編譯委員會，工作內容爲一、有關國父思想之著作，由中文譯成西文；二、外文方面，應譯第二次世界大戰後對世界思想有影響的當代著作。中文譯本爲求通俗起見皆用白話文並加標點符號。但事實上，該會提出因爲國父著作譯成外文者至少已有數十種，因此首先是約請曾約農及木下彪兩位教授將總統蔣中正的《民生主義育樂兩篇補述》譯成英文、日文出版〔註26〕。譯成之稿件交董事會特約之臺灣商務印書館、正中書局、幼獅文化公司、聯經出版公司、黎明文化公司印行。受到中山學術基金會對此項編譯之名著不收版稅之故，出版書局在訂定書價上可以從廉，藉此減輕讀者之負擔〔註27〕。

　　中山學術基金會所出版的書如其名，皆屬於學術性譯著，其交由臺灣商務出版

〔註25〕曾武雄，〈王雲五先生與嘉新文化基金會〉，收錄：王壽南、陳水逢編，《王雲五先生與近代中國》，頁339～341。

〔註26〕葉公超，〈中山學術文化基金董事會所譯世界名著〉，《東方雜誌》復刊7卷6期（民國62年12月），頁6。

〔註27〕曾濟群，〈王雲五先生與中國學術文化基金會〉，收錄：王壽南、陳水逢編，《王雲五先生與近代中國》，頁319。

的書有以下幾類：一、譯成英文：曾約農譯《On Nature and recreation》；二、法學類：雷崧生譯《太空法》、《法律與國家》、《世界公共秩序論集》、王學理譯《震動中之國際法》；三、歷史與文化類：王家鴻譯《孫中山傳》、《德國詩歌體系與演變》、王兆荃譯《世界局勢中之中東》；四、經濟類：余國燾譯《動態經濟學芻論》、專家合譯《經濟理論之檢討》；五、漢學類：萬家保譯《中國文明開始》；六、自然科學類：朱樹恭譯《化學基本原理》、王守益譯《原子物理與人類的知識》；七、應用科學類：張去疑譯《積體電子學》、江明德譯《能量變換》等書〔註28〕。

　　此外，鑑於國內科學界缺乏一本屬於有系統的中文辭典，王雲五於民國五十九年十二月二十一日，致函給原子能科學委員會主任委員同時亦擔任中山學術文化基金會常務委員的李熙謀教授，其中提及要為國內出版一部自然科學大辭典的構想。此想法經由李熙謀的推動與召集，以及獲得中山學術文化基金會董事會的兩百萬元的補助下，《中山自然科學大辭典》正式開始約集國內四百多位一流的教授、專家、學者進行編輯，內容分為：自然科學概論與發展歷史、數學、天文學、物理學、化學、地球科學、生物學、植物學、動物學、生理學共十個部門，臺灣商務印書館自民國六十二年起陸續出版〔註29〕。

　　王雲五積極參與文化基金會的活動主要目的是為了要實現企業家「取之於社會，用之於社會」的理念。在當時學術水準不高，教育沒有今日普及的臺灣社會，他希望藉獎學金的頒發可以嘉惠青年學子、編纂專業性辭典以成為引領新知識的鑰匙，讓大眾在讀書研究上無後顧之憂；又努力將其對出版的理念展現在本身主持的文復會、基金會上；甚至這些文化機構與臺灣商務共同合作書籍的出版。王雲五的出版計畫不侷限在出版業，因為他本身聲望以及與政府的良好關係，使得臺灣商務的出版合作對象得以擴大，影響力也相對增加。

第二節　與社會大眾的關係

　　出版業獲利率雖然不高，但多少因涉及文化理念的色彩，導致與其他以追求利益為主的營利性質事業有所差別的地方。但出版業仍是屬於商業的一環，不可能只注重文化理念的展現，仍需要追求商業利潤才可供應一個出版社經營下去，於是出

〔註28〕詳見葉公超，〈中山學術文化基金董事會所譯世界名著〉，《東方雜誌》復刊 7 卷 6 期（民國 62 年 12 月），頁 6〜12。此書目自民國 57 年至 62 年為止。

〔註29〕〈中山自然科學大辭典明年上半年將可問世〉，《中華日報》，民國 61 年 12 月 31 日，第二版。

版社必須顧及到社會大眾的需求，爲了提高本身的競爭力，以達到吸引眾人購買之欲望，因而產生書籍平裝本或特價促銷的宣傳手法，值得一提的是，若受到政府所頒發之優良刊物的獎勵也是對出版社競爭力的一種肯定。易言之，社會大眾從書本上接受各種知識時，亦會受到出版社本身出版的刊物、書籍之影響。

一、平價書的印行

世界上出版事業發達的國家，都有一種圖書版本，這種版本價錢便宜，攜帶和保存都方便，符合「儘可能好的書，儘可能低的錢」一大原則〔註30〕。以英國的企鵝出版社爲例，它以出版平裝書聞名於世界，在 1930 年代開創了平裝書熱潮，改變了原本因爲精裝書價格太高，造成只有上層社會人士、有錢人或受高等教育的人才敢涉足書店的英國書市〔註31〕。反觀當時的臺灣出版界，和英國相較之下，不得不承認，社會大眾的經濟能力和讀書風氣低弱的情形，更迫切需要這種普及性的圖書版本加以帶動，於是民國五十三年文星書店首先出版四十開本的「文星集刊」，這種四十開的圖書版本對推廣文化、傳播思想，是一種最有效的工具。

民國五十五年，王雲五亦效法英國的人人叢書（Everyman's Library），其內容包括子目約及千種，價廉且內容豐富，收入的書以古典爲主，其中也會參入新著，售價只有一般出版物的一半，只是字體較小，行距較密，而且其所收入的古典作品得以免除著作人的報酬，因而又可減少製作的成本。王雲五也承認，自重主臺灣商務印書館以來，先後的輯印《萬有文庫薈要》、《叢書集成簡編》、《漢譯世界名著甲編》等，整套發售雖有利於圖書館與藏書家，卻未必適於青年學子。

於是，王雲五決定開始編印《人人文庫》，版本爲四十開本，以新五號字排印，分冊發售，所鎖定的讀者對象以青年爲主。書籍的售價分單、雙號，單號爲八元，雙號爲十二元。且爲了鼓勵大眾多購多讀，凡一次購滿五冊者加贈一單冊，隨購書者自行選擇。但是，《人人文庫》因限於篇幅，因此許多好書雖然符合此文庫的性質，只可惜篇幅過多，因此不得不割愛。民國五十八年，爲了彌補這個缺憾，決定從原有單號及雙號之外，新增特號一種，凡每冊有三百五十面至五百五十面者，一律作爲特號，售價定爲二十元〔註32〕。

民國六十三年發生世界能源危機，國內紙張嚴重缺乏，出版界面臨嚴重的考驗，導致出書量大大的減少。紙價漲得太厲害的這種現象，造成出版社處在虧本狀

〔註30〕蕭孟能，《出版原野的開拓》（臺北：文星書店，民國 54 年），頁 45。
〔註31〕孟樊，《台灣出版文化讀本》，頁 51～52。
〔註32〕王雲五，〈編印人人文庫序〉，《東方雜誌》復刊 3 卷 1 期（民國 58 年 7 月），頁 81。

態，用以往的盈餘來彌補赤字，撐不下去者只有倒閉，因此引起社會「文化沙漠會再出現嗎？」的疑慮〔註33〕。

　　王雲五同樣感於出版工料漲價的嚴重，因此在《中央日報》刊登啓事，對外界宣告了臺灣商務的經營困難，啓事內容如下：

　　　本人以八十七之衰年，患心臟病歲餘，疲德不堪，久未出外任事，茲因出版工料奇漲，商務印書館出版物之多，冠於全國，所受影響至鉅，遂又遭遇創辦七十八年以來第六度之重大危機，不得已，按從前五度挽救本館危機之先例，扶病逐日到館主持一切，以資應變，鞠躬盡瘁，在所不辭，惟盼館內同人及海內外賢達，匡其不逮。……

而其中亦同時告知大眾王雲五的應變辦法，因爲調整書籍售價太多或太少對讀者或臺灣商務來說皆無法兩全其美，於是決定暫行停印「人人文庫」，並將其中未賣完的書調高書價25％，另外又停開夜間門市，這些辦法的內容爲：

　　　商務印書館爲應付紙張奇漲與缺乏，自本年起暫停印人人文庫新書，其歷年印行之一千五百九十種，一律按原價增加百分之二十五，售完爲止，亦暫不重版。……現因節約能源，決自本年二月一日起停開夜班，所有營業人員改爲上、下午兩班，上午班自九時至四時，下午班自一時至七時，實際減少營業時間兩小時，星期日仍舊開放，……〔註34〕。

暫時停刊就表示有復刊的可能，民國六十三年三、四月以來，紙價、工價雖仍較以往增長 150％，但已漸趨穩定，王氏乃籌謀將《人人文庫》予以復刊。同年五月開始，每月新刊暫定爲十種，原出之書，銷路較廣者仍予重版，以應讀者要求。估定書價爲單號每冊十二元，雙號十八元，特號三十元。此較以往書價增加 50％，但與原料成本增加 150％相較，仍然屬於虧損的狀態〔註35〕。

　　除了廉價的《人人文庫》之外，王雲五深知降低書籍價格會提高銷售的道理，他乃挑選臺灣商務出版過的暢銷書，將其改印成普及平裝本發行以降低書價，以鹿橋（吳納孫）所著《未央歌》、林孟工（崇墉）所著《林則徐傳》爲例，這兩本書籍的銷路原本就很好，經王氏改版後的行情更爲看漲，《未央歌》在普及本刊行後，半年內甚至銷售七萬冊〔註36〕。

〔註33〕翦子丹，〈「文化沙漠」會再出現嗎？〉，《自立晚報》，民國63年1月20日，第二版。
〔註34〕〈商務印書館董事長王雲五啓事〉，《中央日報》，民國63年2月1日，第一版。
〔註35〕王雲五，〈復刊人人文庫序〉，《東方雜誌》復刊7卷12期（民國63年6月），頁10。
〔註36〕〈王雲五致金耀基函〉，民國65年4月17日，收錄：王壽南，《王雲五先生年譜初稿》第四冊，頁1653。

　　從以上敘述可知，廉價書刊雖然不一定是提高社會大眾讀書風氣的必然因素，然而不可否認的是，由於買書、愛書的族群頗爲固定，廉價書勢必會吸引一些購書意願游離的愛書人，尤其鼓勵手頭不充裕的人們買書，因此它可是幫助讀書風氣提升的利器。

二、《出版月刊》、《東方雜誌》的復刊

　　臺灣商務的書籍出版性質是偏向學術實用性的，換言之，其所編輯出版的雜誌性質也是如此。不過，偏重學術性的刊物，銷售量必然無法盡如人意，也因此，王雲五在決定復刊《出版月刊》、《東方雜誌》這兩種刊物時，就是以服務讀者的態度爲首要出發點，而非以營利爲主要目的。

（一）出版月刊

　　民國五十四年六月發刊的《出版月刊》，是臺灣商務印書館原爲學術文化界服務的刊物，無營利目的。當時的臺灣每年出書約三千種，光是臺北一地每月出書即多達二百餘種，讀者無從獲知何處印有何書，造成選購不便。臺灣商務有鑑於此，願以《出版月刊》爲讀者擇要予以介紹。至於國外新版書籍之問世，國內尤不易獲悉，爲了學術研究日新月異，新書若不能先睹爲快，學術進步自是大受影響，感於此現象，臺灣商務於是針對國外新書做擇要簡介，以利國內學者自行選購，而其中介紹最多的書籍當然是臺灣商務所出版的書了！《出版月刊》本身即是可以發揮最大效用的一個廣告園地，主要任務之一當然就是推銷臺灣商務所出版的書〔註37〕。

　　其內容刊登的文章有：中外出版動態、藏書、書評評介、書刊評介、研究方法、讀書指導、版本學、目錄學，以及其他有關學術研究之著作或報告〔註38〕。此外，《出版月刊》具有爲學術服務的性質亦可從「本刊（出版月刊）贈閱辦法」得到證明，以其中第二點的內容爲例：

> 凡屬次列各項之機關、團體或個人，均可免費贈閱：（一）公私立大學
> 中學；（二）公私立研究機構；（三）學術文化團體；（四）設有研究單位之
> 政府機關；（五）在職之大學教師；（六）公私研究機構之在職研究工作者；
> （七）在校之研究生（攻讀碩士博士學位者）；（八）知名學者〔註39〕。

　　這樣的限制贈閱對象，其實仍不足以廣泛流傳，臺灣商務於是考慮分配到書報

〔註37〕徐有守，〈爲學術文化界服務的出版月刊〉，《出版月刊》創刊號（民國 54 年 6 月），頁 30。

〔註38〕〈出版月刊稿約〉，《出版月刊》創刊號（民國 54 年 6 月），頁 50。

〔註39〕〈本刊贈閱辦法〉，《出版月刊》創刊號（民國 54 年 6 月），頁 30。

攤上免費贈閱，但又擔心被成捆拿去另作它用（例如：包燒餅），因此決定每本售價新臺幣一元。但是，經世界文物供應社負責人鄭少春的建議後，改為每本賣二元，鄭少春的理由是，「若售價一元，則臺灣商務本身收回六折，剩下四角由供應社和報攤分享，報攤每賣一本只得到二、三毛的收入，必定缺乏興趣，這是會影響雜誌的流傳的，因此每本訂價改為二元，六折收回，每本只收一元二角，賣不掉的還可退回臺灣商務。」

　　從雜誌成本看，《出版月刊》的篇幅是每期逐步增加，由第一期開始的五、六十面、八十多面、九十多面，至第十七期以後調整到一百一、二十面；稿費當然也是逐漸增加，由原來的一千字六十元改為七十元到一百元，因此每期的成本最高時每本達到八元三角，最低時每期六元九角〔註40〕，雖然訂價最高調整到五元，仍然不夠成本，賠本是一定的事，至於發行這種為讀者服務而不惜貼老本的雜誌，正是王雲五的懷抱所致〔註41〕。

　　《出版月刊》出刊後，因不限於名稱而只是枯燥的書目與廣告而已，因此獲得讀者的稱讚，其內容為：

> 出版月刊的「書摘」是極有價值的，短短的一二百字就把一本書的內容特色，介紹無餘，這是對讀者買書讀書的指南，使讀者節省了不知多少金錢與時間，貴刊可說是這方面的第一個刊物，值得驕傲，還有貴刊的內容，也的確可以稱得上紮實與精彩，有許多文章極有學術價值，……〔註42〕。

　　只是刊物的發行畢竟不能全靠理想來維持，初期的虧損也許可以支撐，時間一久恐怕就會影響營運，《出版月刊》就是如此，只有停止擴大贈閱，並通知贈閱戶，希望能轉為基本訂戶，按定價六折，這些贈閱戶中大多數仍給予支持的態度〔註43〕，即使有一些疑問，也是屬於少數讀者。

　　《出版月刊》出刊至民國五十六年六月，《出版月刊》算是完成了一階段的任務，由《東方雜誌》接續下去，內容遍及對國家大事、社會現象、國際情形等問題的時事討論；也有關於文藝創作的通俗性文章，格局似乎比《出版月刊》更擴大了。

（二）東方雜誌

〔註40〕徐有守，〈告別讀者朋友們〉，《出版月刊》25 期（民國 56 年 6 月），頁 101。
〔註41〕總編輯徐有守的編後漫筆中所提及。見〈編後漫筆〉，《出版月刊》創刊號（民國 54 年 6 月）。
〔註42〕〈鄧廣民讀者來書〉，《出版月刊》7 期（民國 54 年 12 月），頁 24。
〔註43〕徐有守，〈告別讀者朋友們〉，《出版月刊》25 期（民國 56 年 6 月），頁 101。

　　《東方雜誌》的前身是《外交報》，創刊於清光緒二十七年（1901），光緒三十年《東方雜誌》創刊，宣統二年（1910），外交報停刊並且併入《東方雜誌》。該雜誌的宗旨，主要在於啓導國民，聯絡東亞。因其內容廣輯、選錄各家新聞與官、民月報的有名社論，自然有助於啓導國民知識；至於聯絡東亞的目的則是希望自己國家能力爭上游，在國際上爭一席之地，也就是「與歐美諸國雍容揖讓，抗衡於壇坫之上」〔註44〕。

　　《東方雜誌》爲商務印書館最早創辦的定期刊物，自創刊以來，斷斷續續出刊到民國三十八年爲止，期間經歷了四次短期的停刊，第一次是辛亥革命之役，因交通受阻，曾停刊四個月；第二次是民國二十一年一月底，上海一二八抗日戰爭，因商務印書館在上海閘北寶山路之總館及編譯所全部爲日軍炸燬，停刊九個月；第三次在民國二十六年八月，因上海八一三抗日戰爭發生，戰事在閘北進行，停刊四個半月，但同年十一月即在香港復刊；第四次則是民國三十年，因太平洋戰爭發生，商務將重心移至重慶後，停刊二年四個月，次年二月就在重慶復刊。

　　民國三十八年，又因中共統治中國大陸而發生第五次停刊，此次是停刊歷時最久的一次，直到五十六年七月復刊爲止，共停刊十八年〔註45〕。停刊的原因皆肇因於國難，爲不可抗拒之因素，可見《東方雜誌》的歷史與中國近代史是不可分割的。因此，《東方雜誌》在臺灣的復刊是有其意義的，除了秉持著過去一貫的傳統宗旨外，相對於當時中共所進行的「文化大革命」，在臺復刊的《東方雜誌》另外還有傳承文化的意味。

　　內容上，大概分爲五類：東方論壇、學術與思想、現代東方、藝文誌、時事日誌。東方論壇以評論時事爲主，利用約稿的方式，由主編根據當時發生的大事，及時約請專人，或於事先發表意見，或於事後予以詳細記錄。學術與思想是《東方雜誌》主要部份，以文史與社會科學較多，也會刊登有關自然科學方面的新論文。現代東方主要是記述事實，凡在東方舉行或者與東方各國有關的會議與活動，均約請主持或參加的人員，予以記述，盡可能保存一切的資料、照片與圖表。藝文誌注重趣味、美化，包括長篇的連載小說。時事日誌是《東方雜誌》創刊以來未曾間斷過的史實記載，分爲國內、中國大陸及國際三部份〔註46〕。

〔註44〕黃良吉，《東方雜誌之刊行及其影響之研究》（臺北：臺灣商務印書館，民國58年），頁6～7。

〔註45〕阮毅成，〈創刊七十年的東方雜誌〉，《出版家》8期（民國62年8月），頁9。

〔註46〕阮毅成，〈創刊六十九年的東方雜誌〉，《台灣新生報》（民國61年8月12日），第十版。

　　另外，在封面形式上，則將每期的要目與作者姓名，印在封面上，使讀者能不用翻開雜誌即可得知這一期的重要內容〔註47〕。雜誌內容因此一目了然，吸引讀者想翻閱雜誌的欲望。

　　王雲五擔任《東方雜誌》發行人期間，遇有世界或國內大事問題時，他都會撰寫東方論壇。民國六十七年十二月，王雲五寫了一篇 1979 年開始時的二十大願，文中透露出對世界大局與民國六十八年的展望。但是卻發生與美國與中共結交，中華民國與美國斷交之事，王雲五義憤填膺，就原稿再加寫一段，由《東方雜誌》將全文立即印行十萬份，作為號外，免費贈送讀者。這種善用輿論並有著極大的愛國影響力，將其感染到社會大眾，這也是國內雜誌有號外之始〔註48〕。此舉正符合王雲五在〈卷頭語〉所寫：「此次復刊，自仍本此作風，保持傳統，苟能發揮其應有之作用，則負擔經濟責任之商務印書館，虧損縱多，所不惜也〔註49〕。」

　　雜誌是介於報紙與圖書之間的出版物。雜誌版面較多，對各種問題可以進行深入的討論，並且連續而固定，因此容易使讀者印象深刻〔註50〕。《出版月刊》將讀者與臺灣商務的距離拉近；《東方雜誌》更進一步將讀者帶入一個討論社會、國家，甚至是國際問題的園地，兩者皆鼓勵讀者踴躍投稿抒發己見。《東方雜誌》甚至強調其園地是絕對開放且不屬於任何個人、任何團體，而是屬於社會全體的〔註51〕。許倬雲對《東方雜誌》的復刊亦是抱持著「興奮的心情」〔註52〕。

　　但實際上，可能因為受限於當時政府對言論的控制，以及王雲五與內部重要董事們立場比較親國民黨的關係，即便是《東方雜誌》的園地是「絕對開放」，但觀其文章，卻甚少出現批評政府領導人或鼓吹不利於政府的言論。因此，《東方雜誌》所謂的園地開放，或者代表著「意見」可以不同，但「立場」卻經過篩選。

三、特價的優惠活動

　　運用成本定價法？心理定價法？創造附加價值？預約價、折扣價、贈品、分期付款？由以上問題推衍出促銷策略關係，也可以利用廣告的策略，於價格上，例如

〔註47〕阮毅成，《八十憶述》下冊（臺北：著者自行出版，民國 73 年），頁 682～683。
〔註48〕阮毅成，《八十憶述》下冊，頁 685。
〔註49〕王雲五，〈卷頭語〉，《東方雜誌》復刊 1 卷 1 期（民國 56 年 7 月），頁 8。
〔註50〕李海崑，《出版編輯散論》（山東：山東教育出版社，1993 年），頁 134。
〔註51〕〈東方雜誌復刊告各界書〉，《東方雜誌》復刊 1 卷 1 期（民國 56 年 7 月），頁 7。
〔註52〕許倬雲，〈學術界可憂慮的現象〉，《東方雜誌》復刊 1 卷 1 期（民國 56 年 7 月），頁 25。

折扣、特價、贈品做訴求〔註 53〕。總而言之，無不希望能吸引讀者購買，舉行特價活動就是增加讀者的圖書購買力。讀者是個體的，市場卻是分類的、有組織的。不可否認的是教育系統是最大的、獨立的圖書市場。除了預約書一直都有折扣以及每月都備有優待書之外，臺灣商務的特價活動另有配合慶祝出版節以及就是跟隨著學校行事曆而進行的特價活動。

　　過去在大陸時期的商務印書館，向有「星期標準書」辦法，辦法是先選擇好書，於該一星期內以特別低價優待讀者，而每週更換新書目，目的在方便讀者，這是我國出版界實行此類辦法之始。臺灣商務在王雲五主持下，自民國五十五年二月起，亦實行「每月優待書」辦法。就是每月選擇本館書籍三十種，一律照定價七折優待。優待書之書目，每月一日在中央日報公佈〔註 54〕，亦在臺灣商務所發行的刊物登載，如早期的《出版月刊》及其後發行的《東方雜誌》。

　　三月三十日是出版節，這一天出版同業大多會舉辦特價活動，以優待圖書界。臺灣商務也不例外，除了本版書是打七折外，叢書甚至是低於定價的七折，一般參考書、人人文庫、長期優待書也同樣特價。好的書籍可以用特價吸引讀者，有問題的書籍當然也有另外的銷售管道，臺灣商務將其歸類為「風黃殘缺書」，照原售價打一折到六折不等廉售〔註 55〕。特別值得紀念的日子，如國父百週年誕辰紀念日，臺灣商務也會為了崇念這位開國偉人，特出版一系列以國父為中心的書籍，且特價出售〔註 56〕；或者是雲五大樓落成紀念，為答謝各界讀者歷年惠顧之盛意，決定舉辦廉價活動，期間讀者購書達二十元以上者，還贈送雲五大樓落成紀念手冊一份〔註 57〕。

　　學生族群可是出版界最大的市場，因此臺灣商務為此，乃配合各學校一學年兩次的開學所舉行的特價活動，也是最常舉行的特價活動，最初臺灣商務甚至會準備贈品，購買超過二十元的讀者可選擇《東方雜誌》一本或《出版月刊》二本〔註 58〕。

　　服務讀者方面，除了定期的特價活動吸引讀者購買，臺灣商務在民國五十五年

〔註 53〕 王榮文，〈台灣出版事業產銷的歷史、現況與前瞻——一個臺北出版人的通路探索經驗〉，《出版界》28 期（民國 79 年 11 月），頁 10。
〔註 54〕 〈臺灣商務印書館五月份優待書〉，《出版月刊》12 期（民國 55 年 5 月），頁 71。
〔註 55〕 〈慶祝出版節大廉價十六天〉，《出版月刊》22 期（民國 56 年 4 月），封底廣告。廉售風黃殘缺書，大陸時期的商務即已行之有年。此舉嘉惠不少窮學生。
〔註 56〕 〈臺灣商務印書館印行國父百週年紀念書籍〉，《出版月刊》5 期（民國 54 年 10 月），頁 6。
〔註 57〕 〈舉辦大廉價一個月〉，《東方雜誌》復刊 2 卷 1 期（民國 57 年 7 月），頁 108。
〔註 58〕 〈舉行全部出版圖書特價一個月〉，《東方雜誌》復刊 1 卷 9 期（民國 57 年 3 月），頁 108。

三月二十一日開放夜間門市營業（將門市時間延長至夜間九時半），也算是服務讀者的措施，主要對象即是軍公教學生等白天工作繁忙的讀者，只是這項措施在民國六十三年因世界性能源危機而結束。同年，臺灣商務爲了加強文化交流，亦開辦了爲海外讀者代辦國內出版物的採購工作，所代購的書加收一成手續費，但若購買臺灣商務出版的書則免收手續費〔註59〕。

出版社出版一本新書後，就必須利用廣告宣傳，使得讀者知道有這一本書的存在，這有著「刺激需要」的作用〔註60〕。畢竟書籍不是民生必須品，臺灣讀書風氣不高，買書的人口亦不多，讀者既然不主動掏腰包買書，就只能靠一些措施讓讀者走進書店，因此廣告內容符合讀者的訴求，針對讀者的需要出版新書，或者買書另加贈品，都是開展商機的方法。

第三節　樹立規模

王雲五重主臺灣商務印書館後，按步就班改革內部組織與擬定新的出版計畫，擁有顯著的成績，在營業額、盈餘、股利的分配等，都有所成長（見表4-1），證明王雲五優越的經營與管理能力。

表4-1　民國三十九年至六十八年臺灣商務營運概況

年　度 （民國）	營業額 （萬元）	盈　餘 （萬元）	盈　餘　分　配						銀行存款 （萬元）
			在　臺 股東數	所得稅 （萬元）	在臺股 東每股 所　得 （元）	轉為增資 （萬元）	董監事 （萬元）	同　仁 （萬元）	
39 年	97	7		1	175				18
40 年	104	8		2	1.75				12
41 年	144	18	4,333	3	5.00				5
42 年	140	10	4,333	2	5.00				12
43 年	97	4	4,733	0	5.00				2
44 年	89	-9	4,786	0	5.00				1

〔註59〕〈臺灣商務印書館啓事三〉，《出版月刊》9 期（民國 55 年 2 月），頁 58。
〔註60〕林良，〈大廣告主義──談出版事業的廣告負荷〉，《出版界》2 期（臺北：臺北市圖書出版商業公會，民國 69 年 9 月），頁 7。

45 年	104	0	4,786	0	7.50				2
46 年	175	12	4,786	4	7.50				2
47 年	129	2	7,586	1	7.50				4
48 年	157	9	7,586	1	7.50				7
49 年	183	30	7,586	8	7.50				6
50 年	169	8	7,586	1	7.50				9
51 年	207	13	7,586	1	7.50				7
52 年	229	15	7,826	2	7.50				27
合　計	2,024	127		27	83.50				
年平均	145	9		2	5.96				8
53 年	295	44	7,826	7	8.31		2	4	56
54 年	1,055	330	7,936	59	41.73		16	33	190
55 年	1,056	346	7,977	61	46.09	150	16	36	164
56 年	1,296	409	7,977	98	48.59		17	38	213
57 年	1,675	410	8,000	110	46.94	150	15	41	71
58 年	1,520	372	8,000	90	54.08	100	16	45	122
59 年	1,813	384	8,010	82	58.03		18	48	134
60 年	2,280	585	8,010	130	62.50		20	52	267
61 年	2,366	571	8,522	133	70.45	500	22	55	388
62 年	2,503	596	8,522	127	55.10		15	44	330
63 年	3,182	669	8,522	222	58.00		16	42	885
64 年	3,701	781	8,522	253	63.60	500	18	49	1,404
65 年	3,857	810	8,522	272	66.60		19	52	1,975
66 年	3,811	852	8,522	249	89.70	500	23	47	2,446
67 年	4,012	902	8,522	311	97.00		28	71	2,564
68 年	4,325	953	8,522	325	104.30		27	83	2,032
合　計	38,747	9,014		2,529	971.00	1,900	288	74	
年平均	2,422	563		158	60.69		18	46	828

資料來源：張連生，〈台灣商務印書館四十四年述略〉，收入：商務印書館編輯部，《商務印書館九十五年》，頁 515-516。

　　表4-1中，將王雲五主持臺灣商務十五年以來的營運數據與前期相較，即可清楚看出二者的差異。民國三十九年，臺灣商務依照政府頒布的法令重新登記時，粗估當時在臺灣的財產淨值酌定為新臺幣二十萬元，每股股本一元，之後分別在五十一年、五十二年，先後兩次以固定資產（館屋）重估價增值增資八十萬元，與之前資產合計一百萬元，每股股本增為新臺幣五元。王雲五主持臺灣商務後，先後歷經七次增資，共增四千九百萬元，除了二百六十三萬是因土地增值轉為資本外，其他皆是以營業額的盈餘增資〔註61〕。五十三年起，並從盈餘中提撥不定額的特別獎金給同仁，頒發標準不按照薪資比例分配，而是以工作成績而定，其數約當月薪二至十個月不等，藉收公平鼓勵之效〔註62〕。

　　人才網羅方面，王雲五任用畢業於政大的研究生、學有專長的知名學者進入臺灣商務印書館擔任總經理、總編輯，以及《東方雜誌》的主編，或聘請其主編百科全書，這是對臺灣商務出版的書籍品質上的保證，因為以學術、專業性書籍出版為主，亦等於鼓勵學術發展。這樣的出版方向，臺灣商務所獲得最直接的肯定，就是得到「金鼎獎」的表揚。

　　民國六十五年，行政院新聞局為了獎勵扶助圖書雜誌唱片等出版事業，以及提高國內出版事業的水準，在無專案經費的情況下，仍決心舉辦「金鼎獎」，因此與獎勵電影事業的「金馬獎」、獎勵廣播電視事業的「金鐘獎」形成鼎立。首屆「金鼎獎」先行辦理雜誌金鼎獎與輸出績優出版單位兩項獎勵〔註63〕，臺灣商務因為出版書籍銷售對象遠達國外而獲得輸出績優出版單位的獎項〔註64〕。六十六年的金鼎獎，臺灣商務更獲得四項獎項，分別是榮獲雜誌金鼎獎的《東方雜誌》；榮獲圖書出版金鼎獎自然科學類的《中山自然科學大辭典》，與史地類的《中國之科學與文明》；榮獲特別獎的《四庫全書珍本》〔註65〕。六十七年的金鼎獎，主要表揚對中華文化具有貢獻或耗費時力而深具參考價值的大部叢書，在此標準下，臺灣商務印書館出版的《雲五社會科學大辭典》因此獲獎。六十八年，《中國歷代思想家》再次獲得圖書出版金鼎獎〔註66〕。從以上得獎的書籍可以得知，多出自王雲五的構想，得到「金鼎

〔註61〕張連生，〈台灣商務印書館四十四年述略〉，收入：《商務印書館九十五年》，頁517。
〔註62〕張連生，〈追隨雲五先生十一年〉，收入：《我所認識的王雲五先生》，頁169。
〔註63〕方裏，〈「金鼎獎」創設經緯〉，《出版之友》創刊號（臺北：中華民國圖書出版事業協會，民國65年11月），頁2～3。
〔註64〕行政院新聞局編，《歷屆金鼎獎得獎名單》（臺北：行政院新聞局，民國80年），頁43。
〔註65〕〈雜誌圖書出版金鼎獎頒獎典禮昨隆重舉行〉，《中華日報》，民國66年11月12日，第二版。
〔註66〕行政院新聞局編，《歷屆金鼎獎得獎名單》（臺北：行政院新聞局，民國80年），頁46。

獎」正是對王雲五經營臺灣商務印書館的一種肯定，同樣亦是對王雲五與臺灣商務印書館在薪傳中華文化工作上的一種鼓勵，或許也可以視爲，政府對王雲五配合文化政策的一種表揚。

表 4-2　王雲五主持臺灣商務歷年出版統計

年　度（民國）	種　　數				冊　　數		
	大套叢書		其　它	合　　計	大部叢書	其　它	合　　計
	叢書數	內含種數					
53 年	1	400	不　詳	400	1,200	不　詳	1,200
54 年	2	1,352	148	1,500	1,300	185	1,485
55 年	3	726	231	957	1,800	281	2,081
56 年	2	124	310	434	141	356	497
57 年	1	400	301	701	2,380	313	2,693
58 年	2	241	347	588	2,243	366	2,609
59 年			310	310		344	344
60 年	2	156	330	486	1,599	222	1,965
61 年	2	216	192	408	1,706	271	1,928
62 年	2	266	229	495	1,631	187	1,902
63 年	1	158	132	290	1,432	165	1,619
64 年	2	248	150	398	1,063	166	1,228
65 年	2	115	153	268	1,304	257	1,470
66 年	1	77	192	269	1,073	306	1,330
67 年	1	77	304	381	1,075	182	1,381
68 年	1	125	145	270	953	3,967	1,135
合　計	25	4,681	3,474	8,155	20,900	248	24,867
年平均數		293	217	510	1,306		1,554

資料來源：張連生，〈台灣商務印書館四十四年述略〉，收錄：商務印書館編輯部，《商務印書館九十五年》，頁 514。

　　從表 4-2 所列臺灣商務歷年的出版統計，出版書刊八千一百五十五種，共計二萬四千八百六十七冊，其中初版新書三千一百六十一種，一萬三千三百一十冊，臺一版書（在臺首次重印過去商務印書館出版的書刊）為四千九百九十九四種，一萬一千五百五十七冊。就種數比例上，初版新書只占 39%，臺一版書籍為 61%，因此是以重版舊書為主〔註 67〕。王雲五主持臺灣商務十六年間，雖然亦想致力於新書出版，但不可諱言的是，以獲利上來看，臺灣商務主要是以重版舊書或具有歷史研究價值的大部頭叢書較為賺錢，再將賺到的盈餘轉而貼補出版內容好但不暢銷的新書〔註 68〕，這樣的作法一直為王雲五所奉行。

　　必須瞭解的是，王雲五所採用的經營方針，原則有以下二種：第一、以編輯方針決定營業方針；第二、以新觀念新方法從事經營。表現在實際上就是以下三種措施：第一、以總編輯兼任總經理：此為實現上述第一原則的辦法。第二、薄利多銷：其所主持的書籍，因為出書甚多，所以盈虧相抵之後，仍能維持盈餘以生存發展。此為實現上述第二原則。第三、選擇文稿之合理比例：基本上決不印行低劣有害作品，以符合促進文化目標；在此原則下，高水準學術性書籍雖明知虧本亦應出版，以實現上述第一原則；純淨清潔而又可望獲利的書籍多多出版，以符合上述第二原則〔註 69〕。

　　臺灣商務在王雲五接手主持後，到底有什麼新氣象？我們可以從當時的讀者反應來瞭解：

> 　　年來，由於臺灣經濟之發展，衣食之餘，稍有餘款，於是又重起藏書之念，但不可諱言，十餘年來臺灣之商務印書館，門裡寂寂，戶外落落，偶一徘徊，輒有寶山空之感。而其他書店雖然比較活絡，但所出之書，質量均不足稱，至學術性之著作幾乎鳳毛麟角，……年來，欣聞王雲五先生重回商務，而大部頭的書籍，如萬有文庫，四部叢刊，叢書集成一一出籠，……十餘年來寂寂無影之商務竟然活了起來，……〔註 70〕

　　另外，臺灣商務沒有出版過黃色、黑色書刊，甚至連風行一時的武俠小說亦從未出版，可想見其經營態度。或許臺灣商務帶給一般人既保守又不夠通俗的刻板印象，但如此卻使出版走向定位在學術路線的臺灣商務印書館，在讀者心中得到尊敬，

〔註 67〕張連生，〈台灣商務印書館四十四年述略〉，《商務印書館九十五年》，頁 515。

〔註 68〕〈商務印書館創業民國前十五年一本傳統專門出版學術性書籍〉，《民族晚報》，民國 61 年 6 月 4 日，第 8 版。此乃臺灣商務總經理周道濟之語。

〔註 69〕參見徐有守：〈偉大出版家王雲五先生〉，《出版界》創刊號（民國 69 年 1 月），頁 14。

〔註 70〕〈李揚之讀者來書〉，《出版月刊》8 期（民國 55 年 1 月），頁 59。

並給人「是一家正統出版社」的印象〔註71〕。

書籍銷路上，臺灣商務是以暢銷的書再去投資學術價值高但銷路市場狹窄的書，務求暢銷書與長銷書的平衡。方豪就曾在文章中提出關於王雲五主持臺灣商務印書館的看法：

> 自王雲五先生退出政壇，重返商務印書館任董事長，聘徐有守先生爲總經理之後，即著手重整旗鼓，爲臺灣文化界帶來無比振奮；《萬有文庫薈要》、《四部叢刊初編》、《叢書集成簡編》、《漢譯世界名著》等四種巨籍，已相繼出書和預約。

> 尤其使我高興的，在《叢書集成簡編》中也收有李之藻譯撰的《同文算指前編》、《同文算指通編》、《渾蓋通憲圖說》和《經天談》。而他所編的《天學初涵》中其他書籍，如：《職外方紀》、《天問略》、《幾何原本》、《測量法義》、《測量異同》、《句胡義》、《簡單儀說》等，也都列入《簡編》〔註72〕。

在經營與圖書出版的成績上，王雲五是善長經營管理的企業家，也是個有文化理念的出版家。與同質性高的中華、開明、世界書局相比，臺灣商務所展現的生命力是高過這三家書局；與初期臺灣商務做比較，王雲五主持後所實行的諸多措施，儼然樹立了臺灣商務印書館之後的規模。

但是臺灣商務處在復興中華文化運動的大環境，以學術性圖書、古籍印行爲主的出版方向，確實對臺灣的教育文化、知識普及有不可抹煞的貢獻。加上王雲五與其他文化機構的關係密切，可運用的出版資源稱得上豐富。不過，若單純從文化變遷的角度看中華文化復興運動，中華文化復興運動應是一個文化在面臨外來文化衝擊的文化轉型之轉捩點上，以適時爲傳統及現代提供適當的勾連點，挽救文化發展免於步入歧途所做的一種回應〔註73〕。然而當時在一片反共聲中，中華文化復興運動擁有的文化意義反不及政治意義。政府的文化政策正與臺灣商務印書館出版方針符合，於是政府與臺灣商務印書館合作，臺灣商務亦成爲政策執行的協力者。

若從「公共領域」的理論出發，出版事業是獨立於國家或地方的獨立機構。臺灣商務是民營的出版機構，不受政府任何補助，本質上，其發展應更具自主性。但是，在政治統籌文化的環境下，以及王雲五曾爲政務官的身份，臺灣商務欲扮演如過去上海商務印書館爲新文化運動帶頭者的角色，似乎有其困難。

〔註71〕〈專家談商務印書館〉，《中央日報》，民國77年5月15日，星期增刊，頁7。
〔註72〕方豪，〈李之藻誕生四百年紀念誌盛〉，《出版月刊》11期（民國55年4月），頁10。
〔註73〕此爲李亦園語，轉引自張樹倫，《台灣地區社會變遷與文化建設》，頁141。

結　論

　　王雲五好研究，有濃厚的求知慾，因此成就了中外圖書統一分類法、四角號碼檢字法的發明。他雖然從未出國留學，卻能靠著自修學習西方學問，王雲五認為自己的學問是在廣博不在專精，這或許是他一生中能接受各種職務挑戰的因素之一吧！王雲五雖然年輕時曾經擔任教職與公職，但這些職務皆沒有他日後擔任上海商務印書館編譯所所長來得重要。

　　由編譯所所長開始，王雲五開始顯現他的經營管理能力，受到商務高層的重用，進而擔任商務印書館總經理一職，帶領大時代下的商務走過戰火的摧毀。王雲五在文化界所累積的聲望亦成功的將自己帶入了政壇，並且博得蔣中正的好感與信任，即使後來因為發行金圓券的失敗，使得任職財政部長的王雲五引咎辭職，但王雲五的從政之路並沒有因此一蹶不振。來到臺灣之後，仍受到蔣中正的重用，擔任過政府要職，國大代表、考試院副院長，最後以行政院副院長職位退休。當時以一位無黨籍的人士卻能受到這樣的禮遇，除了王雲五本身能力不錯的緣故外，其濃厚的文化背景，應該也是受到國民黨高層尊敬與重用的地方。

　　「臺灣商務印書館」這個在臺灣可稱為老字號的出版社，若加上在大陸時期的歷史，其壽命可比民國更久遠，出書無數。只是商務到臺灣之後，初期因限於當時政府外部環境與臺灣商務本身內部組織的關係，使其無法再有如同過去的輝煌成就。因此，民國五十三年，王雲五重新主持臺灣商務這個老字號書局的發展時，一定會有莫大的壓力，壓力的來源有三：其一，王雲五必須面對改善以往臺灣商務不佳的營業額；其二，王雲五必須重新提升臺灣商務的名聲，其三，王雲五必須發揮出臺灣商務對教育、文化界的貢獻。

　　究其因，皆是王雲五本身對商務的使命感使然。從行政院副院長一職退休後，已屆七十六高齡的王雲五並沒有選擇在家頤情養性，反而回到臺灣商務擔任董事長，從事文化事業，除了證明他的身體健康之外，對商務的責任感與使命感，以及

欲將其出版理念落實在文化教育上，均使得王雲五重作馮婦。重要的是，在文化人與政治人兩種不同角色的互換與調適上，王雲五運用本身的號召力與其所擁有的人脈，扮演文化伯樂的角色，將教育界、政治界的學有專長人士拉攏進臺灣商務擔任要職，提升臺灣商務的出版品在學術上的視野。但是，這些學有專長的學者行事較規矩，於是在言論上，無法開拓更自由的視野。

清光緒二十三年（1897），夏瑞芳、高鳳池、鮑咸亨、鮑咸恩等四名印務工在上海合資創辦商務印書館。光緒二十八年，著名文人張元濟進館與夏瑞芳相約「吾輩當以扶助教育為己任」，開啟了商務印書館以傳遞知識文化事業的精神〔註1〕。因此王雲五秉持商務一貫的文化理念，臺灣商務出版方向也就是以延續中華文化為主。這樣的理念正好與政府推行的中華文化復興運動相符，於是臺灣商務順水推舟進行這樣的理念與工作。

王雲五一直以臺灣商務能達到過去上海商務的輝煌成就為他的奮鬥目標。中國大陸發生文化大革命後，大陸的商務印書館經過幾番變動，喪失了出版事業應致力於文化教育的功能，因而突顯臺灣商務在扮演傳承中華文化的角色。難得的是，臺灣商務對發揚中華文化的工作不曾因王雲五的逝世而消失，王雲五的使命感也一直由臺灣商務的繼任者在傳承著。譬如，王雲五生前，《四庫全書珍本》出版至第九集，但是到民國七十一年為止，《四庫全書珍本》第十二集出版。若加上《別輯》在內，臺灣商務總共印行《四庫全書珍本》十三集，收原書一千八百七十八種，一萬五千九百七十六冊，份量已是佔《四庫全書》全部的一半。

但臺灣商務並不以此為滿足，總經理張連生接下景印《四庫全書》的重任，自民國69年與故宮接洽開始，終於民國七十五年，才將整部《四庫全書》出版完畢。景印《文淵閣四庫全書》期間，資金來源與週轉，當為籌印此書所應考慮之重要問題，畢竟投資金額龐大，而且臺灣商務的傳統一向是獨立經營，避免借貸，於是所運用的資金皆為臺灣商務的營運所得。當時政府有影印《四庫全書》的計畫，只是遲遲未見成功，屬於民間企業的臺灣商務印書館卻在不靠任何補助下完成《四庫全書》的印製〔註2〕，實現了自張元濟、高夢旦到王雲五以來的心願，完成了商務印書館到臺灣商務印書館以來的歷史責任，更實現研究中華文化的國際人士的願望，傳承中華文化的精粹於不絕、提供校勘的價值，以及四庫學研究的豐富資料〔註3〕。

〔註1〕〈商務大喜五地經營者寶島齊聚〉，《中國時報》（民國87年2月18日，第23版。
〔註2〕張連生，〈景印文淵閣四庫全書後記〉，《傳記文學》49卷3期（民國75年9月），頁111。
〔註3〕詳見昌彼得，〈影印《四庫全書》的意義〉，《故宮季刊》17卷2期（民國71年冬），

　　雖然臺灣商務在學術研究、傳承中華文化上有所貢獻，然而出版事業應是不受國家政策侵擾和控制的自由舞臺，清末民初的上海商務印書館即充分表現出這個特質。大陸學者張榮華認為，自戊戌變法（1898）至民國十六年間，商務印書館表現出「公共領域」雄姿，原因之一是政府對文字言論的控制出現某種鬆弛趨向，使得當時充斥著自由的出版氣氛，處於新思潮風雲際會的上海商務印書館受到影響進而發展成首屈一指的民營出版企業〔註4〕。

　　因此，我們看到由一個分館漸漸發展起來的臺灣商務印書館，雖然是由王雲五主持，但所面對的出版環境不如過去自由，加上王雲五本身曾擔任政府要員，絕對支持政府的政策，因而沒有完全兼顧到出版業者應該扮演對政治、社會等各方面表達異議的另一種角色。臺灣商務雖然沒有接受到政府資金上的輔助，但嚴格來說，董事之一的李潔同時亦是正中書局總經理，以及王雲五曾經從政的背景，使得臺灣商務的立場較為親國民黨。屬於政治人的王雲五是愛國且認真執行政府的政策，但重新為文化人的王雲五，以遵行國家文化政策為優先，作法上雖是無可厚非。在精神方面，卻無法成為「上不屬於政府」的民營機構。

　　從王雲五入主臺灣商務印書館，並大力推動古籍出版的過程中，可以看出，國家力量在透過王雲五這樣的一位退休官員，來執行中華文化在臺灣的復興運動。國家力量將其觸角伸展至出版事業，導致原屬於「公共領域」的出版事業備受政治影響。但不可否認的在這樣的過程中，臺灣商務卻也因肩負復興中華文化的重責，而大量出版與中國文化相關之書籍，有效彌補了台灣在受日本五十餘年殖民統治下所造成的中國文化斷層。

　　臺灣商務印書館在臺灣發展迄今已五十多年了，初期來到臺灣的十七年內，囿於資料的缺乏，因此無法得知詳細的業務出版與館務發展狀況。王雲五逝世後的幾十年間，因時代變遷太快，臺灣的解嚴，開放兩岸文化交流，五地的商務印書館〈大陸、臺灣、香港、新加坡、馬來西亞〉開始跨國合作開創華人出版市場，出版範圍已經不再限於臺灣一地。此外，資訊媒體的發達、電子書的發展等等，都使得出版事業已經不只是紙張平面的書籍。因此本文的探討範圍以王雲五與臺灣商務印書館的關係為主，將出版家、出版事業在國家環境中與文化教育上所做的努力予以分析，只是，出版文化所需要討論的問題所在多有，有待來者加以研究補充。

頁 40。
〔註 4〕見張榮華，《張元濟評傳》，頁 133～136。

附　錄

受訪者：張連生先生，初由趙叔誠介紹進入臺灣商務，在臺灣商務曾擔任過會計科
　　　　助理員、教科書聯合印製處會計、會計主任、襄理（主理會計）、總經理等
　　　　職位，現任臺灣商務印書館副董事長。
訪問、記錄者：韓錦勤
地點：臺灣商務印書館三樓
時間：民國 87 年 10 月 9 日，上午 10 點 30 分至 12 點 30 分

1：現批處的組織？支館的組織？分館的組織？
　　答：分館、支館、現批處的不同在於範圍大小而已，其內部人員的職權依組織
　　　　而定，現批處二、三人即可成立，現批處不多，批書、賣書不一定（有的
　　　　兩者皆有，有的只批不賣）。支館的部分業務受分館支館支配，但財務營
　　　　業等重要業務仍由總館支配。
　　△　1930 年代是商務的全盛時期，商務能成為中國首屈一指的出版公司，與
　　　　其諸位領導人有遠見魄力有關，如夏瑞芳。1949 年以前還有分館、支館、
　　　　現批處。
　　△　總館印好的書發給分館、支館、現批處。

2：職員除了趙叔誠（經理）、葉友棋（副經理）、陳貽成（會計）之外還有那些人？
　　並擔任何種職務？
　　答：當時來臺的職員人數不超過十一人。趙叔誠（經理）、葉友棋（副經理）、
　　　　陳貽成（會計）是由不同分館派來臺灣開展業務，而其他職員則因職員名
　　　　錄資料恐不易尋找，故無法詳細說明，不過確定的是當時職員很少，不超
　　　　過十一人〈包括上述三人〉。
　　△　為什麼要改成臺灣商務?
　　答：兩岸民國三十八年分開，共黨滲透，所以為杜絕滲透，且大陸總公司在臺
　　　　設的分公司仍是要受總公司的管理，所以臺灣省政府於民國三十九年（十
　　　　月六日，政府在報紙上公告法令）頒布〈淪陷區商業企業機構在台分支機

構管理辦法〉，以杜絕兩地人、財的往來（尤其是臺灣的資金不能回大陸），雖然外在名稱上是改變了，但內部組織仍是沒變。當時在臺三十幾家分公司皆是如此改名（例：回力牌布鞋、金錢牌膠鞋）。

3：趙叔誠除了買館屋的貢獻外，有無其他的作為？（與第 4 題合併回答）

4：商務剛在臺設分館之後，其獨立經營所遭遇的困難有那些？

　　答：民國三十六年七月，商務總管理處調派原福州分館副經理葉友楳來台，於今許昌街籌設現批處，旋以臺灣改制建省，指示改設臺灣分館，派任趙叔誠為經理，自滬來台，葉友楳副之。分館經理職權是與總公司連繫，不過因光復初期臺灣人民消費能力低，且中文閱讀能力也較差，人口又少，故來到這創業是很苦的。趙經理來臺灣後因認為位於重慶南路的館屋有發展性，乃獨力買下並費時修繕，於民國三十七年一月五日，臺灣分館正式開幕。趙一人獨立經營，限於環境關係，所以非常辛苦。而內部同仁問題也是有的，趙個性忠厚，獨自承受一切重擔，當時內部人員有何不能配合的問題，則限於某些因素不好說。

5：民國三十八年，上海商務停止對臺灣分館發貨，書的種類因此變少。民國三十九年，臺灣商務參與中學教科書的編印，教科書是否成為其營業重心？而當時同業之間競爭情形為何？（與第 6 題合併回答）

6：民國三十七年至五十三年之間，出版品的種類有那些？較特殊有哪些？銷路好的有哪些？

　　答：當時商務所出的《辭源》，相當於臺灣一個普通中下層職員一個月工資，可見書價並不便宜。民國三十八年，臺海兩岸中斷，五月上海總館對台停止發貨，貨源中斷之初，曾自香港分館少量補貨，為數二、三次，旋即完全不繼。台館因係初創，總館供應之圖書種類不多，數量亦少，只賴少許存貨支應，此對台館往後之營運，倍感艱困。至於當時臺灣商務自己出的書則挑一些不影響政治的書出版，也出一些冷門書，如師大體育系主任所寫的《奧林匹克運動會史》、師大文學院院長沈邦正《教材教學法》，消費族群以學生為主。另外還有師大一年級的英文教本是商務出的，蕭一山的《清代通史》、陳兼善教授寫的《臺灣脊髓動物誌》。民國五十三年之前，出書以學術性為主。之後臺灣商務也出初高中教科書，並請師大教授來編輯（地理系：沙學浚；化學系：陳文榮、王成椿；教育系：艾偉）。另外

有些重版書的銷路也很好，如《實務高級英文法》、《日用英語會話》、《說文解字詁林》、《國語辭典》等書皆爲在大陸編輯，而在臺灣重版。總之，民國五十三年之前，臺灣的教科書市場很重要，但非商務出版重心。

△　教科書開放民營，其實其私下是很亂的，應該是說「風氣不好」，但商務絕對是清清白白做事。

7：與其他同業間書價上的比較？

答：因爲書的品質不同，所以價格也不同，定書價的標準有二種：正規的是依內容、厚薄定價。投機的出版業則擡高價格，用好的廣告將書推銷出去。

△　商務絕對是正當做生意，「不二價」在大陸時即開始了。「基本定價」在大陸時即開始是因爲當時大陸貨幣不穩定（物價常變動），故主要出版同業間定出依物價、幣值變動的倍率，以節省回收書籍修改書價之功夫，直到民國五十、六十年代，臺灣的大書局仍是如此，後來因年輕消費者不瞭解此種情形，以及一些人事變動而取消。

8：臺灣商務爲何不設分店？

答：臺灣商務不經營書店，也就是不走書店經營形式，商務門市只賣本版書。民國五十三年以前，曾幫忙以個人名義出書的書在門市寄賣，後因稅法的改變就不接受寄賣了。

9：爲何成立業務計劃委員會？（民國四十二年三月設立）

答：臺灣商務股東來臺灣的太少，故成立業務計劃委員會，其性質是顧問性質，有點類似非正式的董事會。

10：有關重印書的部份所謂「附匪作家」的作品，臺灣商務是如何處理？商務的書是否皆是自行編輯、印刷、出版、發行？

答：現在的書店少有自己的印刷廠，因分工愈來愈細的關係，甚至連印刷廠本身也在分工，所以臺灣商務的書是交給印刷廠印製的。

11：民國三十七年至五十三年之間，商務對適應臺灣的環境上，例如：政府法令、社會（出版法的修正、清除三害）等，有何因應措施？

答：臺灣商務出版的書一向遵守政府法令做事。民國五十六年，中華文化復興運動展開之前，商務早已在做文化復興的工作，故其實不是爲配合政府文化復興運動而有出書方向的改變，例如：古籍今譯今註是商務首先創新，首先投注心力在此之上，之後，文復會才與商務合作的。

12：商務的特色在那（與同業比較）？

答：做任何事，只要不違法，本著出版業的本職，不唯利是圖，絕不為利益而走旁門左道賺它一票，穩紮穩打的做事絕不投機，即是臺灣商務的特色。

參考書目

中文部分

一、檔案、史料

1 ：《蔣中正總統檔案》，特交檔案——學校教育及文化事業。

2 ：《接收日人公私產業及其處理辦法》，國史館檔號 450／459。

3 ：《中國國民黨中央委員會工作會議記錄》，檔號：7.4。

4 ：文工會檔案，黨史會檔號 104～107、0957、1062～1072、1129。

5 ：陳紀瀅，《文化反攻與書刊出口》，未刊稿，（民國 45 年），黨史會檔號 557／117。

6 ：《中國出版史料補編》（北京：中華書局，1957 年）。

7 ：《中國現代出版史料》乙編（北京：中華書局，1957 年）。

8 ：《中國現代出版史料》乙編下卷（北京：中華書局，1959 年）。

9 ：《中國現代出版史料》甲編（北京：中華書局，1954 年）。

10 ：長孫無忌等撰，《隋書・經籍志》（上海：商務印書館，民國 26 年）。

二、政府單位出版品

1 ：《臺北市志，卷八，文化志・文化事業篇》（臺北：臺北市文獻委員會，民國 77 年）。

2 ：《臺灣省政府公報》，（民國 37 年、39 年）。

3 ：《總統府公報》，（民國 37 年）。

4 ：行政院新聞局編，《歷屆金鼎獎得獎名錄》（臺北：行政院新聞局，民國 80 年）。

5 ：教育部年鑑編纂委員會編，《第三次中國教育年鑑》（臺北：正中書局，民國 46 年）。

6 ：臺灣省文獻會編，《臺灣近代史》〈文化篇〉（南投：臺灣省文獻會，民國 86 年）。

三、報　紙

1：《大華晚報》，（民國 50 年）。

2：《中央日報》，（民國 39 年、68 年、80 年）。

3：《中國時報》，（民國 87 年）。

4：《中華日報》，（民國 49 年、61 年、66 年）。

5：《公論報》，（民國 49 年）。

6：《民族晚報》，（民國 38 年、39 年）。

7：《自立晚報》，（民國 63 年）。

8：《臺灣新生報》，（民國 37 年、61 年）。

9：《徵信新聞報》，（民國 54 年、56 年）。

10：《聯合報》，（民國 43 年、68 年）。

四、王雲五著作

1：王雲五，〈四部叢刊初編序〉，《出版月刊》2 期（臺北：臺灣商務印書館，民國 54 年 7 月），頁 3。

2：王雲五，〈本館與近三十年中國文化之關係〉，商務印書館編輯部編，《商務印書館九十五年》（北京：商務印書館，1992 年），頁 284～288。

3：王雲五，〈各科研究小叢書序〉，《出版月刊》15 期（臺北：臺灣商務印書館，民國 55 年 8 月），頁 5。

4：王雲五，〈我所認識的高夢旦先生〉，商務印書館編輯部編，《商務印書館九十年》（北京：商務印書館，1987 年），頁 40～50。

5：王雲五，〈抗戰前十年間的中國出版事業〉，《出版月刊》創刊號（臺北：臺灣商務印書館，民國 54 年 6 月），頁 3～9。

6：王雲五，〈卷頭語〉，《東方雜誌》復刊 1 卷 1 期（臺北：臺灣商務印書館，民國 56 年 7 月），頁 8。

7：王雲五，〈復刊人人文庫序〉，《東方雜誌》復刊 7 卷 12 期（臺北：臺灣商務印書館，民國 63 年 6 月），頁 10。

8：王雲五，〈景印《四庫全書》珍本二集序〉，《東方雜誌》復刊 4 卷 7 期（臺北：臺灣商務印書館，民國 60 年 1 月），頁 81。

9：王雲五，〈精印歷代書畫珍品第一集序〉，《東方雜誌》復刊 6 卷 11 期（臺北：臺灣商務印書館，民國 62 年 5 月），頁 23。

10：王雲五，〈增訂小學生文庫序〉，《出版月刊》17 期（臺北：臺灣商務印書館，民國 55 年 10 月），頁 5。

11：王雲五，〈編印人人文庫序〉，《東方雜誌》復刊 3 卷 1 期（臺北：臺灣商務印書

館，民國 58 年 7 月），頁 81。

12：王雲五，〈編纂中國文化史之研究〉，胡適、蔡元培、王雲五編，《張菊生先生七十生日記念論文集》，上海書店編，《民國叢書》第二編綜合類 98（上海：上海書店，1990 年），頁 603～605。

13：王雲五，《十年苦鬥記》（臺北：臺灣商務印書館，民國 55 年）。

14：王雲五，《岫廬八十自述》（臺北：臺灣商務印書館，民國 56 年）。

15：王雲五，《岫廬最後十年自述》（臺北：臺灣商務印書館，民國 66 年）。

16：王雲五，《岫廬論國是》（臺北：臺灣商務印書館，民國 54 年）。

17：王雲五，《岫廬論管理》（臺北：華國出版社，民國 54 年）。

18：王雲五，《岫廬論學》（臺北：臺灣商務印書館，民國 64 年）。

19：王雲五，《紀舊遊》（臺北：自由談雜誌社，民國 53 年）。

20：王雲五，《商務印書館與新教育年譜》（臺北：臺灣商務印書館，民國 62 年）。

21：王雲五，《談往事》（臺北：傳記文學出版社，民國 70 年 5 月）。

五、書刊文章暨論文

書刊文章

1：〈《萬有文庫薈要》各書內容述要——附零售價目〉，《出版月刊》創刊號（臺北：臺灣商務印書館，民國 54 年 6 月），頁 31～50。

2：〈《漢譯世界名著甲編》各書內容述要〉，《出版月刊》10 期（臺北：臺灣商務印書館，民國 55 年三月），頁 59～66。

3：〈他山之石—他們如何經營專業書刊的出版〉，《出版家文摘》1 期（湖南：湖南大學出版社，1987 年 1 月），頁 142～150。

4：〈出版月刊稿約〉，《出版月刊》創刊號（臺北：臺灣商務印書館，民國 54 年 6 月），頁 50。

5：〈本刊贈閱辦法〉，《出版月刊》創刊號（臺北：臺灣商務印書館，民國 54 年 6 月），頁 30。

6：〈東方雜誌復刊告各界書〉，《東方雜誌》復刊 1 卷 1 期（臺北：臺灣商務印書館，民國 56 年 7 月），頁 6～7。

7：〈常用工具書二十五種〉，《東方雜誌》復刊 1 卷 11 期（臺北：臺灣商務印書館，民國 57 年 5 月），頁 116。

8：〈常用工具書十三種〉，《出版月刊》4 期（臺北：臺灣商務印書館，民國 54 年 9 月），頁 4～6。

9：〈臺灣商務印書館五月份優待書〉，《出版月刊》12 期（臺北：臺灣商務印書館，民國 55 年 5 月），頁 71。

10：〈臺灣商務印書館印行國父百週年紀念書籍〉，《出版月刊》5 期（臺北：臺灣商務印書館，民國 54 年 10 月），頁 6～7。

11：〈臺灣商務印書館啓事──徵求本館大陸時期出版書籍〉，《出版月刊》5 期（臺北：臺灣商務印書館，民國 54 年 10 月），頁 2。

12：〈臺灣商務印書館啓事──徵求本館大陸時期出版書籍〉，《出版月刊》9 期（臺北：臺灣商務印書館，民國 55 年 2 月），頁 59。

13：〈臺灣商務印書館啓事──徵求本館大陸時期出版書籍〉，《出版月刊》11 期（臺北：臺灣商務印書館，民國 55 年 4 月），頁 74。

14：〈慶祝出版節大廉價十六天〉，《出版月刊》22 期（臺北：臺灣商務印書館，民國 56 年 4 月），封底。

15：〈舉行全部出版圖書特價一個月〉，《東方雜誌》復刊 1 卷 9 期（臺北：臺灣商務印書館，民國 57 年 3 月），頁 108。

16：〈舉辦大廉價一個月〉，《東方雜誌》復刊 2 卷 1 期（臺北：臺灣商務印書館，民國 57 年 7 月），頁 108。

17：〈獻給大眾的國民體育叢書〉，《出版月刊》7 期（臺北：臺灣商務印書館，民國 54 年 12 月），頁 41～42。

18：方里，〈「金鼎獎」創設經緯〉，《出版之友》創刊號（臺北：中華民國圖書出版事業協會，民國 65 年 11 月），頁 2～4。

19：方豪，〈李之藻誕生四百年紀念誌盛〉，《出版月刊》11 期（臺北：臺灣商務印書館，民國 55 年 4 月），頁 9～10 。

20：王少南，〈禁書要禁得合理〉，《自由中國》12 卷 11 期（臺北：自由中國出版社，民國 44 年 6 月），頁 31。

21：王壽南，〈中國歷代思想家序〉，《東方雜誌》復刊 11 卷 6 期（臺北：臺灣商務印書館，民國 66 年 12 月），頁 22～24。

22：王榮文，〈台灣出版事業產銷的歷史、現況與前瞻──一個臺北出版人的通路探索經驗〉，《出版界》28 期（臺北：臺北市圖書出版商業公會，民國 79 年 11 月），頁 7～15。

23：王熙元，〈國學工具書舉要〉，《出版與研究》2 期（臺北：出版與研究雜誌社，民國 66 年 9 月 1 日，第三版）。

24：朱文長，〈憶王雲五先生──聖賢百年皆有死，英雄千古半無名〉，《傳記文學》35 卷 6 期（臺北：傳記文學雜誌社，民國 68 年 12 月），頁 123～126。

25：朱聯保，〈解放前上海書店印象記（二）〉，《出版史料》2 期（上海：學林出版社，1983 年 12 月），頁 144～146。

26：江明修、蔡金火，〈王雲五委員會初探：兼論其對當前行政革新之啓示〉，《空大行政學報》6 期（臺北：國立空中大學，民國 85 年 11 月），頁 137～168。

27：何義麟，〈戰後初期台灣出版事業發展之傳承與移植〈1945～1950〉──雜誌目錄初編後之考察〉，《台灣史料研究》10 號（臺北：吳三連臺灣史料基金會，民

國 86 年 12 月），頁 3～24。

28：伯新，〈上海工會運動野史〉，海天出版社編，《現代史料》第一集（上海：海天出版社，民國 22 年），頁 295～306。

29：吳百川，〈取締黃色有聲無色〉，《新聞天地》544 期（臺北：新聞天地雜誌社，民國 47 年 7 月 19 日，頁 8～10。

30：吳相湘〈王雲五與金圓券的發行〉，《傳記文學》36 卷 2 期（臺北：傳記文學雜誌社，民國 69 年 2 月），頁 44～52。

31：吳興文，〈光復前臺灣出版事業概述〉，《出版界》52 期（臺北．臺北市出版商業同業公會，民國 86 年 12 月），頁 38～43。

32：宋建成，〈岫盧先生與東方圖書館〉，《中國圖書館學會學報》31 期（臺北：中國圖書館學會，民國 68 年 12 月），頁 93～104。

33：阮毅成，〈創刊七十年的東方雜誌〉，《出版家》8 期（臺北：出版家雜誌社，民國 62 年 8 月），頁 8～11。

34：周旻樺，〈光復前後的臺灣出版文化〉，《書卷》4 期（臺北：光復書局，民國 86 年 12 月），頁 19～23。

35：周道濟、傅宗懋，〈王雲五先生與中國當代教育〉，王壽南、陳水逢主編，《王雲五先生與近代中國》（臺北：臺灣商務印書館，民國 76 年），頁 69～99。

36：昌彼得，〈影印《四庫全書》的意義〉，《故宮季刊》17 卷 2 期（臺北，故宮博物院，民國 71 年冬），頁 33～38。

37：林良，〈大廣告主義——談出版事業的廣告負荷〉，《出版界》2 期（臺北：臺北市圖書出版商業公會，民國 69 年 9 月），頁 7～10。

38：林熙，〈從「張元濟日記」談商務印書館〉，《大成》105 期（香港：大成出版社，民國 71 年 8 月），頁 13～19。

39：林爾蔚，〈王雲五與商務印書館〉，《出版史料》4 期（上海：學林出版社，1987 年 12 月），頁 82～86。

40：邵德潤，〈發行金圓券的真實情況——讀王雲五自述與徐柏園遺稿而得的結論〉，《傳記文學》44 卷 4 期（臺北：傳記文學雜誌社，民國 73 年 4 月），頁 23～28。

41：金耀基，〈我所認識的王雲五先生〉，王壽南主編，《我所認識的王雲五先生》（臺北：臺灣商務印書館，民國 65 年），頁 417～420。

42：柳寅銘，〈雲五先生與全知少年文庫〉，《出版月刊》5 期（臺北：臺灣商務印書館，民國 54 年 10 月），頁 21。

43：胡愈之，〈回憶商務印書館〉，商務印書館編輯部編，《商務印書館九十五年》（北京：商務印書館，1992 年），頁 112～128。

44：胡歐蘭，〈王雲五與中外圖書統一分類法〉，《中國圖書館學會會報》31 期（臺北：中國圖書館學會，民國 68 年 12 月），頁 105～109。

45：倪墨炎，〈圖書雜誌審查委員會從產生到消亡〉，《出版史料》1 期（上海：上海

人民出版社，1989 年 3 月），頁 91～98。

46：唐錦泉，〈回憶王雲五在商務的二十五年〉，商務印書館編輯部編，《商務印書館九十年》（北京：商務印書館，1987 年），頁 253～264。

47：徐有守，〈王雲五先生與商務印書館〉，王壽南主編，《我所認識的王雲五先生》（臺北：臺灣商務印書館，民國 65 年），頁 70～116。

48：徐有守，〈告別讀者朋友們〉，《出版月刊》25 期（臺北：臺灣商務印書館，民國 56 年 6 月），頁 101～102。

49：徐有守，〈為學術文化界服務的出版月刊——本刊創辦旨趣〉，《出版月刊》創刊號（臺北：臺灣商務印書館，民國 54 年 6 月），頁 29～30。

50：徐有守，〈偉大出版家王雲五先生〉，《出版界》創刊號（臺北：臺北市圖書出版商業公會，民國 69 年 1 月），頁 9～14。

51：徐有守，〈從四部叢刊的行將售罄談到臺灣出版物的市場——也算是一個給讀者的報告〉，《出版月刊》7 期（臺北：臺灣商務印書館，民國 54 年 12 月），頁 85～86。

52：浦薛鳳，〈追憶王雲五先生——記念雲老逝世五周年〉，《傳記文學》45 卷 5 期（臺北：傳記文學雜誌社，民國 73 年 11 月），頁 85～86。

53：馬和，〈商務藝文大動干戈〉，《新聞天地》1100 期（臺北：新聞天地雜誌社，民國 58 年 3 月十五日，頁 25。

54：馬起華，〈此之謂不朽—補憶王雲五老師〉，王壽南主編，《王雲五先生哀思錄》（臺北：臺灣商務印書館，民國 69 年），頁 233～238。

55：張釗，〈抗戰期間國民黨政府圖書審查機關簡介〉，《出版史料》4 期（上海：學林出版社，1985 年 12 月），頁 134～137。

56：張連生，〈王雲五先生與商務印書館之復興〉，《出版之友》第 4～5 期（臺北：出版之友雜誌社，民國 67 年 1 月），頁 19～22。

57：張連生，〈追隨雲五先生十一年〉，王壽南主編，《我所認識的王雲五先生》（臺北：臺灣商務印書館，民國 65 年），頁 132～170。

58：張連生，〈景印文淵閣四庫全書後記〉，《傳記文學》49 卷 3 期（臺北：傳記文學出版社，民國 75 年 9 月），頁 107～115。

59：張連生，〈臺灣商務印書館四十四年述略〉，商務印書館編輯部編，《商務印書館九十五年》（北京：商務印書館，1992 年），頁 504～519。

60：張毓黎，〈商務印書館總管理處遷渝時期的工作概況〉，商務印書館編輯部編，《商務印書館九十五年》（北京：商務印書館，1992 年），頁 354～366。

61：張錦郎，〈中國近七十年出版事業大事記〈七〉〉，《出版之友》頁 28～29 期（臺北：出版之友雜誌社，民國 73 年 3 月），頁 50～53。

62：張錦郎，〈王雲五與圖書館事業〉，《圖書與圖書館》1 卷 1 期（臺北：圖書與圖書館雜誌社，民國 68 年 9 月），頁 3～36。

63：莊俞，〈悼夢旦高公〉，商務印書館編輯部編，《商務印書館九十五年》（北京：商務印書館，1992 年），頁 58～62。

64：許倬雲，〈學術界可憂慮的現象〉，《東方雜誌》復刊 1 卷 1 期（臺北：臺灣商務印書館，民國 56 年 7 月），頁 25～26。

65：陳立夫，〈中國科學技術的發展及其西傳〉，《東方雜誌》復刊 6 卷 8 期（臺北：臺灣商務印書館，民國 62 年 2 月），頁 58。

66：陳江，〈《東方雜誌》——近現代史的資料庫〉，商務印書館編輯部編，《商務印書館一百年》（北京：商務印書館，1998 年），頁 358～362。

67：陳叔通，〈回憶商務印書館〉，商務印書館編輯部編，《商務印書館九十年》（北京：商務印書館，1987 年），頁 131～139。

68：陳建中，〈熱忱維護憲政的社會賢達並爲國民大會敬重的王雲老〉，王壽南主編，《我所認識的王雲五先生》（臺北：臺灣商務印書館，民國 65 年），頁 180～191。

69：陳達弘，〈突破困難〉，《出版之友》4～5 期（臺北：出版之友雜誌社，民國 67 年 1 月），頁 32～33。

70：陳達弘，〈出版界須自求多福〉，游淑靜等著，《出版社傳奇》（臺北：爾雅出版社，民國 70 年），頁 195～200。

71：章錫琛，〈漫談商務印書館〉，《文史資料選輯》43 期（北京：文史資料出版社，1980 年 12 月），頁 61～105。

72：曾武雄，〈王雲五先生與嘉新文化基金會〉，故錄：王壽南主編，《王雲五先生與近代中國》（臺北：臺灣商務印書館，民國 76 年），頁 329～349。

73：曾濟群，〈王雲五先生與中國學術文化基金會〉，王壽南、陳水逢主編，《王雲五先生與近代中國》（臺北：臺灣商務印書館，民國 76 年），頁 300～328。

74：曾濟群，〈博士之父：王雲五〉，《幼獅月刊》423 期（臺北：幼獅文化事業公司，民國 77 年 3 月），頁 26～29。

75：游淑靜，〈三民書局〉，游淑靜等著，《出版社傳奇》（臺北：爾雅出版社，民國 70 年），頁 9～11。

76：游淑靜，〈平原出版社〉，游淑靜等著，《出版社傳奇》（臺北：爾雅出版社，民國 70 年），頁 13～15。

77：閔劍梅，〈追隨雲老十二年〉，王壽南主編，《我所認識的王雲五先生》（臺北：臺灣商務印書館，民國 65 年），頁 257～261。

78：黃成助，〈加強出版界與圖書館界合作座談〉，《出版之友》4～5 期（臺北：出版之友雜誌社，民國 67 年 1 月），頁 38～39。

79：黃淵泉，〈明清時期的臺灣出版事業〉，《書卷》4 期（臺北：光復書局，民國 82 年 12 月），頁 13～18。

80：楊尚強，〈爭印教科書鬥法無已〉，《新聞天地》1053 期（臺北：新聞天地雜誌社，民國 57 年 4 月 20 日，頁 15。

81：葉公超，〈中山學術文化基金董事會所譯世界名著〉，《東方雜誌》復刊 7 卷 6 期（臺北：臺灣商務印書館，民國 62 年 12 月），頁 5～13。

82：蔣紀周，〈中小學教科書的編印〉，《出版家》39～40 期（臺北：出版家雜誌社，民國 64 年 4 月），頁 10～11。

83：蔣紀周，〈我國圖書出版事業之發展與現況〉，《中華民國出版年鑑》（臺北：中國出版公司，民國 65 年），頁 33～38。

84：蔣復璁，〈王雲五先生與國立故宮博物院〉，王壽南、陳水逢主編，《王雲五先生與近代中國》（臺北：臺灣商務印書館，民國 76 年），頁 145。

85：蔣復璁，〈影印文淵閣四庫全書珍本後序〉，蔣復璁，《中華文化復興運動與國立故宮博物院》（臺北：臺灣商務印書館，民國 66 年），頁 282～289。

86：鄭貞文，〈我所知道的商務印書館編譯所〉，《文史資料選輯》53 期（北京：文史資料出版社，1981 年 10 月），頁 140～165。

87：餘光，〈臺灣光復三十年出版大事記要〉，《出版家》44 期（臺北：出版家雜誌社，民國 64 年 11 月），頁 8～16。

88：蕭光邦，〈審定本教科書的出版〉，《出版之友》4～5 期（臺北：出版之友雜誌社，民國 67 年 1 月），頁 23～27。

89：戴景素，〈商務印書館前期的推廣和宣傳〉，《出版史料》4 期（上海：學林出版社，1987 年 12 月），頁 99～103。

論　文

1：施志輝，〈《中華文化復興運動》之研究（1966～1991）〉（臺北：師範大學歷史研究所碩士論文，民國 84 年）。

2：張樹倫，《台灣地區社會變遷與文化建設》（臺北：師範大學三民主義研究所碩士論文，民國 87 年）。

3：曾士榮，《戰後台灣之文化重編與族群關係──兼以「台灣大學」為討論例案（1945～50）》（臺北：臺灣大學歷史研究所碩士論文，民國 83 年）。

4：劉曾兆，《清末民初的商務印書館──以編譯所為中心之研究（1902～1932）》（臺北：政治大學歷史研究所碩士論文，民國 85 年）。

5：蔡其昌，《戰後（1945～1959）台灣文學發展與國家角色》（臺中：東海大學歷史研究所碩士論文，民國 85 年）。

六、傳記、自傳、日記、回憶錄

1：王壽南，〈王雲五先生小傳〉，王壽南、陳水逢主編，《王雲五先生與近代中國》（臺北：臺灣商務印書館，民國 76 年），頁 350～378。

2：王壽南，《王雲五先生年譜初稿》1～4 冊（臺北：臺灣商務印書館，民國 76 年）。

3：吳相湘，《民國百人傳》第四冊（臺北：傳記文學出版社，民國 60 年）。

4 ：李敖，《李敖回憶錄》（臺北：商業周刊出版股份有限公司，民國 86 年）。

5 ：那志良，《典守故宮國寶七十年》（臺北：著者出版，民國 82 年）。

6 ：阮毅成，《八十自述》下冊（臺北：著者出版，民國 73 年）。

7 ：胡有瑞，〈「王雲五先生百年誕辰」口述歷史座談會記實〉，《近代中國》59 期（臺北：近代中國出版社，民國 76 年 6 月），頁 234～268。

8 ：胡國台訪問、郭瑋瑋記錄，《劉真先生訪問記錄》（臺北：中央研究院近代史研究所，（民國 82 年）。

9 ：胡適，〈高夢旦先生小傳〉，《東方雜誌》34 卷 1 期（上海：商務印書館，民國 26 年 1 月）。

10：胡適，《四十自述》（臺北：遠流出版社，民國 77 年）。

11：胡適，《胡適的日記》（臺北：谷風出版社，民國 76 年）。

12：茅盾，《我所走過的道路》上冊（香港：生活、讀書、新知人民文學出版社，1981 年）。

13：秦孝儀、李雲漢主編，《中華民國名人傳》第一冊（臺北：近代中國出版社，民國 73 年）。

14：張元濟，《張元濟日記》（北京：商務印書館，1981 年）。

15：陶希聖，《潮流與點滴》（臺北：傳記文學出版社，民國 68 年）。

16：劉紹唐主編，《民國人物小傳》第四冊（臺北：傳記文學出版社，民國 70 年）。

七、專　書

1 ：《商務印書館 100 週年／在臺 50 年》（臺北：臺灣商務印書館，民國 87 年）。

2 ：《商務印書館百年大事記》（北京：商務印書館，1997 年）。

3 ：小赫伯特.S.貝利著，郭茂生、潘建國、郭瑞紅譯，《書籍出版的藝術與技巧》（臺北：淑馨出版社，民國 81 年）。

4 ：中國文藝年鑑編輯委員會編，《一九六六中國文藝年鑑》（臺北：平原出版社，民國 55 年）。

5 ：太陽國際出版社編輯委員會編，《中國文寶》（臺北：太陽國際出版社，民國 76 年）。

6 ：王成椿、潘璞、程詳榮、吳開繩編，《初中理化》第一冊（臺北：臺灣商務印書館，民國四十年 8 月臺初版）。

7 ：吳方，《仁智的山水──張元濟傳》（臺北：業強出版社，民國 86 年）。

8 ：李海崑，《出版編輯散論》（濟南：山東教育出版社，1993 年）。

9 ：李雲漢，《中國近代史》（臺北：三民書局，民國 74 年）。

10：沙學浚編，《初中地理》第一冊（臺北：臺灣商務印書館，民國 41 年 3 月臺三

版）。

11：孟樊，《台灣出版文化讀本》（臺北：唐山出版社，民國 86 年）。

12：秦孝儀主編，《中華民國文化發展史》第四冊（臺北：近代中國出版社，民國 70 年）。

13：張勝彥等編著，《臺灣開發史》（臺北：國立空中大學，民國 85 年）。

14：張榮華，《張元濟評傳》（南昌：百花洲文藝出版社，1997 年）。

15：張錦華，《公共領域、多文化主義與傳播研究》（臺北：正中書局，民國 86 年）。

16：陳明通，《派系政治與臺灣政治變遷》（臺北：月旦出版社，民國 84 年）。

17：舒重則重編，《初中化學》上冊（上海：商務印書館，民國 37 年 7 月修正第一版）。

18：黃良吉，《東方雜誌之刊行及其影響之研究》（臺北：臺灣商務印書館，民國 58 年）。

19：達塔斯‧史密思（Datus C. Smith, Jr.）著，彭松達、趙學苑譯，《圖書出版的藝術與實務》（臺北：周知文化出版，民國 84 年）。

20：臺南商工經濟新報社編，《臺灣商工經濟大鑑》1947（臺南：臺南商工經濟新報社，民國 36 年）。

21：臺灣新生報社編，《臺灣年鑑》（臺北：臺灣新生報社，民國 36 年 1 月）。

22：臺灣新生報社編，《新生的臺灣》（臺北：臺灣新生報社，民國 39 年 10 月）。

23：蕭孟能，《出版原野的開拓》（臺北：文星書店，民國 54 年）。

24：賴澤涵總主筆，《「二二八事件」研究報告書》（臺北：時報文化，民國 83 年）。

25：譚勤餘重編，《初中物理》上冊（上海：商務印書館，民國 37 年 7 月修正第一版）。

26：蘇精，《近代藏書三十家》（臺北：傳記文學出版社，民國 72 年）。

外文部分

1 ：Boorman, Howard L.& Howard, Richard C, eds, *Biographical Dictionary of Republican China*, Vo1.III. New York：Columbia Univ. Press, 1967～79.

2 ：New York Times. 1930.